中国轻工业"十三五"规划教材

食品酶学导论

（第三版）

陈 中 主编

中国轻工业出版社

图书在版编目（CIP）数据

食品酶学导论/陈中主编 . —3 版 . —北京：中国轻工业出版社，2020.4
中国轻工业"十三五"规划教材
ISBN 978 - 7 - 5184 - 2683 - 6

Ⅰ.①食… Ⅱ.①陈… Ⅲ.①食品工艺学—酶学—高等学校—教材
Ⅳ.①TS201.2

中国版本图书馆 CIP 数据核字（2019）第 220383 号

策划编辑：马 妍　　　责任终审：劳国强　　　整体设计：锋尚设计
责任编辑：马 妍　　　责任校对：晋 洁　　　责任监印：张 可

出版发行：中国轻工业出版社（北京东长安街 6 号，邮编：100740）
印　　刷：河北鑫兆源印刷有限公司
经　　销：各地新华书店
版　　次：2020 年 4 月第 3 版第 1 次印刷
开　　本：787×1092　1/16　印张：15
字　　数：320 千字
书　　号：ISBN 978 - 7 - 5184 - 2683 - 6　定价：45.00 元
邮购电话：010 - 65241695
发行电话：010 - 85119835　传真：85113293
网　　址：http://www.chlip.com.cn
Email：club@ chlip.com.cn
如发现图书残缺请与我社邮购联系调换
170571J1X301ZBW

本书编写人员

主　　编　陈　中（华南理工大学）

副 主 编　林伟锋（华南理工大学）

参　　编　黎　攀（华南农业大学）

　　　　　杜　冰（华南农业大学）

　　　　　王德培（仲恺农业工程学院）

　　　　　刘巧瑜（仲恺农业工程学院）

第三版前言 | Preface

食品酶学是酶学基本理论在食品工业与技术中应用的科学，是酶学的一个重要分支学科。

食品酶学是以普通酶学为基础，重点研究酶在食品工业领域中的基础应用、新酶源开发、酶固定化技术、酶的分子修饰及酶在食品加工及保藏中的应用等内容。食品酶学是生物科学和食品科学的基础，懂得酶学才能理解酶在动植物原料及其加工过程中的变化和作用，才能理解食物在体内的生理作用和营养功能。此外，酶对包括食品的感官指标、理化指标及卫生要求等在内的食品品质的影响是很大的，有可能产生好的效果，也有可能产生坏的作用。

食品酶学的重要特点是基础酶学和食品工程学相互渗透，它是将酶学、食品微生物学的基本原理应用于食品工程并与酶工程有机结合而产生的交叉科学技术。酶学、食品酶学与酶工程三者含义有所不同，但它们之间又能有机联系、互相渗透。特别是现代生物工程的兴起和发展，极大地丰富了酶学和食品酶学的研究内容。

食品酶学作为酶工程、生物工程的重要组成部分，随着酶工程、生物工程的发展日新月异，并与现代基因工程、蛋白质工程、发酵工程和细胞工程紧密结合。食品酶学与酶工程将为改造传统的食品工业、发展社会经济提供极大的帮助。

食品酶学是食品科学与工程一级学科的重要专业理论课程。国内许多院校已把该门课程列为培养本科生和研究生的必修课。本书作者在多年来为本科生和研究生讲授食品酶学、食品生物技术等课程的基础上，搜集了国内外大量文献资料，结合我国国情和现代生物技术发展，对彭志英老师主编的第二版《食品酶学导论》进行修订。第三版共分三篇十一章内容，在保留第二版优点的基础上，重点修订和补充了第三篇食品酶学应用部分，增加了新的内容。

本书可作为高等院校食品科学与工程专业及相关专业的本科生或研究生参考教材，也可供高、中级食品工程技术人员阅读和参考。由于水平所限，不足之处在所难免，恳请读者批评指正。

编　者
2020 年 1 月

第二版前言 | Preface

当今，酶与酶工程技术的发展日新月异。自 20 世纪 50 年代初分子生物学形成，70 年代初基因工程诞生以来，伴随着光谱、色谱、X 射线衍射和 PCR 分析等现代技术的应用，酶学不仅从理论上揭示了生命现象的本质，而且在食品、农业、化工、医药、环境等各个领域得到有效的应用，特别是食品酶学和酶工程对自然界天然资源的转化和传统的食品工业改造起着越来越重要的作用。

食品酶学的形成和发展，是科学技术发展的必然，它是基础酶学的一个重要分支，也是现代生物技术的组成部分。食品酶学是食品科学与工程学科的基础，国内许多有关院校已把食品酶学列为培养本科生和研究生的重要课程。本书作者于 2002 年编著的《食品酶学导论》一书，经过多年发行，有关院校反映良好。同时，在两岸文化交流中，2004 年该书以《食品酵素学》之名被台湾九州图书文化有限公司以繁体字版在台湾出版发行。台湾大仁技术学院食品科技系傅慧音教授认为："该书以深入浅出的方式引用分子生物学概念，详尽讨论酵素在细胞内生物合成机制、生产及调控等内容……足以让读者摄取食品酵素学之精华。"虽然该书在食品人才培养和食品生产中起到了良好的作用，但是内容不足之处尚多，与当今酶学不断发展的新内容不相适应，因此，很有必要进行修订。

本书是在 2002 年《食品酶学导论（第一版）》基础上进一步修订与充实的。全书分三篇共十二章内容。包括第一篇绪论（食品酶学含义，食品酶学发展简史，酶的分类和命名）；第二篇食品酶学基础（酶的分子结构与催化功能，酶催化反应动力学和抑制作用，酶的生物合成与发酵生产，酶的分离、纯化技术，固定化酶和固定化细胞，酶分子改造和修饰）；第三篇食品酶学应用（食品酶学应用的基础研究，酶在食品产业化过程中的应用，酶在其他食品加工领域中的应用）。本书的撰写保留了第一版的优点，弥补了不足，力求创新，内容新颖，理论联系实际，文字规范，阐述清晰。每篇内容附有参考文献。本书可作为高等院校食品科学与工程专业及相关专业的本科生或研究生参考教材，也可供高、中级食品工程技术人员阅读和参考。

本书在编写过程中得到赵谋明教授、陈中副教授和林伟锋、任娇艳、赵海峰讲师在校对和提供素材等方面的帮助，在此谨表示感谢。本书涉及面广，不足之处在所难免，恳请读者批评指正。

彭志英

华南理工大学

生命的重要特征是自我复制和新陈代谢，这种复杂生物化学变化是由数千种酶所催化的。蛋白质是生命的体现者，而蛋白质（包括酶）是由活细胞中 DNA 作为基因信息载体，通过 mRNA 作为模板、rRNA、tRNA、ATP、辅助因子及酶的作用下合成的。因此，了解酶的生物合成机理，对于开发新酶源、阐明酶催化特性及其应用，具有重要理论指导意义。

食品酶学是基础酶学一个分支，酶技术是生物工程的重要组成部分。当今，酶工程发展日新月异，酶的固定化、细胞固定化技术及基因工程等新技术已在食品、医药、化工、农业、环保等部门得到广泛应用。丹麦 Novo Nordisk 公司是世界上最大的酶制剂生产企业，目前，该公司所生产酶制剂品种（包括食品级酶）有 60% 以上是通过基因工程改良微生物菌种生产的，同时研究证明，这些食品级酶是安全、无毒的。

食品酶学是食品科学与工程一级学科的重要专业理论课程。国内许多院校已把该门课程列为培养研究生的必修课。本书作者在多年来为研究生讲授《食品酶学》的基础上，搜集了国内外大量文献资料，同时得到曹劲松、徐建祥两位博士的大力协助，结合我国国情和现代生物技术发展，经过多年来教学实践，编著而成《食品酶学导论》。该书力求创新，内容新颖，理论联系实际，文字简练，阐述清晰，每章附有文献参考书目。可作为食品科学与工程学科专业研究生教学参考教材，也可供从事食品工业生产高中级科技人员阅读和参考。由于水平所限，不足之处难免，恳请读者批评指正。

彭志英

华南理工大学

目录 | Contents

第三篇 食品酶学应用

第一篇 绪 论

食品酶学含义

任何生物体（包括细胞）要生长、发育、繁殖及进行复杂的新陈代谢，需要几千种化学反应，而且是在常温、常压下进行的。对这种生命现象的解释，至少在100多年前是不可能的。

例如，为了研究鹰是如何消化食物的，1773年，意大利科学家L. Spallanzani设计了一个实验：将肉块放入小巧的金属笼中，然后让鹰吞下去。过一段时间他将小笼取出，发现肉块消失了，于是，他推断胃液中含有消化肉块的物质，但当时他不清楚具体是什么物质，直到1836年，德国科学家T. Schwann从胃液中提取出了消化蛋白质的物质，后来知道是胃蛋白酶，这才解开胃的消化之谜。

在对酶的认识及酶学理论建立的过程中，此类例子还有许多。1810年，法国著名的化学家与物理学家Louis Joseph Gay-lussac发现酵母可将糖转化为酒精；1814年Rirchhoff发现麦芽中含有能使淀粉分解的物质；1833年，法国化学家Payen和Persoz用酒精处理麦芽提取液，分离出了一种能溶于水和稀酒精，不溶于浓酒精，对热不稳定的白色无定形粉末，取名为diastase（即分离，separation。当时指淀粉酶，后来将Amylase命名为淀粉酶；将diastase命名为淀粉酶制剂）。它能使淀粉转化为糖，不久后用于棉布退浆；1835—1837年，瑞典化学家Berzelius提出了酶具有作用能力的概念，该概念的产生对酶学和化学的发展都是十分重要的；1857年，法国著名微生物学家Louis Pasteur首先对酒精发酵机理作了理论解释，认为酒精发酵是酵母活细胞引起的，因为酵母中存在一种"酵素"（ferment），并认为这种酵素在活细胞中才能起作用，提出"活体酵素"和"非活体酵素"的概念，实质上代表了"生机论"观点。当时Liebig、Berzelius和Wohler等提出不同看法，认为酒精发酵本质是物质的作用。因而这两派围绕酒精发酵的本质在科学史上发生了长达半个世纪的学术论战；1878年，德国学者Kühne首次将酵母细胞中导致发酵的物质称为"酶"（enzyme），该词来源于希腊文，en相当于英文中的in，zyme相当于yeast，其涵义是指在酵母中的酶；1894年，德国有机化学家Fisher提出了酶与底物作用的"锁与钥匙"学说，用以解释酶的催化作用；1897年，德国学者Büchner兄弟俩在制造医药品时，用石英砂磨碎酵母细胞，经陶器过滤得到完全不含酵母活细胞的滤液（抽提物），为了防腐在滤液中添加了蔗糖，意外地发现有发酵现象，从而奇迹般地发现了酶离开活细胞也可起作用，发表研究论文"无酵母的酒精发酵"，并因此在1911年荣获诺贝尔奖。这是酶学发展史上一个划时代的发现，它不仅从理论上阐明生命现象是物质的作用（即酶的催化作用），而且为酶制剂的开发应用奠定了科学依据。

第一节　酶　　学

关于酶的定义，1926 年，Sumner 获得脲酶的结晶，通过实验证实尿酶是蛋白质；1930 年，Northrop 等得到了胃蛋白酶、胰蛋白酶和胰凝乳蛋白酶的结晶，并进一步证明了酶是蛋白质，两位科学家在 1946 年荣获诺贝尔奖；1964 年 Dixon 等认为酶是具有催化功能的一种特殊蛋白质；1975 年 Stryer 指出酶是一类蛋白质，其显著的特性是具有催化能力、催化作用的专一性和作用条件的限制性；同年，Lemninger 认为酶是一种专一地催化生化反应的蛋白质，具有非常高的催化效能和高度专一性；1979 年 Wyun 指出酶是来源于生物体的一种分子，它能提高某一特定反应的速度，而不影响已确认的最终平衡状态，酶可以从反应终了的混合物中回收；1981 年 Schwimmer 认为酶作用具有高度的专一性、高度的催化效能以及高度的受控性；1981 年，Cech 研究组发现 RNA 分子中含有一个具有自身切接功能的片段，称为内含子（intron），这种具有催化功能 RNA 称为核酸类酶（ribozyme）；1983 年，S. Altman 等研究 RNaseP（由 20% 蛋白质和 80% 的 RNA 组成），发现 RNaseP 中的 RNA 可催化 *E. coli* 的 tRNA 前体的加工，这一发现打破了酶是蛋白质的传统观念，为此，Cech 和 Altman 于 1989 年共同获得诺贝尔化学奖。

现代科学发展认为，酶是活细胞产生的具有高效催化功能、高度专一性和高度受控性的一类特殊蛋白质或核酸物质。

酶学（enzymology）研究包括酶在细胞内生物合成机理、酶的发酵生产及调节控制、酶分离提纯、酶的作用特性和反应动力学、酶的催化作用机制、酶的固定化技术、酶的分子修饰、酶分子的蛋白质工程改性和酶的应用等内容。第一部系统论述酶的专著是 1930 年英国 T. B. S Haldane 所著的 *Enzymes*。随后关于酶及相关理论的著作陆续出版。1932 年，德国出版了 Haldane 和 Stern 合著的 *General Chemistry of Enzymes*；1957 年，美国出版了 Mchler 所著的 *Introduction to Enzymology*；1983 年，出版了 T. Godfrey 和 J. Reichelt 编著的 *Introduction to Industrial Enzymology*，1983 年（1996 第二版），出版了 T. Godfrey 编著的 *Industrial Enzymology*，1993 年，出版了 Adlercreutz 编著的 *Immobilized Enzymes*，1996 年，出版了 O. R. Fennema 编著的 *Food Chemisty*（第三版）；2003 年，出版了 J. R. Whitaker 编著的 *Hand Book of Food Enzymology*；2017 年，出版了 Robert J. Whitehurst，Marrten van Oort 编，赵学超译的 *Enzymes in Food Technology* 等。同时，国内外还出版了一系列关于酶学和酶在食品工业中应用的论著。

为了适应生物工程及酶工程日新月异的发展，国内从 20 世纪 60 年代开始出版了系列有关酶学的专著、丛书。其中包括 1964 年，鲁宝重编著的《酶学概论》；1984 年，张树政主编的《酶制剂工业》（上、下册）；1987 年，陈石根、周润琦编著的《酶学》；1988 年，邬显章编著的《酶的生产技术》；1989 年，熊振平等编著的《酶工程》；1990 年，王璋编著的《食品酶学》；1994 年，陈骒声、胡学智编著的《酶制剂生产技术》；1994 年，郭勇编著的《酶工程》；1999 年，彭志英主编的《食品生物技术》；2003 年，罗贵民主编的《酶工程》；2006 年，郑宝东主编的《食品酶学》；2007 年，袁勤生主编的《现代酶学》（第二版）、2008 年，彭志英主编的《食品生物技术导论》；2009 年，郑穗平、郭勇和潘力编著的《酶学》；2012 年，袁勤生主编的《酶与酶工程》（第二版）；2015 年，陈清西编著的《酶学及其研究技术》（第二版）等。这些专著的出版在促进我国食品、发酵等工业与科技领域的发展，培养高层次专门人才和对繁荣我国食品科技等方面均发挥了重要作用。

第二节　食品酶学

食品酶学（food enzymology）是酶学基本理论在食品工业与技术中应用的科学，是酶学的一个重要分支学科。由于酶在生命活动中的重要作用，以及酶在食品、农业、医药、化工和环保等部门的广泛应用，因此，食品酶学是以普通酶学为基础，重点研究酶在食品工业领域中的基础应用、酶源开发、酶固定化技术、酶的分子修饰及酶在食品加工及保藏中的应用等内容。酶学是生物科学和食品科学的基础，懂得酶学才能理解酶在动植物原料及其加工过程中的变化和作用，才能理解食物在体内的生理作用和营养功能。此外，酶对食品质量（包括食品的感官指标、理化指标及卫生要求等）的影响是很大的，有可能产生好的效果，也有可能产生坏的作用。例如，植物性食物的褐变在很大程度上是由于酚类物质在多酚氧化酶的酶促作用下发生的。但是有些酶促反应却能提高食品色素的质量。例如，蛋粉加工中添加葡萄糖氧化酶可促使蛋粉中葡萄糖氧化成葡萄糖酸，便可避免在蛋粉中发生美拉德（Maillard）反应而产生褐变。而这种反应对另一些食品加工又是有利的，例如在制造面包及其他油炸食品时。食品的风味物质绝大部分是食物原料在生长过程中，乃至收获后或屠宰后产生的。例如，大蒜的辛辣成分主要是二烯丙基二硫化物，它来源于蒜氨酸（S－烯丙基半胱氨酸亚砜），当蒜的组织细胞破损时，其中蒜氨酸裂合酶将蒜氨酸分解为蒜素（二烯丙基次磺酸），蒜素被还原为二烯丙基二硫化物。蒜素及二硫化物是蒜臭及辛辣味的成分。因此，要制备适口的大蒜饮料，需在加工前将蒜加热，促使蒜氨酸裂合酶失活。又例如，动物在屠宰后要经过一段时间肉味才能变得鲜美，因为经屠宰后肌肉中的三磷酸腺苷（ATP）被 ATP 酶水解为二磷酸腺苷（ADP），2 分子 ADP 在腺苷酸激酶的作用下转变为 ATP 和－磷酸腺苷（AMP），AMP 在脱氨酶的作用下脱去氨基，才成为具有肉鲜味的肌苷酸（IMP）。此外，控制食品加工中酶活力，对于确定果蔬罐头最佳灭菌公式也有重要价值。

食品酶学的重要特点是基础酶学和食品工程学相互渗透，它是将酶学、食品微生物学的基本原理应用于食品工程并与酶工程有机结合而产生的交叉科学技术。酶学、食品酶学与酶工程三者含义有所不同，但它们之间又能有机联系、互相渗透。特别是现代生物工程的兴起和发展，极大地丰富了酶学和食品酶学的研究内容。酶工程是生物工程的重要组成部分。酶工程（enzyme engineering）是从规模生产角度，采用酶催化技术，在生物反应器中控制性地将原料成分转化为人类所需要产品的工程技术。酶工程主要研究酶源开发、酶的发酵生产、酶的分离纯化、酶和细胞固定化、酶的分子修饰以及酶制剂的大规模开发应用等。

当今，酶工程的发展日新月异，并与现代基因工程（gene engineering）、蛋白质工程（protein engineering）、发酵工程（fermentation engineering）和细胞工程（cell engineering）紧密结合，对于改良产酶的菌种和采用细胞固定化技术等新技术，改造传统的食品、发酵、医药和环保工业等均起着越来越重要的作用。从现代酶工程发展角度而言，酶工程又可分为化学酶工程和生物酶工程。前者包括固定化酶（细胞）、酶的化学修饰和有机溶剂中酶的催化作用等内容，而后者则包括核酸酶、酶分子定向进化和抗体酶等。总之，酶学与酶工程将为改造传统的食品工业、发展社会经济提供极大的帮助。

第二章

食品酶学发展简史

任何一门科学都有其一定的形成和发展历程，而且与其他科学的发展紧密相关。食品酶学的发展，可划分为史前时期、近代发展和现代食品酶学发展三个时期。

第一节　史前时期

对酶的认识可追溯至距今4000多年前我国商周龙山文化时期。从出土文物发现，当时酒已盛行，已能利用天然霉菌和酵母菌酿酒。另据记载，公元前12世纪能制饴、制酱。《书经》记载"若作酒醴，尔惟曲蘖"，"曲"是指长霉菌的谷物，"蘖"是指谷芽。《左传》一书也记载有用"曲""蘖"治病等内容。

现代科学证明，"曲"和"蘖"均富含淀粉酶、糖化酶并附着天然的酵母菌，可以将淀粉水解成发酵性糖，再由酵母发酵成酒精。用大豆制酱是我国先民对人类文化的一个伟大贡献，秦汉以前的人们已掌握了利用微生物制造美味豆酱的技术。而饴糖是麦芽淀粉酶作用于淀粉分子使之转变成麦芽糖的，近3000年前的《诗经·大雅》中提到了"饴"字。到了北魏，贾思勰著的《齐民要术》已详细叙述了制曲和酿酒的技艺。我国制曲技艺先后传至朝鲜、日本、印度和东南亚各国。日本著名科学家坂口谨一郎认为，"中国制曲应用于酿酒，可与中国古代四大发明相媲美"。这些都说明酶学起源于我国古代劳动人民的生产实践，中华民族有着光辉灿烂的历史文化。

第二节　近代发展

1859年，第一位提出酶是一种蛋白质的人是Liebig，但"enzyme"一词是1878年由德国学者Kühne首先引用。1897年，Büchner兄弟俩阐述了酵母的酒精发酵及离体酶的作用，这一发现为酶制剂产业化奠定了理论依据。1902年，Pekelharing提取出胃蛋白酶，并指出胃蛋白酶是一种蛋白质。1909 年，德国 Rohm 制取胰酶应用于制革，并用于洗涤剂。1894 年，日本人高峰让吉从米曲霉中制得高峰淀粉酶（takadiastase）用作消化剂。1908 年，法国学者 Boidin 制得了细菌淀粉酶，用于纺织退浆。1911 年，美国 Wallestein 制得木瓜蛋白酶，用于啤酒澄清。1926 年，美国人 Sumner 第一个从刀豆中制得结晶脲酶，进一步证实酶的化学本质是蛋白质，为研究酶的理化特性奠定了基础。

从 20 世纪 30 年代开始酶学发展很快。1930—1936 年，Northrop 等制取胃蛋白酶、胰蛋白酶和胰凝乳蛋白酶的结晶。Hill 和 Meyerhof 等提出糖酵解途径；Krebs 等发现三羧酸循环及脂肪酸氧化降解途径，并指出这些复杂的新陈代谢途径是由一系列酶催化而实现的。早在 1890 年由 Fischer 和 Koshland 提出锁匙学说和诱导契合学说阐述了酶催化机制。1913 年 Michaelis 和 Menten 首次推导酶反应动力学方程。酶催化效率高，专一性强，同时又能在温和条件起作用，这些理论问题在近代生命科学史上已得到阐明。

随着生化技术不断进步，新酶的不断发现和开发，人们对于酶作为工业催化剂的价值有了认识，并且了解到许多酶是可以用微生物发酵生产的。随后，特别是第二次世界大战后抗生素工业的兴起，酶制剂在食品、医疗、化工和环境等领域的应用，酶制剂工业才有了飞跃发展。

第三节　现代食品酶学发展

20 世纪 50 年代开始，由于分子生物学和生物化学的发展，对生物细胞核中存在的 DNA 结构与功能有了比较清晰的阐述。20 世纪 70 年代初实现了 DNA 重组技术（又称克隆技术），极大地推动着食品科学与工程的发展，也促使酶学研究进入新的发展阶段。

现代食品酶学发展有如下几个新的突破：

1. 酶及细胞固定化技术的开发应用

作为一种催化剂，在催化过程中自身不发生变化，可以反复使用。但是酶是水溶性的，不易回收，其提纯比较困难，有些酶反应尚需 ATP 及辅酶，后者价格昂贵，这些都限制了酶的使用范围。若用物理或化学方法将酶与不溶性载体结合而固定化，便可以从反应体系中回收而重复使用。并且可以装入反应器进行连续化反应。那么不仅酶不会进入产品，而且可以节约酶的用量，有利于产品的提纯，反应器也可大大缩小。

酶及产酶细胞的固定化技术从酶学理论到生产实践得到迅速的发展，引起食品、发酵工业一场大变革。例如，美国从 20 世纪 70 年代初开始采用这一新技术，使玉米淀粉经酶法液化、糖化和异构化并采用固定化技术，已成功地工业生产第一代、第二代和第三代高果糖浆（high fructose glucose syrup，HFGS），代替蔗糖作为可口可乐、百事可乐公司等饮料食品的甜味剂，提高了饮料质量，适应人们身体健康的需要。这是一个非常成功的技术革新。

2. 基因工程与高新技术的应用

20 世纪 50 年代初分子生物学的诞生，70 年代初基因工程的诞生和生物工程的兴起，大大地推动了食品酶工程的发展。当今，许多产酶微生物菌种的选育不仅靠传统的物理、化学方法，而且采用基因工程技术改造的菌种，其产酶活力及其稳定性远远超过传统方法改造的菌种。世界上最大的酶制剂生产企业诺维信（Novozyme）公司所生产的酶制剂约有 75% 以上是通过基因工程改造过的菌种（称为工程菌）生产的。同时酶的分子修饰及提高酶的稳定性，其最新研究成果也离不开基因工程和蛋白质工程等高新技术的应用。

3. 传统的生物催化剂理论受到挑战

在 20 世纪 80 年代初以前，学术界一直认为，酶的化学本质是蛋白质。但是，1981 年美国科罗拉多大学博尔德分校的 Thomas Cech 研究了四膜虫细胞内 26S rRNA 转录加工时发现，并一再研究证实 RNA 也具有催化活性，从而改变了酶化学本质的传统概念。1986 年 Cech 等对自我剪接机制进行研究，发现该实验的过程是这样的，四膜虫细胞核 rRNA 前体有 6 400 个核苷酸碱基（nt），其中含有一个内含子（intron）或称间隔序列（intervening sequence，IVS）及两个外显子（exon）。在成熟过程中内含子被切除，而两个外显子连接形成成熟的 rRNA。这一过程需要鸟苷（或 $5'-GMP$）和 Mg^{2+} 参与，但无需别的酶参与，也不需要 ATP 或 GTP。这种反应本质被 Cech 称为自我剪切（self splicing）反应，同时，把这种具有酶催化活性的 RNA 命名为核酶（ribozyme）或称 R 酶。

剪接反应释放出来的线性 IVS 可通过转磷酸酯反应而自身环化，证实 IVS 具有多种催化剂的功能。核酶的结构改性和固定化技术也已陆续有成功的报道，并已在工业上、医学上获得应用。例如，将核酶构建于特定载体上，在爪蟾卵母细胞、Hela 细胞等已表达成功，产生的核酶能阻断特定基因（氯霉素酰基转移酶基因等）的表达，在医疗保健等领域具有应用前景。

4. 抗体酶的发现

1986 年，美国 R. A. Lerner 和 P. G. Schultz 领导的研究组发现了具有催化功能的抗体分子，将其成功制备出来，并将这种分子称为抗体酶（abzyme）。它是 antibody 与 enzyme 的组合词。抗体酶又称为催化性抗体（catalytic antibody）。

Lerner 研究组用三乙撑四氨 Co（Ⅲ）盐－肽复合物为半抗原，获得了能专一切割 Gly-phe 之间肽键的抗体酶。它是一种序列专一性多肽水解酶（sequencespecific peptidase）。同时又研究获得了对底物不饱和脂的旋光性有严格选择性的抗体酶 2H6，可将反应速度提高 $10^3 \sim 10^5$ 倍。

Schultz 研究组研究成功一个中性磷酸二酯作为过渡态类似物，所获得的抗体酶可催化氨酰化反应，比非催化反应快 10^8 倍。随着抗体酶研究的发展，将进一步拓宽催化反应和蛋白质改性的应用范围，特别是对那些天然酶不能催化的反应，则可制备抗体酶来进行催化。在医学上可用于诊断和治疗，在有机合成中抗体酶可解决外消旋混合物对映体的拆分等难题，也可应用于生物传感器，应用于食品安全的检测。现在，抗体酶技术已受到国内外高度重视，美国 IGEN 公司已实现抗体酶技术商品化。

5. 酶的非水相催化作用

1984 年，美国麻省理工学院以 Klibanov 教授为首的研究小组，建立了非水酶学（nonaqueous enzymology）分支学科，在界面酶学和非水酶学的研究取得突破性进展，极大地促进了脂肪酶多功能催化作用的开发。随着油脂加工业的发展和脂肪食品的开发，有机相的生物催化成为当今酶工程的研究热点。在食品添加剂生产领域内，利用固定在有机相中的脂肪酶催化作用，将廉价的棕榈油和乌桕脂通过酯交换反应，变成可口的类可可脂，用于巧克力糖果的生产。这是一个诱人的研究课题，日本富士油脂公司已有这方面的发明专利。国外利用酶促酯交换反应把廉价的油脂转变成高品质的食用油脂。Eigtved 等用人造奶油和不饱和脂肪酸的交换反应，使人造奶油熔点降低，改良了人造奶油的质量。山根等用脂肪酶选择性水解鱼油，使鱼油中

$n-3$ 多不饱和脂肪酸（$n-3$PUFA）含量由原来的 $15\% \sim 30\%$ 提高到 50%。Okada 等用脂肪酶在微水介质中催化鱼油的酯交换反应也得到富含 $n-3$PUFA 的甘油三酯。Yoshimoto 等用 PEC 脂肪酶（PEC lipase）催化二十碳五烯酸（EPA）和二棕榈酰磷脂酰胆碱（DPPC）的酯交换反应，制备了二十碳五烯酰棕榈卵磷脂（EPPC），这种含高不饱和脂肪酸的卵磷脂具有细胞分化诱导作用，可作为癌症治疗药物。

6. 酶的定向进化改性研究

当今，蛋白质工程对酶的修饰改造引起广泛关注，从定位突变到定向进化取得一系列研究成果。研究表明，可通过酶的定向进化，在体外进行基因的人工随机突变，建立突变基因文库，在人工控制条件的特殊环境下，定向选择得到具有优良催化特性酶的突变体的技术过程，2004 年 A. Aharoni 等采用基因家族分子重排定向进化技术使大肠杆菌磷酸酶活力提高 40 倍。

7. 新酶源开发和极端酶的研究

自然界中有数亿种微生物。但是，人们已经发现并用于生产酶的微生物还不到 1%。近年来，人们从生产实践出发，非常重视新酶源的开发。同时，对极端环境微生物，特别对耐高温微生物生产酶的开发，并在生产过程中应用具有重要的学术价值和经济意义。

8. 酶在食品行业的应用促进酶工程产业化的形成和发展

20 世纪 70 年代初，美国实现酶的固定化应用于玉米淀粉酶促降解转化为高果糖浆，并代替蔗糖作为甜味剂应用于饮料；70 年代末，我国成功地采用 α - 淀粉酶和糖化酶"双酶法"代替酸法从淀粉水解生产葡萄糖，彻底革除了原来葡萄糖生产中需要高温高压的酸水解工艺。后来，又相继成功地采用酶法生产麦芽糖、超高麦芽糖浆、功能性寡糖等。同时，大规模开展了固定化细胞、增殖性固定化研究并根据酶反应动力学理论，研究设计了多种类型的酶反应器，逐渐形成了较完整的酶工程。

9. 酶工程在节能减排、循环经济和"三废处理"等方面应用的突破性进展

除汽油外，乙醇也是重要能源。在世界性的石油危机面前，乙醇汽油（在汽油中掺入 10% 乙醇）受到越来越多的关注。过去，我国的酒精发酵生产的原料主要是糖料作物（甘蔗、甜菜、甜高粱等）制糖生产的废糖蜜和木薯、马铃薯、玉米等淀粉作物。这些原料也是人类食物的来源，用它们来大量生产乙醇作燃料是不合适的。纤维素是最丰富的再生资源，植物通过光合作用利用太阳能生产大量的纤维素类物质。20 世纪 70 年代开始进行纤维素酶的开发和应用，现在已能成功地应用纤维素酶把一些纤维废弃物如稻草、麦秸、锯木屑和蔗渣等转化为葡萄糖，然后再用酵母菌进行酒精发酵。纤维素酶是一组混合酶类，包括外切、内切纤维素酶、R 酶和 β - 葡萄糖苷酶等。在具体应用时，还需添加半纤维素酶、果胶酶的协同作用，才能提高酶解纤维素的利用率，为能源生产开辟新的途径。

食品企业存在着大量"三废"（废气、废水和废渣）。大豆蛋白制品厂在加工生产分离蛋白后，剩余的"下脚料"含有丰富的可溶性膳食纤维，现在已能采用酶法分离并喷雾干燥制成优质的可溶性膳食纤维，应用于各种保健食品的生产。此外，屠宰和禽畜加工厂有大量的骨骼下脚料，同样可采用酶工程技术制备出各种营养品，如骨蛋白、骨粉、骨素和骨泥食品，均可"变废为宝"。

酶的分类和命名

酶的种类和数量相当多，目前已发现近 5 000 种。酶的分类比较复杂、其命名也比较混乱。国际生物化学联合会酶学委员会提出，应以酶催化性质作为酶的分类和命名准则。因此，大致有下列几种酶的分类和命名方法。

第一节 习惯分类和命名法

（一）根据酶催化的化学反应性质分类

根据酶催化的化学反应性质，分为六大类：

（1）氧化还原酶类（oxidoreductases）。

（2）转移酶类（transferases）。

（3）水解酶类（hydrolases）。

（4）裂合酶类（lyases）。

（5）异构酶类（isomerases）。

（6）合成酶或连接酶类（ligases）。

（二）根据酶在代谢调节中的作用分类

根据酶在代谢调节中的作用，分为三大类：

（1）静态酶或组成酶。

（2）潜在酶 包括酶原、非活力型酶和与抑制剂结合的酶。

（3）调节酶 包括诱导酶、变构酶、同工酶和多功能酶等。

（三）根据酶的来源和作用底物分类

根据酶的来源和作用底物，分为三大类：

（1）动物酶 又可将酶在动物细胞内所处位置划分，如唾液淀粉酶、胰蛋白酶等。

（2）植物酶 又可以按植物种类划分，如木瓜蛋白酶、菠萝蛋白酶等。

（3）微生物酶 又可按微生物种类划分，如细菌淀粉酶、霉菌淀粉酶等。

（四）根据酶的最适作用 pH 与作用底物分类

根据酶的最适作用 pH 与作用底物，分为中性蛋白酶、碱性蛋白酶和酸性蛋白酶等。

（五）根据酶在细胞合成后存在部位分类

根据酶在细胞中合成后存在部位分为胞内酶、胞外酶等。

（六）根据酶作用体系是否外加酶分类

根据酶作用体系是否外加酶分为内源酶和外源酶。前者为体系中（或原料）存在的酶，后者为加工时添加的酶。

（七）根据酶在基因工程中的应用分类

酶在基因工程中应用一切酶的总称为工具酶，包括限制性内切酶 II、DNA 连接酶、DNA 聚合酶 I、碱性磷酸酶和反向转录酶等 400 多种工具酶。

（八）根据新发现的核酶（ribozyme）分类

核酶分为三类：自我剪接核酶、自我剪切核酶和催化分子间反应的核酶。

（1）自我剪接核酶（self – splicing ribozyme） 此类酶以 RNA 为底物，可同时催化 RNA 的剪切和连接，即含 I 型 IVS 的核酶和含 II 型的核酶。

（2）自我剪切核酶（self – cleavage ribozyme） 此类酶以 RNA 为底物，催化 RNA 剪切形成更成熟的 RNA 和另一 RNA 片断。

（3）催化分子间反应的核酶 包括作用于其他 RNA 分子间和作用于 DNA 分子间的催化反应。

第二节 国际系统命名法

1961 年国际酶学委员会（Enzyme Commission）提出一套系统命名方案，以酶所催化的整体反应为基础，明确标明酶作用的底物及催化反应的性质。当酶作用的底物有两个时，要同时列出，并以 ":"分开。若其中一种底物为水，则可省略。

例如，乳酸脱氢酶（习惯名称）

$$L – 乳酸：NAD^+ 氧化还原酶 （系统名称）$$

$$L – 乳酸 + NAD^+ \rightarrow 丙酮酸 + NADH + H^+ （催化反应式）$$

又如，谷丙转氨酶（习惯名称）

$$L – 丙氨酸：\alpha – 酮戊二酸氨基转移酶 （系统名称）$$

$$L – 丙氨酸 + \alpha – 酮戊二酸 \rightarrow 丙酮酸 + L – 谷氨酸 （催化反应式）$$

第三节 国际系统数字编号分类和命名法

由于国际系统命名比较冗长，使用不方便，1978 年国际生物化学联合会酶学委员会又将自然界发现的 2 000 种以上的酶重新进行了分类。根据催化反应的性质，将酶分为六大类，分别用阿拉伯数字 1、2、3、4、5、6 表示。再根据底物中被作用的基团或化学键等特点，将每一大类分为若干亚类、次亚类。最后，再排列各个具体的酶，采用四位数字编号系统，其中第一位数为酶的大类，第二位数为亚类，第三位数为次亚类，第四位数为次亚类中的具体酶的编号。前面冠以"EC"标志，为酶学委员会"Enyme Commission"的缩写。

例如，醇脱氢酶的编号为EC.1.1.1.1，其中大类位置的"1"表示氧化还原酶类，亚类位置的"1"示底物供体是CH—OH，次亚类位置的"1"表示受体底物是烟酰胺腺嘌呤二核苷酸（NAD$^+$）或烟酰胺腺嘌呤二核苷磷酸（NADP$^+$），最后位置的"1"表示次亚类中的第一个酶。又例如，胰蛋白酶的编号EC 3.4.21.4，其中"3"表示第3大类，"4"表示4亚类，主要作用于肽键，"21"表示4亚类的21次亚类，"4"为具体酶编号。此外，乳酸脱氢酶编号为EC 1.1.1.27，己糖激酶的编号为EC 2.7.1.1，腺苷三磷酸酶编号为EC 3.6.1.3，果糖－二磷酸醛缩酶编号为EC 4.1.2.13，三糖磷酸异构酶的编号为EC 5.3.1.1等。

这种分类法比较科学，每种酶均有特定的编号，并可从中了解酶的性质，新发现的酶也可对号入座，不会造成紊乱，也便于计算机科学管理。

酶的具体作用方式按六大类分述如下。

（一）氧化还原酶类（oxidoreductases）

氧化还原酶类约占酶总数的27%，其催化反应为：

$$RH_2 + R'\ (O_2) \Longleftrightarrow R + R'H_2\ (H_2O)$$

RH$_2$为氢或电子的供体，被还原底物R'为氢或电子的受体。

例如：多酚氧化酶（EC 1.10.3.1）；乳酸脱氢酶（EC 1.1.1.27）；过氧化氢酶（EC 1.11.1.6）；葡萄糖氧化酶（EC 1.1.3.4）和脂肪氧合酶（EC 1.13.1.13）。

（二）转移酶类（transferases）

转移酶类约占酶总数的24%，其催化反应为：

$$A—R + B \Longleftrightarrow A + B—R \qquad R—代表转移基团$$

例如：葡萄糖激酶（EC 2.7.1.2）和己糖激酶（EC 2.7.1.1）。

（三）水解酶类（hydrotases）

水解酶类约占酶总数的26%，其催化反应为：

$$A—B + HOH \Longleftrightarrow AOH + BH$$

1. 多糖水解酶类

例如：α - 淀粉酶（EC 3.2.1.1）；β - 淀粉酶（EC 3.2.1.2）；葡萄糖淀粉酶（EC 3.2.1.3）；异淀粉酶（EC 3.2.1.9）；普鲁兰酶（EC 3.2.1.41）；聚半乳糖醛酸酶（EC 3.2.1.15）；纤维素酶（EC 3.2.1.4）；半纤维素酶［内切β - 1，4 - D木聚糖酶（EC 3.2.1.8）、外切β - 1，4 - D木糖苷酶（EC 3.2.1.37）］；溶菌酶（EC 3.2.1.17）。

2. 糖苷水解酶类

例如：转化酶或蔗糖酶（EC 3.2.1.48）；乳糖酶（EC 3.2.1.22）和柚皮苷酶［β - L - 1 - 鼠李糖苷酶（EC 3.2.1.43）、β - 葡萄糖苷酶（EC 3.2.1.21）］。

3. 蛋白质水解酶类

例如：

（1）内切蛋白酶（蛋白酶）　木瓜蛋白酶（EC 3.4.22.21）；菠萝蛋白酶（EC 3.4.22.4）；胰蛋白酶（EC 3.4.21.4）；胰凝乳蛋白酶（糜蛋白酶）A（EC 3.4.21.1）；凝乳酶（EC 3.4.4.3）；枯草杆菌中性蛋白酶（EC 3.4.24.4）；米曲霉酸性蛋白酶（EC 3.4.23.6）；米曲霉中性蛋白酶（EC 3.4.24.4）；米曲霉碱性蛋白酶（EC 3.4.21.14）。

（2）外切蛋白酶　氨肽酶（EC 3.4.1.11）；羧肽酶（EC 3.4.16.17）；二肽酶（EC 3.4.1.3）。

（四）裂合酶类（lyases）

裂合酶类约占酶总数的12%，其催化反应为：

$$AB \rightleftharpoons A + B$$

例如：果糖 – 二磷酸醛缩酶（EC.4.1.2.13）。

（五）异构酶类（isomerases）

异构酶类约占酶总数的5%，其催化反应为：

$$A \rightleftharpoons B$$

例如：果糖磷酸异构酶（EC 5.3.1.1）。

（六）连接酶类（ligases）或称合成酶类

合成酶类约占酶总数的6%，其催化反应为：

$$A + B + ATP \rightleftharpoons AB + ADP（AMP）+ 无机磷酸（或焦磷酸）$$

例如：异亮氨酰转移核酸合成酶（EC 6.1.1.5）。

第二篇 食品酶学基础

第四章
CHAPTER
4

酶的分子结构与催化功能

大分子物质的特定空间构象决定其生物学功能，酶的空间构象也决定其催化功能。1926年 J. B. Summer 首次把脲酶提纯为结晶，其后，J. H. Northrop 及 Willstatter 等相继分离提纯多种酶为结晶。到目前为止，有上千种酶已提纯为结晶，有数百种已采用现代物理方法确定其空间构象，这为阐明酶分子结构与催化功能关系提供了依据。

第一节 酶分子组成

一、酶 蛋 白

绝大多数的酶是具有催化功能的蛋白质，这些酶的分子结构与其他蛋白质结构一样，有所谓一级、二级、三级和四级结构。酶的一级结构即为基本结构，是由许多氨基酸按特定顺序排列成肽链，氨基酸之间通过肽键（—CH ＝ NH—）连接。自然界存在 20 种 L – 氨基酸，按不同的排列次序，以不同数量和空间结构，形成种类繁多的蛋白质或酶。20 世纪五六十年代对蛋白质空间结构已取得了一系列突破性研究成果。L. Pauling 利用 X 射线衍射技术研究提出了肽键盘绕而成特定的 α – 螺旋结构和 β – 折叠结构。许多蛋白质分子就是由不同长短的 α – 螺旋及不同长度的 β – 折叠构成所谓的蛋白质二级结构，再加上一些没有规则的肽链连接而成。在此基础上再盘绕而成更高级的三级结构或以三级结构作为一个亚基，构成更完整更严密的空间构象称为四级结构。但是，并非所有蛋白质都有四级结构，具有调节功能的蛋白质才有此结构。蛋白质具有特定的立体空间构象，才会有特定的生理功能。任何破坏稳定二级结构的氢键或稳定三级结构的二硫键、盐键、酯键、范德华力、金属键等，均会使空间构象受到破坏，导致蛋白质结构松散，溶解度降低，从而失去其生物功能，称为蛋白质变性作用。变性作用学说是 20 世纪 30 年代由我国著名生物化学家吴宪教授提出的，这一理论在食品生物科技领域和生产实践中得到了广泛应用。同样，酶的空间构象受到破坏，便会导致其变性从而失去其催化活性。

20 世纪 60 年代，随着 F. Sanger 阐明了胰岛素分子中肽链盘绕成特定 α – 螺旋模型，Perutz

与 Kendrew 相继阐明了血红蛋白和肌红蛋白晶体状态全部原子的空间排列关系。1965 年，我国成功合成胰岛素是蛋白质结构研究划时代的创举，也为其他生物大分子的结构研究开创了先例。

二、辅酶或辅基

就酶分子组成而言，一些酶蛋白需要有某些辅助因子（cofactor）存在时才有催化活性。这些辅助因子与酶蛋白结合的紧密程度并不相同。两者结合紧密且不易分离的辅助因子称为辅基（prosthetic group）。而其二者结合较松弛，在酶反应过程中与酶蛋白易分离的辅助因子，则称为辅酶（coenzyme）。酶蛋白与辅酶或辅基形成的复合物称为全酶（holoenzyme）。

全酶（或双成分酶）＝酶蛋白＋辅酶（或辅基）

全酶中的辅酶或辅基一般是由较小分子的有机化合物组成，或是由简单的金属离子构成，它们在整个酶的催化作用过程中担负着传递电子、原子或其他化学基团的功能。现将几种重要的辅酶或辅基分述如下。

（一）铁卟啉

铁卟啉是细胞色素氧化酶、过氧化氢酶、过氧化物酶等氧化酶的辅基。经过对酵母菌细胞色素 C 的辅基结构研究表明，其铁原子与蛋白质的一段肽链上的组氨酸相连接，卟啉环则与该肽链上的两个半胱氨酸相连接，两者通过二硫键等化学键牢固地结合（图 4 – 1）。氧化酶的铁卟啉的功能在于通过铁的价电子变化（$Fe^{2+} \rightleftharpoons Fe^{3+} + e$）来传递电子，催化氧化还原反应。

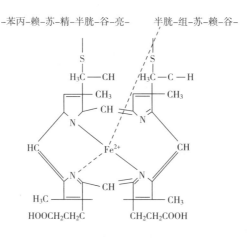

图 4 – 1　铁卟啉与酶蛋白的连接方式

铁卟啉是细胞色素结合蛋白的辅基，在好气细胞中普遍存在。1925 年 Keilin 研究了它在细胞生物氧化中传递电子的功能。已发现不同来源的细胞色素有 30 余种，主要包括 Cytb、Cytc、$Cytc_1$、Cyta/$Cytaa_3$ 等，其中细胞色素 C_1（$Cytc_1$）研究得较为深入，在呼吸链中参与电子传递作用。

（二）黄素核苷酸（FMN 和 FAD 等）

黄素核苷酸是维生素 B_2（核黄素）衍生物，是黄素酶类（如氨基酸氧化酶、琥珀酸脱氢酶等）的辅基。黄素嘌呤单核苷酸（FMN）及黄素腺嘌呤二核苷酸（FAD）的氧化型均呈黄色并有黄绿色荧光，因此，所形成的酶呈黄色，称为黄（素）酶类（黄素蛋白）。FMN 的最大吸收高峰在 445nm，FAD 的最大吸收高峰在 450、375 及 260nm。

它们的分子结构如图 4 - 2 所示。

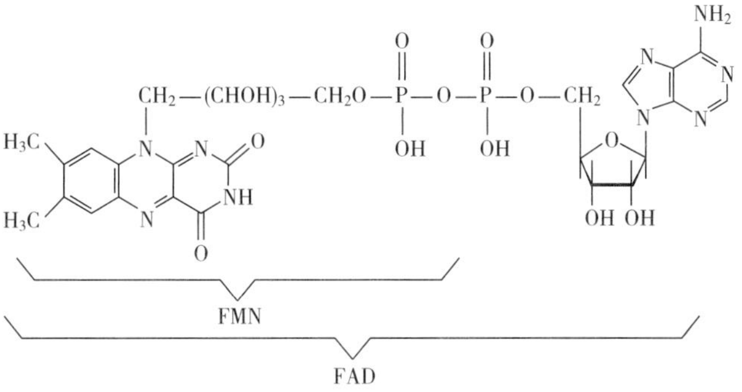

图 4 -2　FMN 与 FAD 的分子结构

在酶的催化作用下，FMN 和 FAD 的功能是传递氢［传递质子和电子（$2H \rightleftharpoons 2H^+ + 2e$）］，而自成氧化 - 还原体系。反应主要表现在 6，7 - 二甲基异咯嗪基团中的第 1 位及第 10 位 N 原子之间有一对活泼的共轭双键很容易发生可逆的加氢或脱氢反应。其反应式如图 4 - 3 所示。

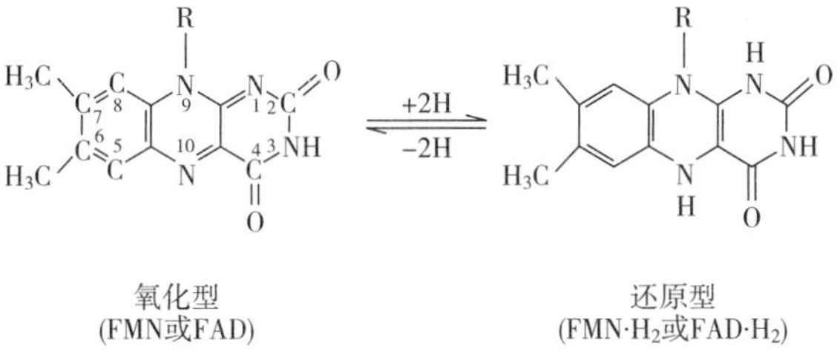

图 4 -3　FMN 与 FAD 的氧化 -还原体系

以 FAD 为辅酶的酶有琥珀酸脱氢酶、脂酰 CoA 脱氢酶等；以 FMN 或 FAD 为辅酶的酶有 L - 氨基酸氧化酶等。因此，它们作为酶的组成部分广泛参与体内多种氧化还原反应，促进糖、脂肪和蛋白质的代谢。

（三）烟酰胺核苷酸（NAD 及 NADP）

烟酰胺核苷酸是许多脱氢酶（如异柠檬酸脱氢酶、谷氨酸脱氢酶、乙醇脱氢酶等）的辅酶。主要有两种：烟酰胺腺嘌呤二核苷酸（NAD、辅酶 I）和烟酰胺腺嘌呤二核苷酸磷酸（NADP、辅酶 II），它们都是烟酸的衍生物，其分子结构式如图 4 -4 所示。

NAD 及 NADP 在脱氢酶催化过程中参与传递氢的作用，其氧化还原体现在烟酰胺环的第 4 位碳原子上的加氢或脱氢。在中性环境中氧化还原的反应式如图 4 -5 所示。

因此，NAD（P）又用 NAD（P）$^+$ 表示其氧化型；NAD（P）H 表示其还原型。

烟酰胺属于维生素 B_5，来源分布广泛，一般人体不缺，除了可由食物供给外，尚可在体内由色氨酸转变成烟酰胺。在体内缺少色氨酸会造成烟酰胺缺乏症，表现为皮炎、腹泻及痴呆。

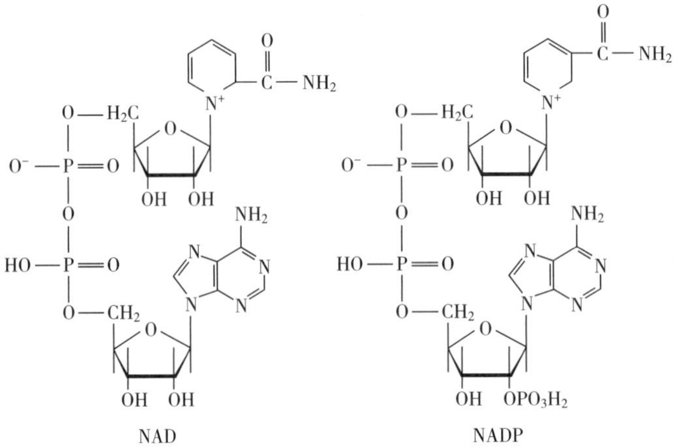

图 4 -4　NAD 与 NADP 的分子结构

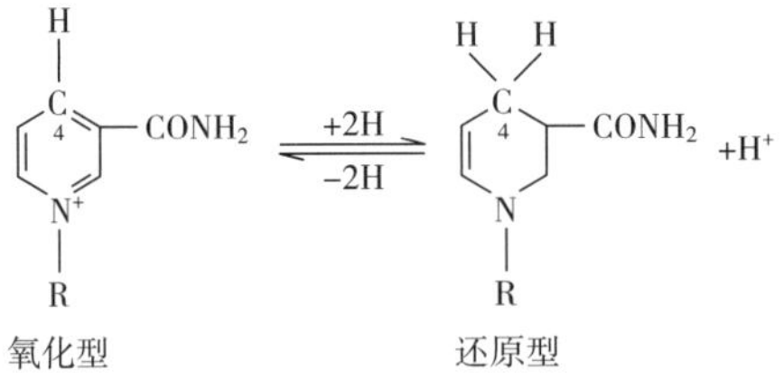

$$\text{或}NAD(P)^+ \underset{-2H}{\overset{+2H}{\rightleftharpoons}} NAD(P)H+H^+$$

图 4 -5　NAD 与 NADP 传递氢过程

（四）硫辛酸（6，8 - 二硫辛酸）

硫辛酸在生物体广泛存在，呈黄色。它与酶蛋白呈牢固的结合状态，水解后为自由态。存在氧化型和还原型两种，其结构式如图 4 -6 所示。

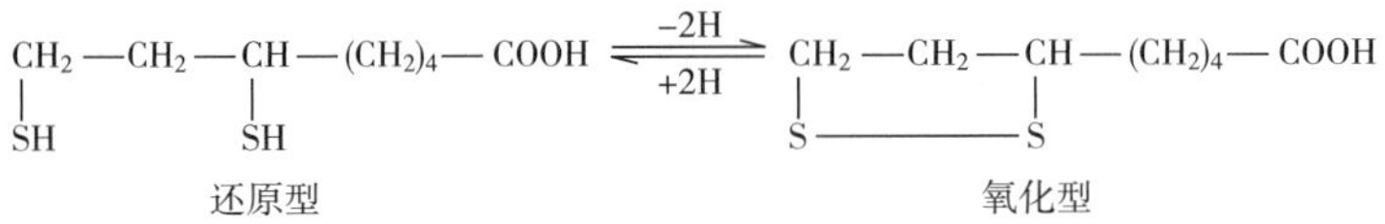

图 4 -6　硫辛酸的氧化型和还原型

当两者互相转变时，起传递氢的作用。另外，在酮酸氧化脱羧反应中，还起传递酰基的作用。

（五）泛醌（辅酶 Q，简写为 UQ）

泛醌是生物体中广泛存在的一种醌类衍生物，它是呼吸链上的一个组成部分，其功能是传递氢和电子，在氧化磷酸化作用中起重要作用。其结构式如图 4 -7 所示。

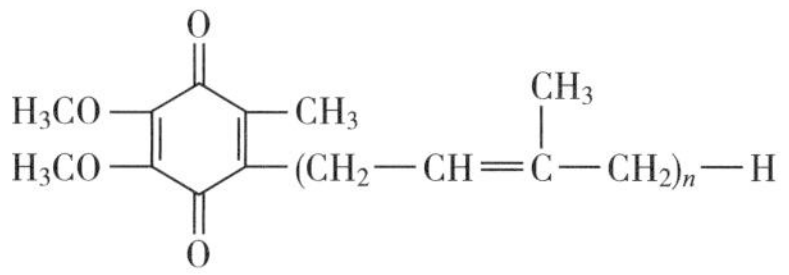

图 4-7　泛醌的结构式

式中异戊烯单位数目 n 可以为 6、7、8、9 或 10。不同来源的泛醌，其 n 的数目不同。例如，啤酒酵母的 n 为 8（通常写作 UQ8），固氮菌的 n 为 6（UQ6）。

（六）辅酶 A（CoA）

辅酶 A 在脂肪代谢中极为重要，其分子结构中含有 B 族维生素的泛酸部分。此外，尚含有腺嘌呤核苷酸和氨基乙硫醇部分。其结构式如图 4-8 所示。

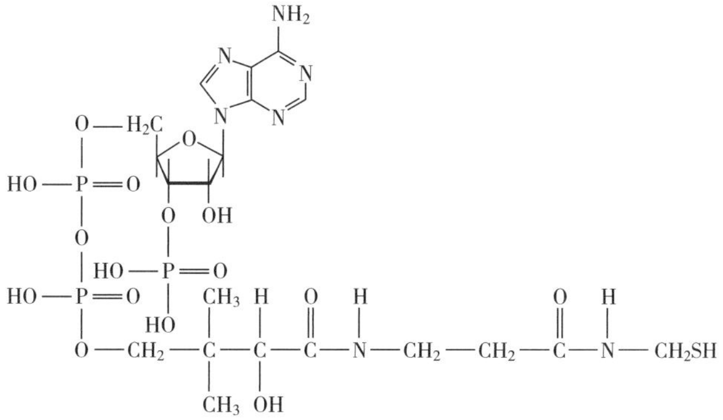

辅酶A

图 4-8　辅酶 A 的结构式

辅酶 A 也可写为 CoASH。CoASH 通过其巯基（—SH）连接的受酰基与脱酰基，参与转酰基作用，其反应式如图 4-9 所示。

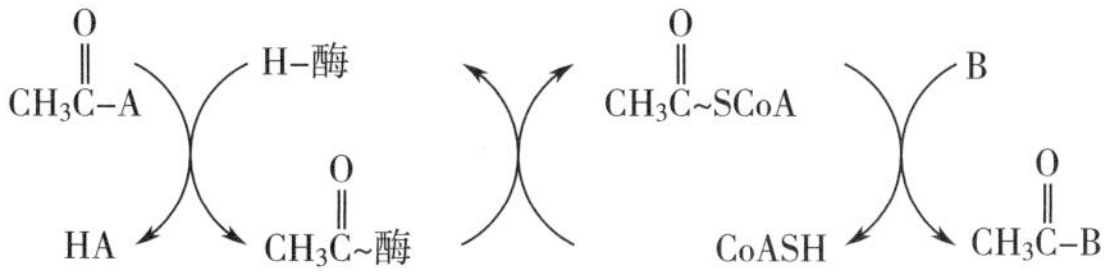

图 4-9　辅酶 A 参与的转酰基反应

上式 A 为酰基的供体，B 为酰基的受体。乙酰辅酶 A（$CH_3CO \sim SCoA$）的硫酯键为一种高能键。当脱酰基时可放出大量的自由能，供给合成反应的需要，在酰化时则需要能量，因此，在酰化与脱酰过程中有能量的转移。脂肪酸的分解与合成也必须在酯酰辅酶 A 的参与下才能进行。所以，辅酶 A 在脂肪代谢上非常重要，与脂肪酸结合成酯酰 CoA 而进入 β-氧化；辅酶 A 作为酰基载体蛋白（ACP）的辅基，参与脂肪酸合成代谢，还参与糖代谢和氨基酸代谢等。辅酶 A 在酵母、肝、肾、蛋、小麦和蜂王浆中含量丰富。

（七）磷酸腺苷及其他核苷酸类

磷酸腺苷及其他核苷酸类在代谢过程中起着重要作用，它们是许多转磷酸基酶（如磷酸激酶）的辅酶。这些辅酶主要有：腺嘌呤核苷三磷酸（ATP）、鸟嘌呤核苷三磷酸（GTP）、尿嘧啶核苷三磷酸（UTP）和胞嘧啶核苷三磷酸（CTP）等。由于它们的磷酸键（如 ATP）是富有能量的高能键，因此，通过磷酸基的转移，能量可以贮存并有效地供给合成时利用。

（八）焦磷酸硫胺素（TPP）

焦磷酸硫胺素为维生素 B_1 的焦磷酸酯，缩写为 TPP，其结构式如图 4-10 所示。

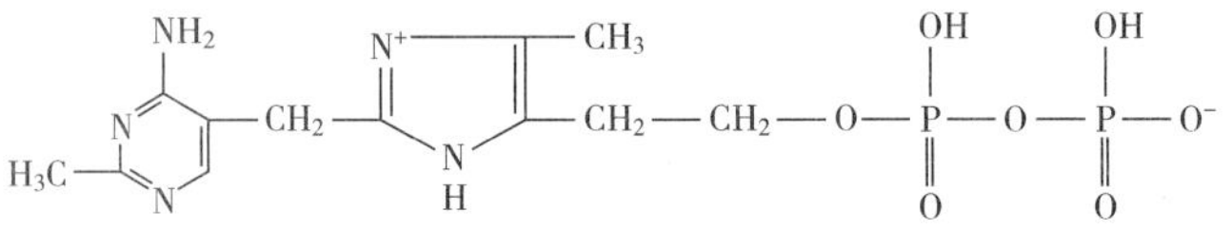

焦磷酸硫胺素

图 4-10　焦磷酸硫胺素的结构式

焦磷酸硫胺素是 α-酮酸脱羧酶和糖类的转酮酶（催化从酮糖上转 2C 单位到醛糖上的酶）的辅酶。在丙酮酸的脱羧反应中，它首先以其噻唑环上的第二位碳原子与丙酮酸结合生成复合物，随即脱去羧基生成"活性乙醛"。活性乙醛不脱离酶复合体，但可以与另一个丙酮酸分子交换，生成游离的乙醛，被交换上去的丙酮酸又脱羧生成"活性乙醛"，再和另一个分子的丙酮酸交换，如此往复进行，其过程如图 4-11 所示。

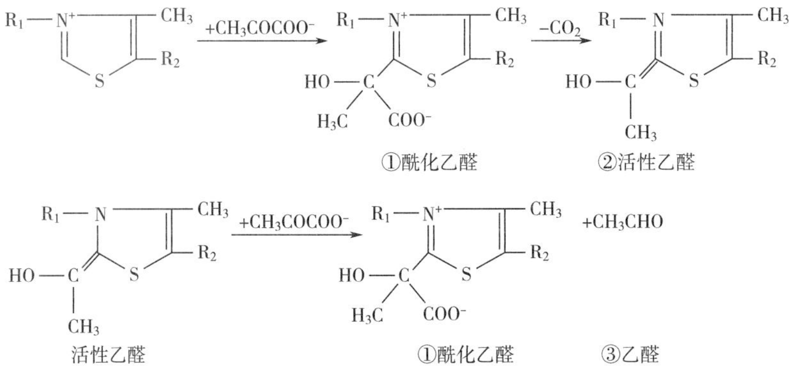

图 4-11　丙酮酸脱羧反应

维生素 B_1 和糖代谢密切相关，人体缺乏它时，糖代谢受阻，丙酮酸积累，造成在临床上称为的"脚气病"。

维生素 B_1 在植物中分布广泛，谷类、豆类的种皮含量特别丰富，在米糠和酵母中尤多。

（九）磷酸吡哆醛和磷酸吡哆胺

磷酸吡哆醛是氨基酸的转氨酶、消旋酶和脱羧酶的辅酶，磷酸吡哆胺与转氨作用有关。这两种辅酶的结构如图 4-12 所示。

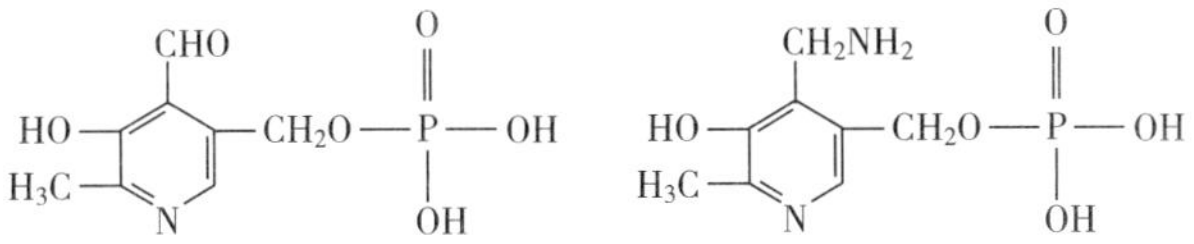

磷酸吡哆醛　　　　　　　　　磷酸吡哆胺

图 4 - 12　磷酸吡哆醛和磷酸吡哆胺的结构式

维生素 B_6 又称吡哆素，包括吡哆醇、吡哆醛及吡哆胺。

磷酸吡哆醛和磷酸吡哆胺可以相互转化，在转化过程中起转氨基作用。

作为转氨酶的辅酶，参与转氨作用；作为脱羧酶的辅酶，参与氨基酸脱羧反应；作为消旋酶的辅酶，则参与消旋作用；而作为丝氨酸转羟甲基酶的辅酶，则参与转一碳基团的反应等。

维生素 B_6 在动植物中分布广泛，蜂王浆、麦胚芽、米糠、大豆、酵母、蛋黄、鱼肉等含量丰富。

（十）生物素

生物素又称为维生素 H，是羧化酶的辅基。它与酶蛋白结合后可催化 CO_2 的掺入与转移。生物素是酵母及其他微生物的生长因子，其结构式如图 4 - 13 所示。

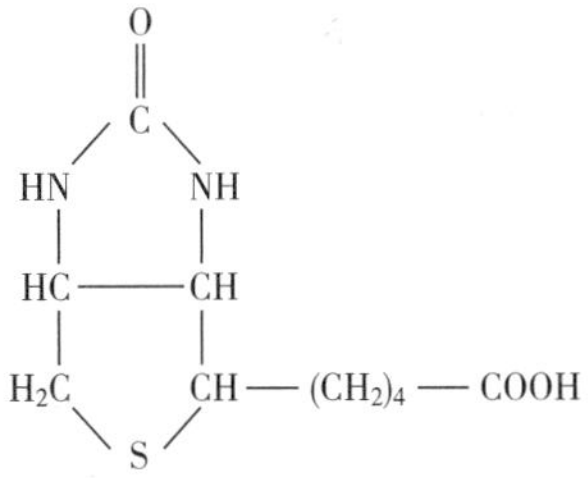

生物素是作为羧化酶的辅酶或辅基，生物素的羧基与酶蛋白的氨基结合参与细胞内固定 CO_2 的反应。它在 CO_2 的固定和脂肪的合成中起催化作用。进行羧化反应时，CO_2 首先与生物素分子结合形成酶与 CO_2 的复合体，然后再将 CO_2 转交其他分子。反应所需的能量一般由 ATP 供给。

图 4 - 13　生物素的结构式

生物素与糖、脂肪、蛋白质和核酸的代谢息息相关，对某些微生物如酵母菌、细菌等的生长有强烈的促进作用。在微生物的培养中，一般利用玉米浆或酵母膏便可满足微生物对生物素的需要。例如，在谷氨酸发酵过程中控制生物素的亚适量对发酵是至关重要的。

（十一）四氢叶酸（辅酶 F，THFA）

叶酸的 5、6、7、8 位上各加一个氢原子称为四氢叶酸，其结构式如图 4 - 14 所示。

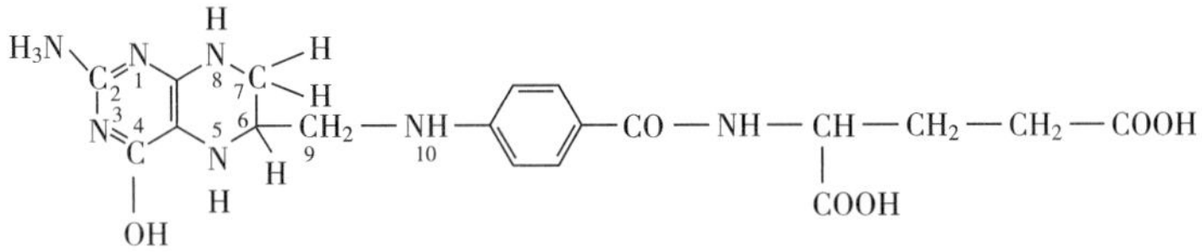

图 4 - 14　THFA 的结构式

四氢叶酸是甲酰基（ $H-\overset{O}{\overset{\|}{C}}-$ ）、亚甲基（$-CH_2-$）等一碳基团的载体，能参与一碳化合物的代谢。例如，氨基酸的互变、甲基的生物合成、嘌呤碱与嘧啶碱的生物合成。

在酶的作用下，羟甲基和甲酰基结合于四氢叶酸的 5 位、10 位或 5、10 位氮原子上，形成甲酰四氢叶酸（N^{10} – 甲酰 THFA）、亚甲基四氢叶酸（N^5、N^{10} – 亚甲基 THFA）等。如甲酰 THFA

的甲酰基在转甲酰基酶的作用下，被转移到其他化合物上，在嘌呤合成中作为甲酰基供体。

THFA 与其他载体不同，被转移基团在与 THFA 结合后，可以发生一些变化，如从供体处接受的甲酰基可变成羧甲基或甲基，再转给受体。

植物和大多数微生物均能合成叶酸，对孕妇尤为重要，缺乏时容易造成婴儿畸形。人体和哺乳动物不能合成叶酸，但肠道微生物可以合成。绿叶蔬菜、酵母等食品叶酸含量丰富。

（十二）金属

除卟啉环含铁或铜离子外，还有许多酶含有铜、镁、锌、钴等金属离子作为辅基，这些金属是酶的催化作用不可缺少的组分。

从上述辅酶或辅基的介绍中可知，维生素是人类维持正常生命活动所必需的物质。但就微生物而言，对各种维生素的需要情况有着显著的差别，微生物生长所需的维生素称为生长因子，主要是 B 族维生素物质。现将辅酶的组成及功能归纳如表 4-1 所示。

表 4-1　　　　　　　　　　　　辅酶的组成及功能

辅酶名称	代号	主要化学组成	有关全酶	生理功能
硫辛酸	S | L S	6，8-二硫辛酸	α-酮酸氧化脱羧酶系	促进 α-酮酸氧化脱羧
焦磷酸硫胺素	TPP	维生素 B_1	丙酮酸脱羧酶	促进脱羧作用
黄素单核苷酸	FMN	维生素 B_2	细胞色素还原酶、黄酶	递氢
黄素腺嘌呤二核苷酸	FAD	维生素 B_2	氨基酸氧化酶、黄嘌呤氧化酶	递氢
烟酰胺腺嘌呤二核苷酸	NAD	烟酸	脱氢酶	递氢
烟酰胺腺嘌呤二核苷酸磷酸	NADP	烟酸	脱氢酶	递氢
磷酸吡哆醛、磷酸吡哆胺		维生素 B_6	转氨酶，氨基酸脱羧酶	转移氨基、脱羧基
四氢叶酸（辅酶 F）	CoF THFA	叶酸	转甲酰基酶，有关转羟甲基反应的酶	传递甲酰基及羟甲基
辅酶 A	CoA CoA~SH	泛酸	酰化酶	传递酰基
生物素		生物素	羧化酶	促进羧化反应，传递 CO_2
铁卟啉		铁卟啉	细胞色素 过氧化氢酶 过氧化物酶	传递电子 促进 H_2O_2 分解 促进过氧化物分解
腺嘌呤核苷酸类	ATP ADP AMP	腺嘌呤核苷和磷酸	激酶及其他磷酸转移合成酶	转移磷酸基及能量

三、核酶（ribozyme）分子组成

1981 年 Cech 等发现四膜虫核糖体前体 RNA 可以自身催化切除内含子，完成其催化过程，从而改变了酶的化学本质是蛋白质的传统观念。核酶的分子组成并没有蛋白质参与，但其催化潜力可以遗传和变异而被自然界保留了下来。核酶的最大优点在于应用于治疗的核酶注射入体内不会产生免疫反应，可人工设计其切割 RNA 的位点，在理论与实际应用中具有巨大的发展潜力。

核酶的发现是一个事实，虽然能起催化功能的 RNA 仅为少数，但对其结构与功能关系的研究已引起广泛关注。迄今为止，在自然界中发现的核酶可分为剪切型核酶、剪接型核酶和催化分子间反应的核酶。前者催化自身或者异体 RNA 的切割，与核酸内切酶相似；中间者主要包括组 I 内含子和组 II 内含子，催化 RNA 前体的自我拼接，具有核酸内切酶和连接酶两种活性。而后者则催化与其他分子间作用的核酶。

剪切型核酶包括锤头型核酶、发夹型核酶、丁型肝炎病毒（HDV）核酶以及有蛋白质参与协同完成催化的蛋白质 – RNA 复合酶（Rnase P），而剪接核酶主要包括组 I 内含子和组 II 内含子，实现 mRNA 剪体的自我拼接，具有核酸内切酶和连接酶两种活性。

R. Symons 等提出锤头结构二级模型（图 4 – 15），它是由 13 个核苷酸残基和 3 个螺旋结构域构成的，并认为剪切反应发生在锤头结构右上方 GUX 序列的 3′ – 末端。而 Willian B. Lost 则提出其催化反应机制由单金属氧化物离子模型和双金属离子模型，均从金属离子和电子得失，极化并减弱 O – P 键，从而剪切 RNA 的磷酸二酯键。

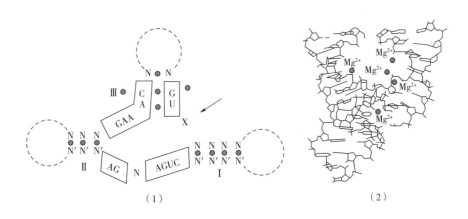

图 4 – 15　锤头形酶的二级结构和立体结构示意图

（1）锤头形核酶的二级结构，N、N′代表任意核苷酸；X 可以是 A、U 或者 C，但不能是 G；
I、II 和 III 是锤头结构中的双螺旋区；箭头指向切割位点　（2）锤头型核酶的立体结构模型，
白色链是底物 RNA 分子，灰色链是底物 RNA 分子，磷酸骨架上结合有镁离子

组 I 内含子和组 II 内含子核酶则相对比较复杂，此类核酶由 200 个以上核苷酸组成，主要催化 mRNA 前体的拼接反应。Cech 及其同事发现四膜虫的核糖前体 RNA 可以在体外无需蛋白质参与下除掉它自身 413nt 内含子，此为组 I 内含子核酶的催化反应，而组 II 内含子核酶则在无需蛋白质参与下除掉它自身 413nt 内含子，此为组 II 内含子核酶的催化反应，组 II 内含子剪

接则无需蛋白质参与，而是经过两个转酯化反应来实现的。

图4-16所示为发夹型核酶二级结构模型。50个碱基的核酶和14个碱基的底物形成了发夹状的二级结构，包括4个螺旋和5个突环。螺旋3和螺旋4在核酶内部形成，螺旋1和螺旋2由核酶与底物共同形成，实现了酶与底物的结合。切割反应发生在N和G之间。

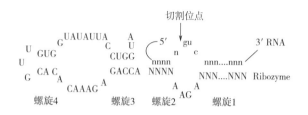

图4-16　发夹型核酶的二级结构示意图

n，N—4种碱基的任何一种

从上可以了解到，蛋白酶类与核酸酶类无论从其组成、结构均有较大差异，但均具有生物催化功能，均属于生物催化剂。

第二节　酶的结构与功能

酶分子结构与蛋白质一样，具有一级、二级、三级结构，有的还有四级结构。

到目前为止，许多酶的一级结构已经研究清楚，有的二级、三级和四级结构也已阐明。

例如，牛胰核糖核酸酶，其相对分子质量为14 000u，由124个氨基酸组成，只有一条肽链。N末端为赖氨酸，C末端为缬氨酸，肽链上的8个半胱氨酸通过4个二硫键连接（图4-17）。

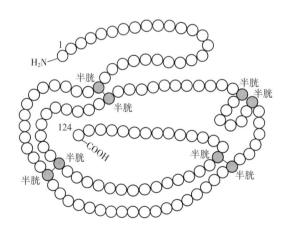

图4-17　牛胰核糖核酸酶结构

在研究一级结构时，必须交替使用多种手段来揭示酶和其他蛋白质的全部序列。如酶蛋白有一个以上的肽链，首先把多肽链彼此分开，一条多肽链卷曲而成的二硫键也要打开，然后切开特定的肽键，把多肽链切为较短的肽。可用酶法，也可用化学方法达到这个目的。用酶法时所用的酶称为蛋白水解酶或肽酶。自然界存在很多种这样的酶，其中有些作用能力很强，几乎能催化多肽链中全部肽键的水解，只剩下自由氨基酸或很短的肽，如木瓜蛋白酶、耐热蛋白酶、胃蛋白酶和枯草杆菌蛋白酶等，但它们的键专一性较差。因此，在实际操作时要严格控制。例如，枯草杆菌蛋白酶，控制在 0℃ 下几分钟后，便能有效地切断 Ala21 和 Ser22 间的肽键（图 4 - 17）。

可引起肽键专一性水解的化学方法，最广泛使用的是溴化氰（CNBr）法，它在甲硫氨酰残基处引起裂解，如图 4 - 18 所示。

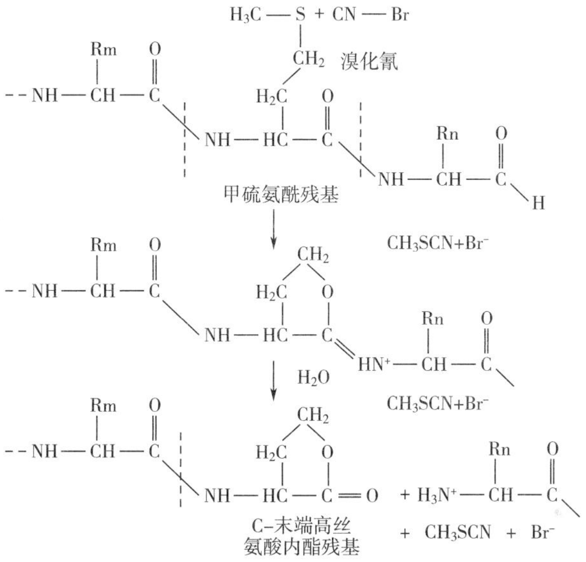

图 4 - 18　肽键的专一性水解
Rm，Rn—两个不定（不同）的基团

此反应结果产生的一个肽是原来肽段甲硫氨酰残基为止的 N 端部分，现在这个肽的 C 末端为高丝氨酸内酯。产生的另一肽是原来肽链的 C 端部分。

把蛋白质的一级结构分裂为较小的肽链碎片后，用色层方法把它们彼此分离提纯。在一定条件下，有些片段可用自动氨基酸序列测定法测定它们的序列。

牛胰核糖核酸酶的二级结构为 α - 螺旋结构，酶分子中的四个二硫键中的三个在螺旋体中侧向按三个不同的方向连接两个平行的螺旋环圈。其第 4 个二硫键所连结的第 65 号和第 72 号半胱氨酸以及其间的六个氨基酸则位于螺旋环圈的内侧。

大多数酶只由一条肽链组成，有的酶有两条、三条或多条肽链组成，这种由数条相同或相似的肽链组成的酶呈四级结构，其中每一条肽链称为一个亚基。具有四级结构的酶通常含 2 ~ 6 个亚基，个别的含有几十个。四级结构破坏时，亚基即分离。

一般而言，绝大多数酶是具有催化功能的一类蛋白质。但是，其所催化（或作用）的底物不一定是大分子物质，酶是大分子的物质，但是其所起催化功能也不是所有结构部分。此问题涉及酶的分子结构与催化功能关系问题。

一、 酶活性部位概念

酶学研究认为，在酶分子上，不是全部组成多肽的氨基酸都起作用，而只有少数氨基酸残基与酶的催化活性直接相关。这些特殊的氨基酸残基，一般比较集中在酶蛋白的一个特定区域，这个区域称为酶的活性部位或活力中心（active site or active center）。按 1963 年 Koshland 的提法，活性部位是由酶蛋白分子中少数几个氨基酸残基（包括含辅基、辅酶、金属离子）组成。它们在蛋白质一级结构的位置可能相差甚远，当肽链折叠、盘绕时，使得它们在空间位置很接近，构成一个特定的空间区域。因此，活性部位不是一个点或一个面，而是一个小的中心区域。所以，酶的活性部位的提法较为确切，但也有人称为活力中心。

酶活性部位包括底物结合部位（combining site of substrate）和催化部位（catalytic site）。前者只有与相适应的底物分子才能结合（如底物分子大小、形状及电荷等），决定着酶的专一性。而后者在催化反应中直接参与电子授受关系的部位（含酶的辅酶或金属部分）。例如，胰凝乳蛋白酶的活性部位是采用化学修饰及 X 射线衍射等方法进行研究的。利用一种对丝氨酸有特异性的标记来和丝氨酸上的羧基起共价化学反应，然后再加以测定。在各种标记剂中，二异丙基氟磷酸（DFP）最有效，10^{-10} mol/L 的 DFP 即可使酶活性部位上丝氨酸的羧基起共价修饰作用，其反应式如图 4 - 19 所示。

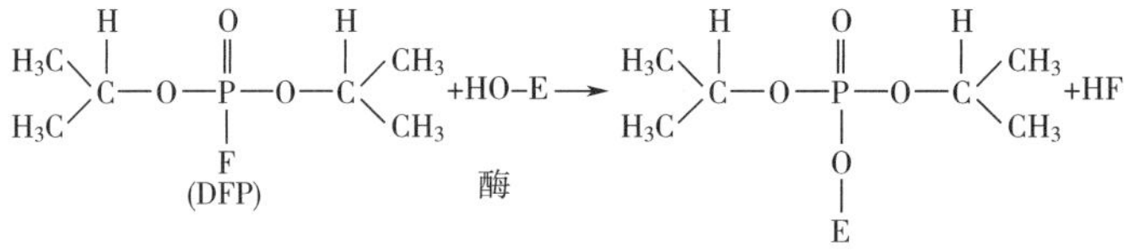

图 4 - 19 二异丙基氟磷酸与酶的反应

上述形成的酶与丝氨酸共价修饰复合物，实际上 DFP 把肽链上的丝氨酸残基保护起来，然后，再用放射性^{32}P 标记的 DFP 来进行上述反应，可得到放射性的 O - 磷酰丝氨酸，活性部位的丝氨酸（Ser - 195）由此被证实，它是直接参与催化作用的结合部位。另外，动力学研究证明，有一个 pK 在 6~8 的解离基团（His - 57）与催化反应有关。因此，胰凝乳蛋白酶形成 Ser - 195 - His - 57 - Asp - 102 的电荷接力系统，形成酶的活性部位。

采用同样的方法确定了 RNA 酶的活性部位由 Lys - 41、His - 12 - His - 119 组成；溶菌酶由 Glu - 35、Asp - 52 组成；木瓜蛋白酶由 Gys - 25、His - 159 组成；羧肽酶由 Glu - 270、Tyr - 245、His - 196 - Zn - His - 69 组成等。

Glu - 72

由于基因工程的发展，研究酶活性部位方法有了很大改进，可以采用对一个酶的编码基因进行定位突变，这样可以任意地改变酶分子上任何一个位置的氨基酸残基，然后再检测其与酶活力的关系，从而测定其酶的活性部位。

二、 别构部位（allosteric site）

酶分子不仅能起催化功能，同时也具有调节功能。因此，在酶的结构中不仅存在着酶的活性部位（或活力中心），而且存在调节部位（或调节中心），称为别构部位（allosteric site）。

这一概念是 1963 年 Monod 等提出的。别构部位不同于活性部位，活性部位是结合配体（底物），并催化配体转化，而别构部位也是结合配体，但结合的不是底物，而是别构配体，这种配体称为效应剂。效应剂在结构上与底物毫无共同之处，效应剂结合到别构部位上引起酶分子构象上的变化，从而导致活性部位构象的变化。这种改变可能增进催化能力，也可能降低催化能力。增强催化活力者称为正效应剂，反之，称为负效应剂。例如，天冬转氨甲酰酶存在活性部位，也存在别构部位，这一酶同时具有催化功能和调节功能（图 4 - 20）。

图 4 -20　效应剂对天冬氨甲酰酶活力的影响

图 4 - 20 中，代谢反应中的 CTP 是天冬转氨甲酰酶的负效应剂，其结构与该酶底物毫无相似之处，但它能和酶的调节亚单位结合并引起其结构上的变化，从而钝化酶活力，达到调节作用。但不是所有的酶都具有别构部位，受别构调节控制的酶，一般为寡聚酶，即具有四级结构的酶。

具有别构部位的酶和其他恒态酶在动力学性态上是不同的，它往往偏离米氏动力学方程，酶反应速度与底物浓度间不是呈矩形双曲线关系，而是呈 S 型曲线或表观双曲线特征。

三、　酶原（proenzyme）

酶是由活细胞合成的，但不是所有新合成的酶都具有酶的催化活性，这种新合成酶的无催化活性的前体称为酶原。就生命现象而言，酶原是酶结构一种潜在的形式，如果没有这种形式，生命就会停止。例如，哺乳动物的胰脏分泌到消化系统中的胰蛋白酶原和胰凝乳蛋白酶原，每种酶原都是由二硫键交联的单一多肽链组成。它们在到达十二指肠以前，一直是十分稳定的，而到达十二指肠后则被另一种蛋白质水解酶所活化，这种活化过程是从无活性酶原转变成有活性酶的过程。该种酶原往往由该种酶所激活，称为酶原的自我激活，其反应式如图 4 - 21 所示。

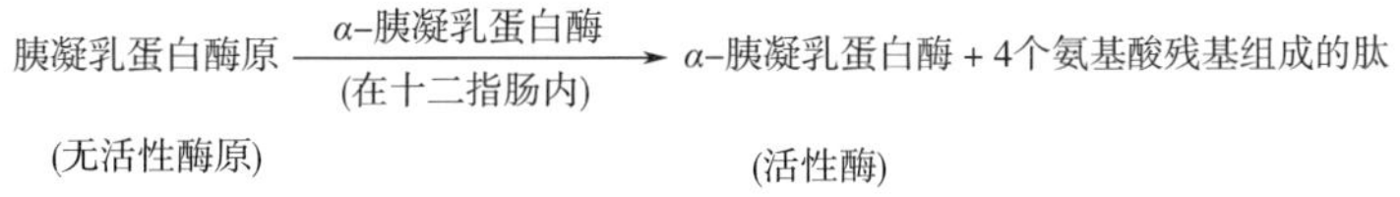

胰凝乳蛋白酶原 —— α-胰凝乳蛋白酶 （在十二指肠内）—→ α-胰凝乳蛋白酶 + 4个氨基酸残基组成的肽

（无活性酶原）　　　　　　　　　　　　　　　（活性酶）

图 4 -21　酶原的自我激活

四、　酶的多形性与同工酶

1975 年 H. Harris 提出酶的多形性概念，认为有很多酶催化相同的反应，但其结构和物理化学性质有所不同，这种现象称为酶的多形性。根据其来源可分为异源同工酶和同工酶

（isoenzyme）。前者是不同来源的同工酶，例如，酵母菌中醇脱氢酶和动物肝脏中的醇脱氢酶。而后者是指来自同一生物体同一细胞的酶，能催化同一反应，但由于结构基因不同，因而酶的一级结构、酶的物理化学性质以及其他性质有所差别的一类酶，称为同工酶。测定同工酶最常用的方法是电泳法，此法对样品纯度要求不严格，分辨力强，而且简便快速。

例如，乳酸脱氢酶有 5 种同工酶：LDH_1、LDH_2、LDH_3、LDH_4 和 LDH_5，天冬氨酸激酶（AK）有三种同工酶：AK_1、AK_2 和 AK_3，磷酸葡萄糖变位酶有 50 种以上的同工酶。

五、　寡聚酶（oligomeric enzyme）

由 2 ~ 10 个亚基组成的酶称为寡聚酶。其所含亚基可以是相同的，也可是不同的。绝大部分寡聚酶都含有偶数亚基，而且一般以对称形式排列，极个别的寡聚酶含奇数亚基。亚基是蛋白质分子中的最小单位。亚基与亚基之间一般以非共价键结合，彼此易于分开。寡聚酶分子质量一般高于 30 000u。如 Cu Zn - 超氧化物歧化酶分子质量约为 32 000u，它由两个亚基组成。又如酵母醛缩酶、碱性磷酸酶、大肠杆菌、酵母菌中的己糖激酶、醇脱氢酶等则由 4 个相同亚基组成。

上述寡聚酶其功能表现为多催化部位和可调节性。前者称为多催化部位酶（multisite enzyme），即每个亚基上都有一个催化部位，但无调节部位。一个底物与酶的一个亚基结合，而对其他亚基与底物结合无关。但当一个酶任何一亚基游离后，此酶则无活性。一个多催化部位的酶并不是多个分子的聚合体，而仅仅是一个功能分子。此类酶的动力学属双曲线型动力学，而后者为可调节酶（regulatory enzyme）。此类酶主要指别构酶（allosteric enzyme）和共价调节酶（covalently modulated enzyme）。例如，3 - 磷酸甘油醛脱氢酶，它是由 4 个相同亚基组成，是一个具有负协同效应的别构酶。此外，含异种亚基的寡聚酶，例如，大肠杆菌（E. coli）天冬氨酸转氨甲酰酶含有 6 条 C 链、6 条 R 链，共 12 条肽链组成，组成 2 个催化亚基（C_3）和 3 个调节亚基上有别构效应剂 CTP、ATP 的结合部位，无催化活性而起着别构调节作用。

以亚基单位组成的寡聚酶一般属胞内酶，而胞外酶一般是单体酶。相当数量的寡聚酶属调节酶，其活力可受各种形式的控制调节，在代谢过程中起着重要作用。

六、　多酶复合体（multienzyme complex）

多酶复合体是由两个或两个以上的酶，在生活细胞某一部位靠非共价键连接而成一连串酶催化反应系统。其中每一个酶催化一个反应，所有反应依次连接构成一个代谢途径或代谢途径中的一部分。其反应效率特别高，促进生物体的新陈代谢。例如，大肠杆菌丙酮酸脱氢复合体，是由三种酶组成：①丙酮酸脱氢酶（E1），它是以二聚体存在，分子质量为 $2 \times 96\,000$u；②二氢硫辛酸转乙酰基酶（E2），其分子质量为 70 000u；③二氢硫辛酸脱氢酶（E3），它是由二聚体组成，其分子质量为 $2 \times 56\,000$u。E1 和 E3 所属的肽链规则地排列在内核周围，而 E2 的肽链组成复合体的内核。复合体直径约为 30nm。上述三种酶组成大肠杆菌丙酮酸脱氢酶的多酶复合体。

大肠杆菌色氨酸合成酶复合体也是几种酶组成的，反应链在代谢过程起连续催化作用。催化这种链反应的几个酶往往组成一个多酶系统（multienzyme system）。有的多酶系统结构化程度很高，有的多酶系统在亚细胞结构上有严格的定位，承担着细胞内许多代谢途径的重要反应。

七、 杂合酶（hybrid enzyme）

鉴于现有酶在相应的工业条件下其稳定性不佳，即使采用工程菌生产酶时，也会遇到变性的包含体以及对蛋白酶敏感等问题。由于蛋白质工程技术的发展，利用自然界进化的各种多样酶的性质及自然界用于进化酶的各种策略，有关杂合酶的研究日益受到重视。

杂合酶是由两种以上酶所组成的，把不同酶分子的结构单元或整个酶分子进行组合或交换，从而构建成具有特殊性质的酶杂合体。

1985 年 R. P. Wharton 等将 434 个阻抑蛋白质识别 DNA 的 α - 螺旋外表面上的氨基酸，用 P_{22} 阻抑蛋白质的结合专一性，经体内体外测定均为 P_{22} 阻抑蛋白质的专一性。1986 年 P. T. Jone 等用鼠抗体 B_{1-8} 重链可变区的 CDR 代替人骨髓瘤蛋白的相应 CDR，新抗体则具有 B_{1-8} 的抗原亲和性（$K_{NP-cap} = 1.2\mu m$），说明抗体间 CDR 的交换可以转移抗原识别专一性。

目前，杂合酶技术包括非理性设计和理性设计。前者无需事先了解酶的空间结构和催化机制。简便、快速、耗资低等优点，能较多地了解蛋白质结构与功能之间的关系，为指导应用提供依据。1998 年美国有 14 个杂合酶获得了专利。后者则要求对操作对象的结构与功能关系要有详细了解，才能实现结构元件从一个蛋白质转移至另一个蛋白质，从而产生新的性能杂合体。

杂合酶的应用主要包括：①改变酶的非催化性，获得杂合酶的特性值介于双亲酶特性值之间。例如，根癌土壤杆菌（*Agrobacterium tumefaciens*）β - 葡萄糖苷酶（最适 pH7.2 ~ 7.4、60℃）与纤维弧菌（*Cellvibrio gilvas*）β - 葡萄糖苷酶（最佳活力在 pH6.2 ~ 6.4、35℃），两者杂合所获得杂合酶的最佳活力在 pH6.6 ~ 7.0，温度为 45 ~ 50℃，并且对各种多糖的 K_m 介于双亲酶之间。②创造新催化活性酶，可以调整现有酶的特异性，向结合蛋白引入催化残基。例如，谷胱甘肽还原酶和硫辛酰胺脱氢酶的辅酶的结合位点进行残基交换，成功地获得了辅因子，优先从 NADP 转为 NAD 和从 NAD 转为 NADP 的新酶。③功能性结构域的交换。例如，把 Ⅱ型 DNA 限制性内切酶 FOK - Ⅰ 的切割结构域同果蝇 Ubx 的 DNA 结合骨架和锌蛋白融合，构建了一个杂合酶 FOK - Ⅰ，它可以和 DNA 靶序列结合并切割 DNA。④杂合酶技术可应用于产生双功能或多功能蛋白质。例如，张先恩领导的研究小组通过一个连接肽编码序列将糖化酶（GA）基因的 5′ - 末端融合到葡萄糖氧化酶（GOD）基因的 3′ - 末端，从而构建了一个融合基因。将融合基因克隆表达后，得到一个分子质量为 430ku 杂合酶（GLG），它比来自酵母的 GA 和 GOD 的简单混合显示出更强的顺序催化性能。杂合酶技术的产生和发展，将为酶工程技术的研究和应用提供科学依据。

第三节　酶的催化作用本质

生命的基本特征是复制、繁殖和新陈代谢，几乎所有的这些变化过程，包括合成、分解、氧化还原、基团转移等复杂化学反应都是在酶催化条件下进行的。酶的催化效率高，而且在温和条件下，具有高度专一性和可调节性。例如，人的消化道中如果没有淀粉酶、蛋白酶等起作用，在体温37℃条件下，要消化一日三餐的食物是不可想象的。为了阐明这些特征，必须从酶催化作用本质加以解释。

分子一般通过相互碰撞而传递能量。要使化学反应能够发生，反应物分子必须发生碰撞。但是，并非所有的分子碰撞都是有效的，只有那些具有足够能量的反应物分子碰撞之后，才能发生化学反应，这种碰撞称为有效碰撞。

具有足够能量，能发生有效碰撞的分子称为活化分子。活化分子所具有的能量超过反应特有的能阈。能阈是指化学反应中作用物分子进行反应时所必须具有的能量水平，每一个反应有它一定的能阈。

为了使反应物分子超越反应的能阈变为活化分子，必需从外部供给额外能量，这种能量称为活化能。反应的能阈越低，即需要的活化能越少，反应就越容易进行。

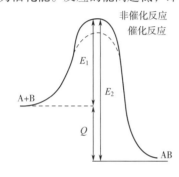

图 4 – 22　催化反应与非催化反应的能量关系

催化作用本质就是降低反应的能阈，即降低所需的活化能，从而使反应加速进行（图 4 – 22）。

从图 4 – 22 可知，在可逆反应 A + B $\rightleftharpoons$ AB 中，当反应 A + B→AB 进行时，所需的活化能是 E_1，反应结果放出热量 Q。而当可逆反应 AB→A + B 进行时，所需的活化能为 E_2，反应结果是吸收热量 Q。

酶作为一种高效的催化剂，与一般催化剂比较，可使反应的能阈降得更低，所需的活化能大为减少（表 4 – 2）。因此，酶的催化效率比一般催化剂高得多，同时，能够在温和条件下充分地发挥其催化功能。

表 4 – 2　　　　　　　　　　　　　　若干反应的活化能

反应	催化剂	活化能/（kJ/mol）
H$_2$O$_2$ 的分解	无	75.4
	胶状铂	46.1
	过氧化氢酶	21.0
丁酸乙酯的水解	H$^+$	55.3
	OH$^-$	42.7
	胰脂酶	18.9
蔗糖的水解	H$^+$	108.9
	酵母蔗糖酶	48.2
酪蛋白的水解	H$^+$	86.3
	胰蛋白酶	50.3

第四节　酶的催化机制

如上所述，酶的催化本质是降低反应所需的活化能，加快反应进行。为了达到减少活化能的目的,酶与底物之间必然需要通过某种方式而互相作用,并经过一系列的变化过程。酶和底物的相互作用和变化过程,称为酶的催化机制。

关于酶的催化作用机制有如下几种假说。

一、 中间产物学说

1913 年,Michaelis 和 Menten 首先提出中间产物学说。他们认为酶(E)和底物(S)首先结合形成中间产物 ES,然后中间产物再分解成产物 P,同时使酶重新游离出来。

$$E + S \rightleftharpoons ES \longrightarrow E + P$$

对于有两种底物的酶促反应,该学说可用下式表示:

$$E + S_1 \longrightarrow ES_1$$
$$ES_1 + S_2 \longrightarrow E + P$$

此学说的关键,在于中间产物的形成。酶和底物可以通过共价键、氢键、离子键和络合键等结合形成中间产物。中间产物是不稳定的复合物,分解时所需活化能少,易于分解成产物并使酶重新游离出来。

中间产物学说已有许多实验所证实。其中间产物的存在也已得到确证。例如,过氧化物酶 E 可催化过氧化氢(H_2O_2)与另一还原型底物 AH_2 进行反应。按中间产物学说,其反应过程如下:

$$E + H_2O_2 \longrightarrow E{-}H_2O_2$$
$$E{-}H_2O_2 + AH_2 \longrightarrow E + A + 2H_2O$$

在此过程中,可用光谱分析法证明中间产物 $E - H_2O_2$ 的存在。首先对酶液进行光谱分析,发现过氧化物酶在 645,587,548,498nm 处有四条吸收光带。接着向酶液中加入过氧化氢,此时发现酶的四条光带消失,而在 561,530nm 处出现两条吸收光带。说明酶已经与过氧化氢结合而形成了中间产物 $E - H_2O_2$。然后加入另一还原型底物 AH_2,这时酶的四条吸收光带重新出现,证明中间产物分解后使酶重新游离出来。

二、 诱导契合学说

早在 1894 年 Fischer 就提出了锁钥学说,他认为只有特定的底物才能契合于酶分子表面的活性部位,底物分子(或其一部分)像钥匙那样专一地嵌进酶的活性部位上,而且底物分子化学反应的敏感部位与酶活性部位的氨基酸残基具有互补关系,一把钥匙只能开一把锁。此学说能解释酶的立体异构专一性,但不能解释酶的其他专一性。

1958 年 Koshland 提出了诱导契合学说,他认为酶分子与底物分子相互接近时,酶蛋白受底物分子的诱导,酶的构象发生相应的形变,变得有利于与底物结合,导致彼此互相契合而进行催化反应。对于这一学说,已得到许多研究证实。

三、 邻近效应(proximity)

化学反应速率与反应物浓度成正比,若反应系统的局部区域的底物浓度增高,反应速率也随之增高。因此,提高酶反应速率的最简单的方式是使底物分子进入酶的活性部位,即增大活性部位的底物有效浓度。酶的活性部位(区域)与底物可逆地接近而结合,这种效应称为邻近效应。有实验显示,某酶促反应中,溶液中的底物浓度为 0.001mol/L,活性部位的底物浓度竟可达 10mol/L,提高了 10^4 倍左右,因此反应速率也相应提高。

四、定向效应（orientation）

由于活性中心的立体结构和相关基团的诱导和定向作用，使底物分子中参与反应的基团相互接近，并被严格定向定位，使酶促反应具有高效率和专一性特点。

例如：咪唑和对－硝基苯酚乙酸酯的反应是一个双分子氨解反应（图4－23）。

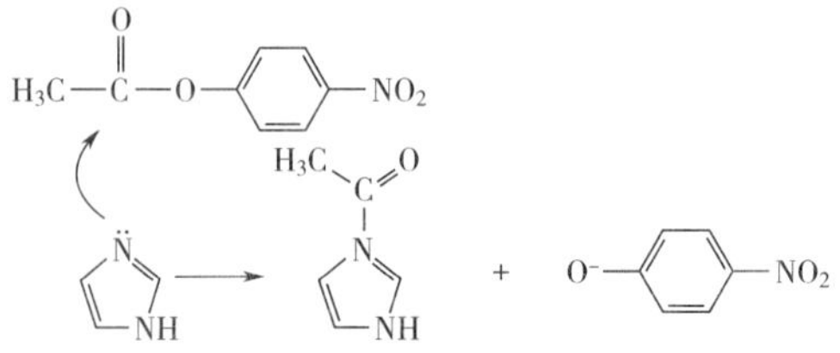

图4－23　咪唑和对－硝基苯酚乙酸酯的反应

当有定向效应时，实验结果表明，分子内咪唑基参与的氨解反应速率比相应的分子间反应速率大24倍。说明咪唑基与酯基的相对位置对水解反应速率具有很大的影响（图4－24）。

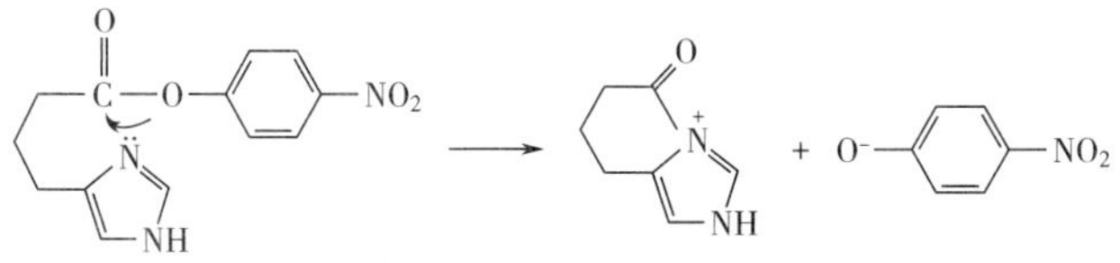

图4－24　咪唑基与酯基的相对位置对水解反应速率的影响

五、电子张力

酶与底物结合后，酶分子中的某些基团或离子可以使底物敏感键中的某些基团的电子云密度发生改变，或者是因为空间位阻产生排斥，从而产生电子张力，使敏感键更加敏感，更易于发生反应。

例如：

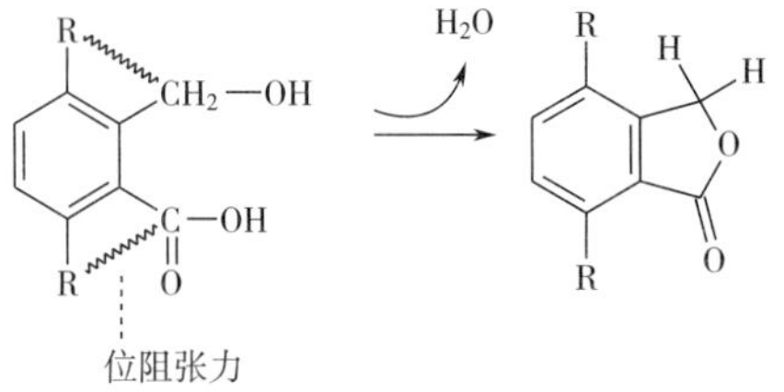

图4－25　内酯反应

图4－25所示为一个形成内酯的反应。当 R = CH$_3$ 时，其反应速率比 R = H 的情况快315倍。由于—CH$_3$ 体积比较大，与反应基团之间产生一种立体排斥张力，从而使反应基团之间更容易形成稳定的五元环过渡状态。

六、 亲核催化作用

若一个被催化的反应，必须从催化剂供给一个电子对到底物才能进行时，称为亲核催化作用。这种亲核"攻击"在一定程度上控制着反应速度。

一个良好的电子供体必然是一个良好的亲核催化剂。例如，许多蛋白酶和脂酶类在其活性部位上，亲核的氨基酸侧链基团（丝氨酸的—OH、半胱氨酸的—SH、组氨酸的咪唑基团等）可以作为肽类和脂类底物上酰基部分的供体，然后把酰基转移。例如，咪唑基催化对-硝基乙酸脂的水解，其亲核催化作用反应式如图4-26所示。

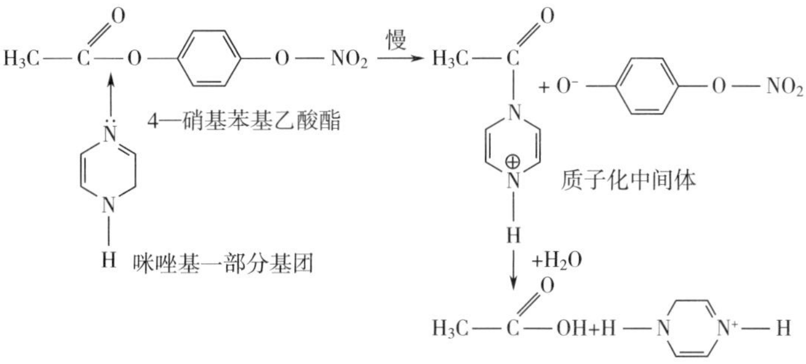

图4-26　亲核催化作用

从反应可知，咪唑基较缓慢地攻击酯上的羰基碳，即向羰基供给电子对，置换出 p-硝基苯酚盐，然后迅速水解质子化的乙酰咪唑中间体，生成乙酸并使催化剂再生。由于酶分子中可提供一对电子对的基团有 His-咪唑基、Ser-OH、Cys-SH 等，因此，亲核催化对阐明酶的催化机制具有重要作用。

七、 酸碱催化（acid-base catalysis）

酶活性中心的一些基团作为质子的供体或质子的受体对底物进行广义的酸碱催化（图4-27）。

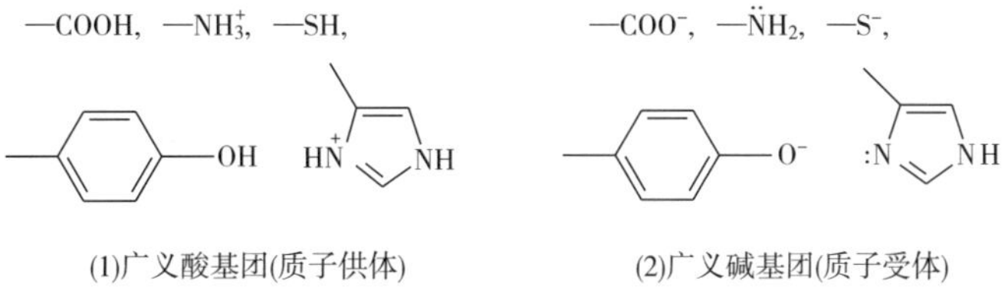

(1)广义酸基团(质子供体)　　(2)广义碱基团(质子受体)

图4-27　广义酸基团和广义碱基团

八、 微环境概念

1977 年，A. R. Fersht 提出微环境概念。根据 X-射线分析，在酶分子上的活性部位是一个特殊的微环境。例如，溶菌酶的活性部位是由多个非极性氨基酸侧链基团所包围的，与外界水溶液有着显著不同的微环境。根据计算表明，这种低介电常数的微环境可能使 Asp-52 对正碳离子的静电稳定作用显著增加，从而可使其催化速度得以增大 3×10^6 倍。

第五节 模 拟 酶

20 世纪 70 年代以来，由于光谱、X－射线衍射技术和蛋白质结晶学的发展，对酶结构及其作用机理能在分子水平上进行解释。科学家们对利用简单分子模型构建酶的特征进行了研究，为人工模拟酶的发展提供了理论依据。

模拟酶又称人工酶或合成酶。近年来，人们对小分子仿酶体系、抗体酶、半合成酶、分子印迹酶模型和胶束模型等人工酶进行了系统研究，已经取得了可喜的进展。

一、 模拟酶的设计依据

（1）酶作为催化剂首先与底物结合，进而选择性稳定在某一特定反应的过渡态（TS），降低反应的活化能，从而加快反应速度。设计模拟酶一方面要依据酶的催化机制，另一方面则基于对简化的人工体系中识别、结合和催化的研究。通过底物的定向化、键的扭曲及变形来降低反应活化能。

（2）根据法国著名科学家 Lehn 提出的超分子化学（supermolecular chemistry）概念和Pederson 的光学活性冠醚的合成方法，认为超分子的形成来自底物和受体的结合。主－客体化学的本质也来自酶与底物的相互作用。这种作用基于非共价键作用，如静电作用、氢键和范德华力等的作用，为人工模拟酶的设计提供了重要理论基础。

1992 年 Breslow R 等对环糊精模拟酶合成的研究认为，模拟酶增加催化效率的关键是要增加环糊精对底物过渡态的结合能力。其最简单的方法是修饰底物，以增加底物与环糊精（CD）的结合。

二、 印迹酶的模拟

1972 年 Wulff 研究小组首先报道了聚合物的制备。经过数十年的努力，分子印迹技术趋于成熟，并在分离提纯、免疫分析、生物传感，特别是人工模拟酶等方面显示出广阔应用前景。

分子印迹（molecular imprinting）是指制备对某一化合物具有选择性的聚合物的过程。这个化合物称为印迹分子（print molecule，P）或称为模板分子（template molecule，T）。分子印迹也称为主－客聚合作用或模板聚合作用，如图 4－28 所示。

印迹聚合物形成的条件为：①底物结构和互补性、分子结构、大小要相似，否则影响分辨力；②聚合物与印迹分子间作用力，如两者间能够产生多种相互作用力，则会大大改善聚合物的识别能力；③对交联剂类型和用量具有选择性，一般采用 80% 以上的交联度为宜；④低温聚合可以稳定印迹分子和单体间的复合物；⑤溶剂的选择也是十分重要的，最好的溶剂应选择低介电常数的溶剂（如甲苯和二氯甲烷等）。

在人工酶的研究中，印迹被证明是产生酶结合部位的最好方法。其关键是如何利用此技术来模拟复杂的酶活性部位，使其与天然酶相似。多年来，在水相酶和非水相酶的制备开展了大量研究，取得许多重要的研究成果。1984 年 Keyes 等报道了首例用这种方法制备的印迹酶，选择吲哚丙酸为印迹分子。印迹牛胰核糖核酸酶，粗酶经硫酸铵（70%～90%）纯化后，酯水解

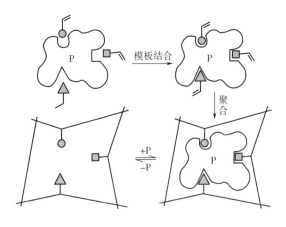

图4-28　分子印迹原理图

P—印迹分子

比活力增至22U/g。非水相生物印迹可以改变酶结合部位的特异性。Dordick最近利用生物印迹方法改造枯草杆菌蛋白酶，并成功地制备出活力较高的核苷酸酰基化酶。

三、　胶束模拟酶

胶束模拟酶不仅涉及简单的胶束体系，而且对功能化胶束、混合胶束、聚合物胶束等体系也进行了较深入的研究。在胶束模拟酶中常用氧肟酸代替羟基酸来研究氧负离子的亲核反应。它们催化对硝基苯酚乙酸酯（PNPA）在胶束中的水解反应，其速度常数比在非胶束中提高近万倍。如用氧肟酸与十六烷基三甲基铵溴化物（CTAB）一起催化酮醇去质子反应，其催化速度提高3 000～20 000倍，是OH^-催化反应的60～300倍。

胶束在水溶液中提供了疏水微环境，可以对底物束缚。如果将催化基团如咪唑、硫醇、羟基和一些辅酶共价或非共价地连接或吸附在胶束上，便可能提供活性部位，使胶束成为具有酶活力或部分酶活力的胶束模拟酶。组氨酸的咪唑基是一种水解酶活性部位的催化部位。如将表面活性剂分子上连接组氨酸残基或咪唑基团上，即有可能形成模拟水解酶的胶束。

维生素B_6是色氨酸合成酶的辅酶，这种合成酶催化丝氨酸和吲哚反应转化为色氨酸。将疏水性维生素B_6长链衍生物与阳离子胶束混合形成的泡囊体系中，在Cu^{2+}存在下可将酮酸转化为氨基酸，可有效地模拟维生素B_6为辅酶的转氨作用。

人工模拟酶的研究属于化学、生物化学与生物物理等领域的交叉学科。它对生物体系反应的模拟、设计及制备进而开发出比自然界更为优越的催化体系，将为食品、医药、环境、化工等领域应用开辟更广阔的前景。

酶催化反应动力学和抑制作用

酶催化反应动力学主要研究酶的反应速度、反应过程规律及各种环境因素对酶反应速度的影响，这对于深入了解酶催化作用的本质、机制以及对于酶的分离纯化及应用等方面均具有重要意义。

第一节　酶反应速度的测定

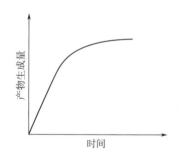

图 5 - 1　酶反应速度曲线

酶促反应速度和普通化学反应一样，可用单位时间内底物减少量或产物增加量来表示。一般采用测定产物在单位时间的增加量来表示的较多，因为测定起来比较灵敏，可制作出产物浓度与时间关系曲线（图 5 - 1）。反应速度即图中曲线的斜率。酶催化反应仅在最初一段时间内其产物与时间成比例关系，随着时间的延长，反应速度即逐渐降低。因为随着反应的进行，底物浓度降低，产物浓度增加，从而加速了逆反应的进行。另外产物对酶的抑制作用、pH 和温度等因素的影响使酶逐渐失活。所以，为准确表示酶活力，就必须

采用如图 5 - 1 中的直线部分，即用初速度来表示。酶反应速度，是对初速度而言。一般所用底物浓度至少要比酶的 K_m 值大 5 倍以上。酶反应速度越大，酶催化活力越高。

由于大多数酶制剂在贮存过程中其生物活性也会受外界环境影响而逐渐失活，同时，有些酶的分子结构和分子质量还没确定，因此，难以对酶量进行准确表示，既不采用重量单位，又暂不能采用物质的量浓度表示，而是采用酶的活力单位（active unit）表示。

一、酶活力的测定

在一定条件下，酶所催化的反应速度称为酶活力。即一定时间内底物分解量或产物生成量，用单位数表示。1961 年国际生化协会规定：在特定条件下（温度 25℃，其他条件如 pH 及底物浓度均采用最适宜的），每分钟催化 1μmol 的底物转化为产物所需要酶量称为 1 个单位（U），称国际单位（IU）。

酶的比活力是指在固定条件下，每毫克酶蛋白（或 RNA）所具有的酶活力。

$$比活力 = 酶活力/毫克酶蛋白（或 RNA）$$

对液体状态酶活力常以 U/mL（酶液）表示，酶的比活力是酶纯度的一个指标。

国际上另一个常用的酶活力单位是卡特（kat）。在特定条件下，每秒催化 1mol 底物转化为产物的酶量定义为 1 卡特。

$$1kat = 1mol/s = 60mol/min = 60 \times 10^6 \mu mol/min = 6 \times 10^7 IU$$

二、 酶活力测定条件

由于酶促反应受许多条件的影响，因此，在测定酶活力时要使反应条件恒定，对于温度和氢离子浓度需要严格控制。

温度对酶反应的影响较一般化学反应更为灵敏，酶本身也容易受热破坏。所以，在测定酶反应时必须使温度保持恒定，一般采用恒温容器（如恒温水槽）。

测定时 pH 也必须保持一定，通常在溶液中加入缓冲溶液。同时，还应注意避免混入任何微量杂质。

三、 测定酶活力常用的方法

测定酶活力常用的方法有如下几种。

1. 化学分析法

化学分析法是采用一般化学容量测定的方法，定量地测定反应产物（如酸、碱、无机磷、氨基酸和还原糖等）来测定酶活力。此法设备简单，无需特殊仪器，应用较广。

2. 分光光度测定法

分光光度测定法是酶学研究常用的方法。酶反应中的底物或产物往往含有不饱和的或环状的原子团，如—CH = CH—、 $\diagdown$C=O、—N = N—、—C_6H_5 等。它们在光谱可见光区、紫外光区或红外光区均具有吸光性。由于反应底物或产物可显示不同吸收光谱，光吸收与浓度成正比，光吸收改变的速率与酶活力也成正比，因而可用分光光度计来进行测定酶反应的情况。此法特点是迅速、简便、灵敏和专一性强，而且不必终止反应。

3. 荧光法

该方法是根据酶促反应的底物或产物的荧光性质的差别来进行酶活力的测定。灵敏度比分光光度法要高若干个数量级，但易受其他物质的干扰。

4. 同位素测定法

经放射性同位素标记的底物在经酶作用后所得的产物，通过适当方法分离，通过测定产物的脉冲数即可换算出酶的活力单位。该方法灵敏度极高，可达 fmol/L（10^{-15}），甚至更高水平，适用范围极广。

5. 电化学方法

例如：pH 测定及离子选择电极法测定等。

6. 测压法

若酶反应产物中有气体，则可采用压力计来测量所产生气体的体积，以表示酶促反应程度。酶反应是在恒温的密闭容器内进行，同时产生气体的量与测压计相连，仪器内压力的改变可以精确地读出气体量。

7. 旋光法

旋光法常用于研究能引起旋光度变化的酶反应。

第二节　单底物酶促反应动力学

一、 Michaelis – Menten 假说

1902 年 Henrri 在研究蔗糖酶催化水解蔗糖的反应中发现其反应速度随着底物的浓度增加而增加，当其底物增加到一定浓度时，酶催化反应速度达到恒定状态即最大值，底物浓度 $[S]$ 对速度 v 作图，便形成"双曲线"图形，并提出中间产物学说以解释酶的催化作用原理。

1913 年 L. Michaelis 和 M. L. Menten 根据中间产物学说对"双曲线"反应图形加以数学推导，提出所谓快速平衡假定（rapid equilibrium，即 R. E. 假定）：

$$E + S \underset{K_{-1}}{\overset{K_1}{\rightleftharpoons}} ES \overset{K_0}{\rightleftharpoons} E + P$$ 这个方程式的运算基于下列三个假定：

（1）测定的速度为反应的初速度，底物浓度 $[S]$ 消耗很少，仅占 $[S]$ 原始浓度的 5% 以内，故在测定反应速度所需时间内，P 的生成极少，（P + E）的逆转可以忽略不计。

（2）底物浓度 $[S]$ 大大地超过酶的浓度 $[E]$。因此，ES 的形成不会明显地降低底物浓度 $[S]$。例如，$[S] = 10^{-3} \text{mol/L}$，而 $[E] = 10^{-9} \sim 10^{-8} \text{mol/L}$，所以即使所有 $[E]$ 都变为 ES，此时 $[S]$ 的降低仍可忽略不计。

（3）ES 解离成 E + S 的速度也大大超过 ES 分解而形成（P + E）的速度，即 $K_{-1} \gg K_0$ 或者 E + S $\rightleftharpoons$ ES 的可逆反应在测定初速度 v 的时间内已达到动态平衡，而少量 P 的生成不影响这个平衡，故称为快速平衡假定。

假设 ES 形成 E + S 的解离常数为 K_s，因此：

$$K_s = \frac{[E] \times [S]}{[ES]} \tag{5-1}$$

若 E 的原始浓度为 $[E_0]$，在反应平衡时，E 的浓度变为（$[E_0] - [ES]$），而此时根据上述假定（2），S 的浓度 $[S]$ 保持不变。故式（5-1）变为：

$$K_s [ES] = ([E_0] - [ES]) [S] \tag{5-2}$$

$$K_s [ES] + [ES] [S] = [E_0] [S] \tag{5-3}$$

由于反应速度 v 取决于 $[ES]$，即 $v = K_0 [ES]$，

$$[ES] ([K_s] + [S]) = [E_0] [S] \tag{5-4}$$

$$[ES] = \frac{v}{K_0} \qquad (5-5)$$

当 $[S]$ 为极大时，全部 E 转变为 ES，$[ES] = [E_0]$，此时 $v = v_m$（最大反应速度），故 $v_m = K_0[E_0]$，即：

$$[E_0] = \frac{v_m}{K_0} \qquad (5-6)$$

将式（5-5）和式（5-6）代入式（5-4），可得：

$$v(K_s + [S]) = v_m[S] \qquad (5-7)$$

$$v = \frac{v_m[S]}{K_s + [S]} \qquad (5-8)$$

式（5-8）即为 M-M 两氏根据快速平衡假定推导出的米氏方程式。

如果将式（5-8）移项整理可得：

$$vK_s + v[S] = v_m[S] \qquad (5-9)$$

$$vK_s + v[S] - v_m[S] - v_mK_s = -v_mK_s \qquad (5-10)$$

$$(v - v_m)([S] + K_s) = -v_mK_s \qquad (5-11)$$

由于 v_m 和 K_s 均为常数，而 v 及 $[S]$ 为变量，故式（5-11）实际上可写成 $(x-a)(y+b) = k$，实质上为典型的双曲线方程，可见米氏方程式与试验结果是相符的。

设 $v = \frac{1}{2}v_m$，代入式（5-8），则可得：

$$\frac{1}{2}v_m = \frac{v_m[S]}{K_s + [S]} \qquad (5-12)$$

$$K_s + [S] = 2[S] \qquad (5-13)$$

$$K_s = [S] \qquad (5-14)$$

由式（5-14）说明，ES 的解离常数 K_s，即当反应的初速度 v 为最大反应速度 v_m 的 1/2 时所需的底物浓度，故 K_s 的单位可以用物质的量（mol/L）浓度单位表示。

K_s 的倒数 $1/K_s = K_1/K_{-1}$ 为亲和常数，可代表 E 和 S 形成中间复合物 ES 的亲和力，K_s 很小或 $1/K_s$ 很大，说明 ES 不易解离成（E+S），而 E 和 S 都很容易形成 ES，只要很少的 $[S]$ 便可使 v 达到最大反应速度的 1/2。

所谓 $[S]$ 的极小或极大值，实际上可看作 K_s 和 $[S]$ 的相对比值。如 K_s 和 $[S]$ 相比要大得多，则式（5-8）分母中的 $[S]$ 可忽略不计，则：

$$v = \frac{v_m}{K_s}[S] \qquad (5-15)$$

此式说明反应对底物为一级反应，其速度与 $[S]$ 成正比，反之，当 K_s 和 $[S]$ 相比小得多，则式（5-8）分母的 K_s 可忽略而成为：

$$v = \frac{v_{\mathrm{m}}[S]}{[S]} = v_{\mathrm{m}} \qquad (5-16)$$

此式，反应速度达到最大的恒定值，反应速度与底物浓度无关，该化学反应属零级反应。

二、 Brigg – Haldane 的恒态学说

1925 年 Brigg – Haldane 认为，快速平衡假定中 K_0 不能远小于 K_{-1}。因此，他们提出了一个恒态（Steady – State）学说并对米氏常数的推导加以修正。该学说在公式推导时，保留了米氏的前两点假定，而将第三点假定修改为恒态假定，其恒态假定如图 5 – 2 所示。

根据 B – H 两氏的恒态学说，其反应式为：

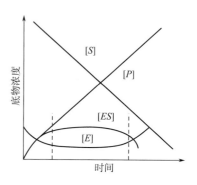

图 5 –2　恒态假定示意图

$$E + S \underset{K_{-1}}{\overset{K_1}{\rightleftharpoons}} ES \underset{}{\overset{K_0}{\rightleftharpoons}} E + P$$

生成 ES 的速度为

$$d[ES]/dt = K_1[E][S] \qquad (5-17)$$

ES 消失的速度为

$$-d[ES]/dt = K_{-1}[ES] + K_0[ES] \qquad (5-18)$$

当该反应处于恒态时，ES 生成和消失的速度相等。

$$\begin{aligned} K_1[E][S] &= K_{-1}[ES] + K_0[ES] \\ &= (K_{-1} + K_0)[ES] \end{aligned} \qquad (5-19)$$

因为

$$[E] = [E_0] - [ES] \qquad (5-20)$$

则

$$K_1([E_0] - [ES])[S] = (K_{-1} + K_0)[ES] \qquad (5-21)$$

$$[E_0][S] - [ES][S] = \frac{(K_{-1} + K_0)}{K_1}[ES] \qquad (5-22)$$

Brigg 和 Haldane 将 $\dfrac{(K_{-1} + K_0)}{K_1}$ 的复合常数以 K_{m} 为代表，K_{m} 即为米氏常数（Michaelis constant），因此：

$$[E_0][S] - [ES][S] = K_{\mathrm{m}}[ES] \qquad (5-23)$$

$$[E_0][S] = [ES](K_{\mathrm{m}} + [S]) \qquad (5-24)$$

同样可用 $[E_0] = \dfrac{v_m}{K_0}$ 及 $[ES] = \dfrac{v}{K_0}$，代入式（5-24），则：

$$v_m[S] = v(K_m + [S]) \tag{5-25}$$

$$v = \frac{v_m[S]}{K_m + [S]} \tag{5-26}$$

此式与式（5-8）一样，区别在于用 K_m 取代 K_s，为了纪念 Michaelis 和 Menten 两人，两式均称为米氏方程式，均为双曲线动力学图形。但 K_m 不同于 K_s，因为 K_m 还取决于 K_0 的大小。

如果当 $K_0 > K_{-1}$ 时，K_m 也大于 K_s，其差值为 K_0/K_1，此时 $1/K_m$ 就大于 E 和 S 的亲和常数。

$K_m = \dfrac{(K_{-1} + K_0)}{K_1}$，如果 K_0 远小于 K_{-1}，

则 $K_m \approx \dfrac{K_{-1}}{K_1} = K_s$

米氏常数 K_m 的含义：K_m 是酶促反应速度达到最大反应速度一半时的底物浓度。其数值为一个常数，但可在严格规定条件下测定，通常以 mol/L 表示。实质上 K_m 是酶与底物亲和力的量度，K_m 值大表明 K_1 小，E 和 S 的亲和力小。反之，K_m 值小表明 K_1 大，E 和 S 的亲和力大。一些酶的 K_m 如表 5-1 所示。

表 5-1　　　　　　　　　　　　　　一些酶的 K_m 值

酶名称	底物	$K_m /$ （mol/L）
蔗糖酶	蔗糖	2.8×10^{-2}
麦芽糖酶	麦芽糖	2.1×10^{-1}
磷酸酯酶	磷酸甘油酯	3.0×10^{-3}
磷酸甘油酸激酶	ATP	1.1×10^{-4}
乳酸脱氢酶	丙酮酸	3.5×10^{-5}
乙醇脱氢酶	乙醇	1.8×10^{-2}
乙醛脱氢酶	乙醛	1.1×10^{-4}
细胞色素 C 氧化酶	细胞色素 C	1.2×10^{-4}
苹果酸酶	苹果酸	5.0×10^{-5}

三、K_m 及 v_m 的计算

K_m 及 v_m 可以根据两组不同底物浓度的试验数据代入公式，然后解二元一次联立方程式计算。但此法不够简便，而且因 v 不易准确测定，故 K_m 不易准确计算。

1934 年 Lineweaver 和 Burk 提出双倒数法作图求取 K_m。将米氏方程式两边变为倒数，即为：

$$\frac{1}{v} = \frac{K_m}{v_m}\frac{1}{[S]} + \frac{1}{v_m} \tag{5-27}$$

这个公式相当于 $y = ax + b$，是一个直线方程式，其斜率为 $\dfrac{K_m}{v_m}$，截距为 $\dfrac{1}{v_m}$，直线与 $\dfrac{1}{[S]}$ 轴的

交点等于 $-\dfrac{1}{K_m}$。因为 $\dfrac{1}{v}=0$ 时，$\dfrac{1}{[S]}=-\dfrac{1}{K_m}$，如图 5-3（1）所示。

例如，酵母菌脱羧酶的反应，经过实验求得表 5-2 所列的数据。根据这个实验就可用方格纸以 $\dfrac{1}{v}$ 对 $\dfrac{1}{[S]}$ 作图，如图 5-3（2）所示。并求出该酶的 K_m 及 v_m。

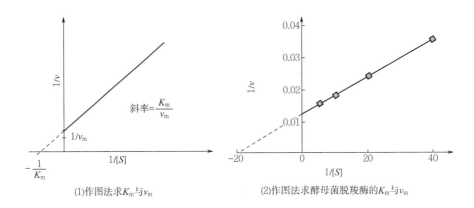

(1)作图法求 K_m 与 v_m 　　　　　　(2)作图法求酵母菌脱羧酶的 K_m 与 v_m

图 5-3　作图法

表 5-2　　　　　　　　　　　　　　酵母菌脱羧酶反应速度

丙酮酸浓度 $[S]$ / （mol/L）	反应速度 v/ [CO_2 mol/（L·min）]	$\dfrac{1}{[S]}$	$\dfrac{1}{v}$
0.025	26.6	40	0.0376
0.050	40.0	20	0.0250
0.100	53.3	10	0.0187
0.200	64.0	5	0.0156

由于

$$-\frac{1}{K_m}=\frac{1}{[S]}$$

故

$$-\frac{1}{K_m}=-20$$

$$K_m=\frac{1}{20}=0.05 \ （mol/L）$$

$$v_m=\frac{1}{0.0125}=80 \ （mL/min）$$

1959 年 Eadie – Hofstee 提出第二种作图法，将米氏方程移项整理后可得：

$$vK_m+v\ [S]\ =v_m\ [S] \tag{5-28}$$

$$v\ [S]\ =v_m\ [S]\ -vK_m \tag{5-29}$$

故

$$v = v_{\mathrm{m}} - K_{\mathrm{m}} \frac{v}{[S]} \qquad (5-30)$$

此式为一个直线方程式，作图结果如图 5-4 所示。

当 $\frac{v}{[S]} = 0$ 时，截距为 v_{m}。

$\frac{v}{[S]} = \frac{v_{\mathrm{m}}}{K_{\mathrm{m}}} - \frac{v}{K_{\mathrm{m}}}$，当 $\frac{v}{K_{\mathrm{m}}} = 0$ 时，截距为 $\frac{v_{\mathrm{m}}}{K_{\mathrm{m}}}$。

1974 年 Eisenthal 和 Cornish-Bowden 提出第三种作图法。

在一定酶浓度时，米氏方程双倒数关系可以整理为式（5-31）

$$\frac{1}{v} = \frac{K_{\mathrm{m}} + [S]}{v_{\mathrm{m}}[S]} \qquad (5-31)$$

即：

$$\frac{v_{\mathrm{m}}}{v} = \frac{K_{\mathrm{m}} + [S]}{[S]} = \frac{K_{\mathrm{m}}}{[S]} + 1 \qquad (5-32)$$

当 v_{m} 对 K_{m} 作图，可以得到一条直线，如图 5-5 所示。当 $K_{\mathrm{m}} = 0$，$v = V_{\mathrm{m}}$，当 $v_{\mathrm{m}} = 0$，$K_{\mathrm{m}} = - [S]$

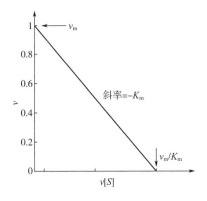
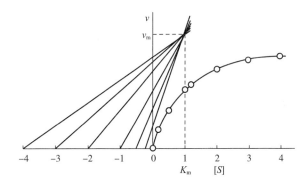

图 5-4 Eadie-Hofstee 作图法　　　　图 5-5 Eisenthal 和 Cornish-Bowden 作图法

上述三种作图法求取 K_{m} 在研究和实际工作中均有所应用。由于第一种作图法比较简便，较为普遍采用，其缺点是若 $[S]$ 浓度低时，与 v 所成的点所占的分量较重，易造成一些不够精确的 v_{m} 值和 K_{m} 值，而后两种作图法不存在此问题。

第三节　多底物酶促反应动力学

酶的催化反应按其底物数可分为单底物和多底物的催化作用，两者反应系统的动力学规律不完全相同。一个底物分解成两个产物，而其逆反应也可称为双底物，但是不能适用于米氏方程。

所谓多底物催化是指两个或两个以上的底物参与反应，其动力学方程相当复杂，数学推导也十分烦琐。

1963 年国际生物化学联合会（IUB）酶学委员会（EC）按照底物数，规定划分为三大类酶促反应。

（1）单底物酶促反应　又可分为：

单底物　　　　A $\Longleftrightarrow$ B　约占酶总数的 5%

单向单底物　　A $\Longleftrightarrow$ B + C　约占酶总数的 12%

假单底物　　　A—B + H$_2$O $\Longleftrightarrow$ A—OH + BH　约占酶总数的 26%

（2）双底物酶促反应　可分为：

①氧化还原酶类：

$$AH_2 + B \Longleftrightarrow A + BH_2$$
$$A^{2+} + B^{3+} \Longleftrightarrow A^{3+} + B^{2+}　约占酶总数的 27\%$$

②基团转移酶类：

$$A + BX \Longleftrightarrow AX + B　约占酶总数的 24\%$$

③三底物酶促反应：

$$连接酶类　A + B + ATP \Longleftrightarrow AB + ADP + Pi$$
$$A + B + ATP \Longleftrightarrow AB + AMP + Pi　约占酶总数的 6\%$$

一、　多底物酶促反应历程表示法

多底物酶促反应动力学比单底物酶促反应复杂得多，为了统一和简化表示其反应历程，1967 年 Cleland 推荐一种命名和反应历程的表示法则，有如下 5 条：

（1）符号表示 A、B、C、D……表示酶结合的底物顺序符号；P、Q、R、S……表示形成产物的顺序符号。

（2）用 E 代表游离酶形式，而 F、G……等代表酶的其他稳定形式。

（3）酶与底物结合或酶与产物结合形式的中间复合物有两种形式。一种是各种底物（或产物）全部与酶的活性部位结合后的中间复合体（central complex）；另一种是没有和各种底物（或产物）全部结合的中间复合体，称为非中心复合体。

例如，苹果酸脱氢酶中 E$^{NAD}_{苹果酸}$ 或 E$^{NADH}_{草酰乙酸}$ 是中间复合体，而 E^{NAD} 或 E^{NADH} 为非中心复合体。为区别两者，前者加括号，即用（EAB 或 EPQ）等代表，后者则不加括号，用 EA、EB 或 EP、EQ 等表示。

（4）动力学上有意义的底物或产物（不包括水及 H$^+$）的数目用 Uni（单底物）、Bi（双底物）、BiBi（双底物双产物）、TerTer（三底物三产物）、QuadQuad（四底物四产物）等表示。在顺序机制中仅出现一次底物数和一次产物数；而乒乓机制，因为属于双取代反应，可出现两次底物或两次产物数。

（5）除随机机制外，酶促反应的历程用一条水平基线表示，线上向下的箭头表示与酶结合的底物，向上的箭头表示从酶释出的产物，而酶在结合底物或释出产物前后的形式则列于线下。

二、　多底物酶促反应动力学描述方法

多底物酶促反应历程复杂，包括连续性机制和非连续性机制。

1. 连续性机制

连续性机制又可分为有次序机制和随机性机制两种：

（1）有次序机制（ordered mechanism） 底物和产物按严格次序与酶缩合，如脱氢酶 Ordered BiBi 机制（图 5-6）。

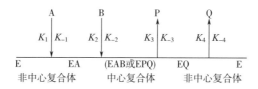

图 5-6 有次序机制

（2）随机性机制（random BiBi 机制）

如图 5-7 所示，当释放出产物 P 时，G 基团有可能保留在酶分子上形成 EG，这种复合物实质上为修饰过的酶。

上述有次序机制以稳定态法处理，其酶促反应速度方程式为：

$$v = \frac{v_{\mathrm{m}}[A][B]}{[A][B] + [B]K_{\mathrm{m}}^{A} + [A]K_{\mathrm{m}}^{B} + K_{s}^{A}K_{\mathrm{m}}^{B}}$$

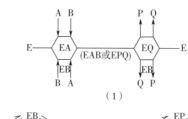

（1）

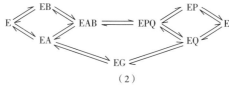

（2）

图 5-7 随机性机制

双倒数作图得：

$$\frac{1}{v} = \frac{K_{\mathrm{m}}^{A}}{v_{\mathrm{m}}[A]}\left(1 + \frac{K_{s}^{A}K_{\mathrm{m}}^{B}}{K_{\mathrm{m}}^{A}[B]}\right) + \frac{1}{v_{\mathrm{m}}}\left(1 + \frac{K_{\mathrm{m}}^{B}}{[B]}\right)$$

或

$$\frac{1}{v} = \frac{K_{\mathrm{m}}^{B}}{v_{\mathrm{m}}[B]}\left(1 + \frac{K_{s}^{A}K_{\mathrm{m}}^{A}}{K_{\mathrm{m}}^{A}[A]}\right) + \frac{1}{v_{\mathrm{m}}}\left(1 + \frac{K_{\mathrm{m}}^{A}}{[A]}\right)$$

上两式均为直线方程，其作图后形成式如图 5-8（1）、图 5-8（2）所示。

2. 非连续性机制（乒乓机制，ping pong mechanism）

这种机制是酶一次只结合一个底物，当一个产物自酶离开后，酶再与第二个底物结合。反

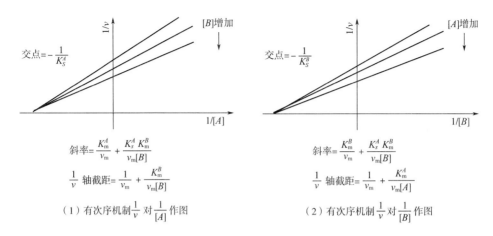

图 5 - 8　有次序机制

应过程形成四种二元复合物，而不形成三元复合物。例如转氨酶催化历程（图 5 - 9）。

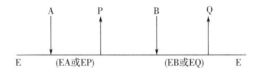

图 5 - 9　转氨酶催化历程

根据乒乓机制的反应历程及恒态学说，可推导出酶促反应速度方程为：

$$v = \frac{v_{\mathrm{m}}[A][B]}{K_{\mathrm{m}}^{A}[B] + K_{\mathrm{m}}^{B}[A] + [A][B]}$$

$$\frac{1}{v} = \frac{K_{\mathrm{m}}^{A}}{v_{\mathrm{m}}[A]} + \frac{K_{\mathrm{m}}^{B}}{v_{\mathrm{m}}[B]} + \frac{1}{v_{\mathrm{m}}}$$

将 $\dfrac{1}{v}$ 分别对 $\dfrac{1}{[A]}$ 和 $\dfrac{1}{[B]}$ 作图，如图 5 - 10 （1） 和图 5 - 10 （2）。

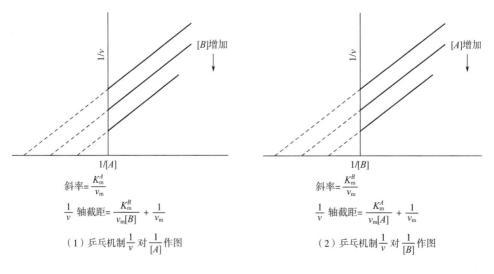

图 5 - 10　乒乓机制

第四节　酶催化的抑制作用

一、 高浓度底物的抑制作用

按照米氏理论，酶促反应底物浓度的增加是有一个极限的。当底物浓度过高时反应速度又重新下降，这是高浓度底物对反应起了抑制作用。其原因有如下几点：

（1）酶促反应是在水溶液中进行的，水在反应中有利于分子的扩散和运动。当底物浓度过高时就使水的有效浓度降低，使反应速度下降；

（2）过量的底物与酶的激活剂（如某些金属离子）结合，降低了激活剂的有效浓度而使反应速度下降；

（3）一定的底物与酶分子中一定的活性部位结合，并形成不稳定的中间产物。过量的底物分子聚集在酶分子上就可能生成无活性的中间产物，因此，这个中间产物不能再分解为反应产物。其反应式如下：

$$E + S \Longrightarrow ES \longrightarrow E + P$$
$$+$$
$$nS$$
$$\Updownarrow$$
$$ES_{1+n}$$

式中　nS——过量的底物分子；

　　　ES_{1+n}——无活性的中间产物。

二、 抑制剂对酶促反应的影响

酶促反应是一个复杂的化学反应，有的化学物质能对它起促进作用，但也有许多物质可以减弱、抑制甚至破坏酶的作用，后者称为酶的抑制剂，由于抑制而引起的作用称为抑制作用。

酶的抑制剂有多种：重金属离子（如 Ag^+、Hg^{2+}、Cu^{2+} 等）、一氧化碳、硫化氢、氰氢酸、氟化物、有机阳离子（如生物碱、染料等）、碘代乙酸、对氯汞苯甲酸、二异丙基氟磷酸、乙二胺四乙酸以及表面活性剂等。

有的抑制作用可通过加入其他物质或用其他方法解除，使酶活力恢复，这种抑制称为可逆性抑制。例如，抗坏血酸（维生素 C）对于酵母蔗糖酶有较强的抑制作用，但加入半胱氨酸后这种抑制即解除。相反，有的抑制作用不能因加入某种物质或其他方法而解除，这种抑制称为不可逆抑制。例如，某些磷化合物对胆碱酯酶的作用和氰化物对黄素酶的作用等。

研究抑制作用的机制无论在理论上还是在实践上都有重要意义。某些物质使生物体引起中毒现象，往往是由于酶或酶系被损害。例如，杀虫剂和消毒防腐剂的应用就是由于它们对昆虫和微生物酶的抑制作用。同时，这个研究还有助于阐明酶的催化本质和机制。因为，抑制作用可以是由于某种抑制剂与酶的活性部位结合，阻碍了中间产物的形成或分解，或由于酶的变性作用等所造成。这种抑制作用有特异性，但因变性作用而引起的抑制作用无特异性。现就对酶的活性有特异性抑制的抑制剂讨论如下。

根据抑制剂与酶结合的情况，又可以分为竞争性抑制、非竞争性抑制、反竞争性抑制和混合抑制等。

（一）酶的竞争性抑制（competitive inhibition）

抑制剂同底物对酶分子的竞相结合而引起的抑制作用称为竞争性抑制。其抑制强度取决于抑制剂和底物对酶分子的亲和力，如图 5 – 11 所示。

这种抑制作用，有两个生化反应竞相进行：

$$\text{E} + \text{S} \rightleftharpoons \text{ES} \longrightarrow \text{E} + \text{P} \tag{5 – 33}$$

$$\text{E} + \text{I} \rightleftharpoons \text{EI} \tag{5 – 34}$$

其中：I 为抑制剂，$[EI]$ 为抑制剂与酶结合的无活性中间产物，K_i 为 EI 的解离常数，$[E_0]$ 为酶的总浓度。根据质量作用定律：

$$([E_0] - [ES] - [EI])[S] = K_m[ES] \tag{5 – 35}$$

$$([E_0] - [ES] - [EI])[I] = K_i[EI] \tag{5 – 36}$$

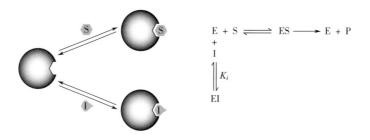

图 5 – 11　竞争性抑制

解出 $[ES]$ 并消去 $[EI]$

$$[ES] = \frac{[E_0]}{\dfrac{K_m}{[S]}\left(1 + \dfrac{[I]}{K_i}\right) + 1}$$

由于 $v_i = K[ES]$（实际反应速度），而无抑制时的最大速度 V_m 与 $[E_0]$ 成比例。因此：

$$v_i = K[ES] = K\frac{[E_0]}{\dfrac{K_m}{[S]}\left(1 + \dfrac{[I]}{K_i}\right) + 1} \tag{5 – 37}$$

或

$$\frac{v_i}{v_m} = \frac{1}{\dfrac{K_m}{[S]}\left(1 + \dfrac{[I]}{K_i}\right) + 1}$$

由式（5-37）与米氏方程式比较，式（5-37）仅多出 $K_m\left(1+\dfrac{[I]}{K_i}\right)$。因此，在竞争性抑制中 K_m 值增加了。

从式（5-37）可知，如果 $[S]\gg K_m\left(1+\dfrac{[I]}{K_i}\right)$，则 v_i 便接近于或等于 V_m；若 K_i 值小而 $[I]$ 值大，则有抑制作用，其抑制程度决定于 $[S]$。正如米氏方程一样，式（5-37）也可用直线来表示。

$$\frac{1}{v_i}=\frac{1}{v_m}\left(K_m+\frac{K_m[I]}{K_i}\right)\frac{1}{[S]}+\frac{1}{v_m}=\frac{K_m}{v_m}\left(1+\frac{[I]}{K_i}\right)\frac{1}{[S]}+\frac{1}{v_m}$$

这里，斜率不是 $\dfrac{K_m}{v_m}$，而是 $\dfrac{K_m}{v_m}\left(1+\dfrac{[I]}{K_i}\right)$，即斜率增大了。但截距并未增加（图5-12）。$\left(1+\dfrac{[I]}{K_i}\right)$ 称为抑制因子。

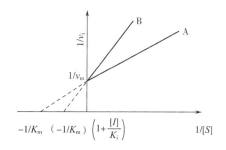

图5-12　竞争性抑制

A—无抑制剂　B—有抑制剂

这种抑制的特点是底物浓度增加时，则抑制作用减小，即抑制作用的大小取决于抑制剂的浓度与底物浓度之比。例如，一些金属离子所引起的抑制及丙二酸对琥珀酸脱氢酶的抑制作用即是如此，此类抑制剂往往具有与底物分子相似的化学结构。

（二）非竞争性抑制（non-competitive inhibition）

非竞争性抑制与竞争性抑制有区别，它不受底物浓度 $[S]$ 的影响，而取决于酶浓度、抑制剂浓度和 K_i 的大小。抑制剂也不必具有与底物相似的化学结构，因为酶分子的结合基团或部位不是原来与底物结合基团（图5-13）。

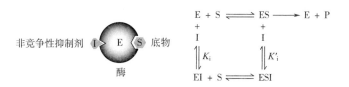

图5-13　非竞争性抑制

在非竞争性抑制中，根据质量作用定律，从式（5-34）可得：

$$K_i=\frac{([E_0]-[EI])[I]}{[EI]} \tag{5-38}$$

或
$$[EI] = \frac{[E][I]}{K_i + [I]}$$

设：v_m 为无抑制剂时最大反应速度

v_i 为有抑制剂时的反应速度

因 v_m 与 $[E_0]$ 成正比，v_i 与（$[E_0] - [I]$）成正比，

即：

$$\frac{v_m}{v_i} = \frac{[E_0]}{[E_0] - [EI]} = \frac{[E_0]}{[E_0] - \dfrac{[E_0][I]}{K_i + [I]}} = \frac{1}{K_i/(K_i + [I])}$$

故
$$\frac{v_i}{v_m} = \frac{K_i}{K_i + [I]} \tag{5-39}$$

由式（5-39）可知，有抑制剂时，反应速度受 K_i 和 $[I]$ 的影响，而与 $[S]$ 无关。当 $[I]$ 很小时，则 $\dfrac{v_i}{v_m}$ 接近 1，即 $v_i \approx v_m$。

将式（5-39）写成：

$$\frac{1}{v_m} = \frac{1}{v_i} \cdot \frac{K_i}{K_i + [I]}$$

代入米氏方程式的倒数式则得：

$$\frac{1}{v_i} = \left(1 + \frac{[I]}{K_i}\right)\left(\frac{1}{v_m} + \frac{K_m}{v_m} \cdot \frac{1}{[S]}\right) \tag{5-40}$$

以 $\dfrac{1}{v_i}$ 对 $\dfrac{1}{[S]}$ 作图得图 5-14。由图 5-14 可知，其斜率和截距都增大了，即各乘以一个抑制因子。

（三）反竞争性抑制（uncompetitive inhibition）

反竞争性的抑制剂 I 能与酶-底物复合物 ES 结合，而不与游离酶 E 结合，其特征是反应的最大速度比未加抑制剂时反应的最大速度低，当以速度的倒数相对底物浓度的倒数作图，所得图线与未被抑制反应的图线平行，如图 5-15 所示。

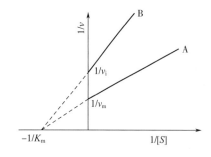

图 5-14　非竞争性抑制

A—无抑制剂　B—有抑制剂

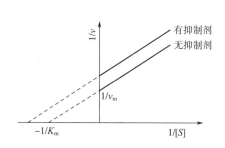

图 5-15　反竞争性抑制

（四）混合抑制

如果抑制剂与酶的结合具有上述抑制作用中的两种以上的抑制，即为混合抑制。

第五节　酶催化的激活作用

一、激　活　剂

对酶促作用的影响同抑制作用相反，许多酶促反应必须有其他适当物质存在时才能表现酶的催化活性或加强其催化效力，这种作用称为酶的激活作用，引起激活作用的物质称为激活剂。激活剂和辅酶或辅基（或某些金属作为辅基）不同，无激活剂存在时，酶仍能表现一定的活力，而辅酶或辅基则为酶的分子组成部分，如果它们不存在时，酶则完全不呈活力。

激活剂种类很多，其中有无机阳离子，如 Na^+、K^+、Rb^+、Cs^+、NH_4^+、Mg^{2+}、Ca^{2+}、Zn^{2+}、Cd^{2+}、Cr^{3+}、Mn^{2+}、Fe^{2+}、Co^{2+}、Ni^{2+}、Al^{3+} 等；无机阴离子，如 Cl^-、Br^-、I^-、CN^-、NO_3^-、PO_4^{3-}、AsO_4^{3-}、SO_3^{2-}、SO_4^{2-}、SeO_4^{2-} 等；有机物分子如维生素 C、半胱氨酸、巯乙酸、还原型谷胱甘肽以及维生素 B_1、维生素 B_2 和维生素 B_6 的磷酸酯等化合物和一些酶。

（一）无机离子的激活作用

金属离子的激活作用在微生物发酵过程中是一个比较常见的例子，如 Mg^{2+} 对酵母葡萄糖磷酸激酶的激活作用如图 5 - 16 所示；Mg^{2+} 及 Zn^{2+} 对酵母磷酸葡萄糖变位酶的激活作用如图 5 - 17 所示。

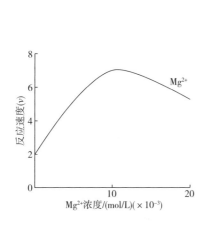

图 5 - 16　Mg^{2+} 对葡萄糖磷酸激酶的
激活作用

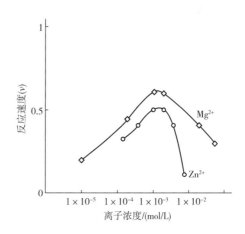

图 5 - 17　Mg^{2+} 及 Zn^{2+} 对磷酸葡萄糖
变位酶的激活作用

从曲线可知，如果缺 Mg^{2+} 及 Zn^{2+} 时，其反应速度缓慢。增加其金属离子浓度，则反应速度加快。但当这些离子超过一定限度时则反应速度反而减弱。对于酵母磷酸葡萄糖变位酶，当无 Mg^{2+} 存在时，其活性仅为 15% 。Mg^{2+} 浓度在 $1 \times 10^{-3} \sim 3 \times 10^{-3}$ mol/L 时，其活力达到最大。

一般认为，金属离子的激活作用是由于金属离子与酶结合，此结合物又与底物结合形成三位一体的"酶－金属－底物"的复合物。这里金属离子使底物更有利于同酶的催化部位和结合部位相结合使反应加速进行，金属离子在其中起了某种搭桥的作用。

至于无机阴离子对酶的激活作用，在实践中也是常见的现象。例如，Cl^-是淀粉酶活力所必需的因子，当用透析法去掉Cl^-时，淀粉酶即丧失其活性；又如Cl^-、NO_3^-、SO_4^{2-}为枯草杆菌（BE－7658）淀粉酶的激活剂。这些阴离子为酶活力所必需的因子，而且对酶的热稳定性又起保护作用。

（二）酶原的活化

有些酶在细胞内分泌出来时处于无活性状态（称为酶原），它必须经过适当物质的作用后才能变为有活力的酶。若酶原被具有活力的同种酶所激活，则称为酶的自身激活作用。

例如，胰蛋白酶原在胰蛋白酶或肠激酶的作用下，使酶原变为具有活性的酶。这种转变的实质是在酶原肽链的某些地方断裂而失去一个六肽的结果，使得酶原被隐蔽的活性部位显露出来。其作用机制如图5－18所示。

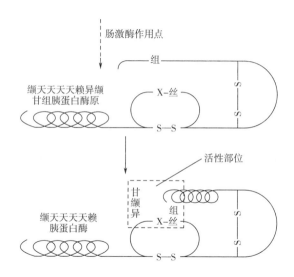

图5－18　胰蛋白酶原的活化（X为特异性部位）

试验测定表明，胰蛋白酶原和胰蛋白酶，都只有一个肽链。就氨基酸组成来说，两者仅有微小的差别。这些都说明酶原变成酶时并不发生重大的改变，活化时只有一个肽键被打开，即在赖氨酸与异亮氨酸之间，在肽链的 N－末端部分失去了一个六肽，同时隐蔽的活性基被释放出来或形成新的活性部位。

二、pH 对酶促作用的影响

氢离子浓度对酶反应速度的影响很大。每种酶都有特定的最适 pH，大于或小于这个数值，酶活力就要降低，甚至引起酶蛋白变性而丧失活力。若以酶活力或反应速度对 pH 作图，可得到一个 pH－活力曲线（图5－19）。处于曲线最高点处的 pH 称为最适 pH，在最适 pH 处酶活力最大。每种酶都有其最适 pH，这是酶作用的一个重要特征。但是，最适 pH 并不是一个酶的特定常数，因为它受其他因素的影响，如酶的纯度、底物种类和浓度、缓冲剂的种类和浓度以及抑制剂等的影响。因此，它只有在一定条件下才是有意义的。脲酶对尿素的催化反应，由于缓冲剂的不同，脲酶就显示出不同的最适 pH。

pH 对酶活力的影响，主要表现为 pH 改变底物和酶分子的带电状态。

1. pH 改变底物的带电状态

当底物为蛋白质、肽或氨基酸等两性电解质时，它们随着 pH 的变化表现出不同的解离状态：带正电荷、带负电荷或不带电荷（兼性离子）。而酶的活性部位往往只能作用于底物的一种解离状态。

2. pH 改变酶分子的带电状态

酶具有两性解离特性。pH 的改变会改变酶的活性部位上有关基团的解离状态，从而影响酶与底物的结合。假定酶在某一 pH 时，酶分子的活性部位上存在一个带正电荷的基团和带负电荷的基团时，此时酶最易与底物相结合。当 pH 偏高或偏低时，活性

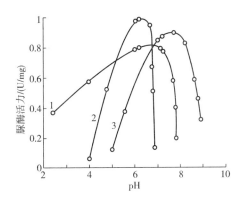

图 5 - 19　缓冲剂种类及 pH 对脲酶的影响
1—乙酸盐　2—柠檬酸盐
3—磷酸盐，脲的浓度为 2.5%

部位带电情况改变，酶与底物的结合能力便降低，从而使酶活力降低。例如，蔗糖酶只有当它处于等电点状态时（兼性离子时），才具有最大的酶活力，而在偏酸或偏碱的溶液中酶活力都要降低或丧失。每种酶都有其最适 pH，如表 5 - 3 所示。

表 5 - 3　　　　　　　　　　　几种酶的最适 pH

酶名称	来源	底物	最适 pH
麦芽糖酶	酵母	麦芽糖	6.6
蔗糖酶	酵母	蔗糖	4.6 ~ 5.0
淀粉酶	麦芽	淀粉	5.2
淀粉酶	As. 7658 枯草杆菌	淀粉	5 ~ 7
二肽酶	酵母	二肽	7.8
琥珀酸脱氢酶	大肠杆菌	琥珀酸	8.5 ~ 9.0
As. 3942 蛋白酶	栖土曲霉	不同蛋白质	9.5 ~ 10.0

三、　温度对酶促作用的影响

各种酶的反应均有其最适的温度，此时，酶的反应速度最快。与普通化学反应一样，在酶的最适温度以下，温度每升高 10℃，其反应速度相应地增加 1 ~ 2 倍。温度对酶反应速度的影响通常用温度系数 Q_{10} 来表示：

$$Q_{10} = \frac{在（t℃ + 10℃）的反应速度}{t℃ 时的反应速度}$$

在生理温度下，酶反应的温度系数通常在 1.4 ~ 2.0。此温度系数一般较无机催化反应和非催化的同样反应小。

当温度超过酶的最适温度时，酶蛋白就会逐渐产生变性作用而减弱甚至丧失其催化活性。

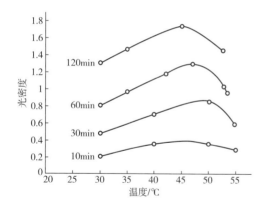

图 5 - 20　温度对 As. 3942 蛋白酶
反应速度的影响

一般的酶耐温程度不会超过 60℃，但有的酶（来自芽孢菌）的热稳定性比较高。另外，在有的酶中加一些无机离子，可增加其热稳定性。因此，在应用酶制剂前必须做酶的温度试验，找出适合生产工艺要求的最适温度。例如，栖土曲霉（As. 3942）蛋白酶的最适温度的选择试验，可采用如下的方法：

将蛋白酶与酪蛋白混合，在不同的温度下保温，测得酶活力的数据，绘成温度对酶活力的曲线，如图 5 - 20 所示。

图 5 - 20 表明，保温时间在 30min 以内，45 ~ 50℃ 酶活力最高。随着保温时间延长，最适温度降低。保温 120min，在 40 ~ 45℃ 酶活力最高。如保温时间为 10min，该酶在 30 ~ 40℃ 时较为稳定。超过 50℃ 酶活力迅速下降，直至 60℃ 时，酶几乎全部变性失活。

试验结果表明，选择酶的最适温度和酶反应的时间有关，反应时间长，则最适温度要低一些。若只是温度选择得高，则酶容易变性失活。在制革厂采用蛋白酶脱毛时，一般选用最适温度 40℃ 为宜。温度过高酶容易失活而达不到脱毛的目的，同时也会产生烂皮的现象；温度过低则酶脱毛时间延长，影响生产效率。由此可知，酶的最适温度不像 K_m 那样为酶的特征常数，它是随酶反应时间变化而改变的。

至于低温对酶促反应的影响，一般地说，在低温下（如 0℃ 左右或更低）酶活力降低，但酶活力不受破坏，一旦升高温度也就能恢复其原有的催化活性。

第六节　酶在非水介质中的催化

1966 年以来，F. R. Dostoli 和 S. M. Siegel 报道了胰凝乳蛋白酶和辣根过氧化物酶在几种非极性有机溶剂中具有催化活性。后来，采用游离酶、微生物细胞和固定化酶在有机溶剂中用于合成酯和类固醇也取得类似的进展。直至 1984 年，美国 A. M. Klibanv 在《科学》杂志上发表了关于酶在有机介质中催化作用一文，成功地在仅含微量水的有机介质中进行酶促合成了酯、肽、手性醇等许多有机化合物，开创了非水介质酶学理论。

根据非水介质酶学研究进展，其主要研究有机溶剂为主的微水有机溶剂中和反相胶束中酶结构与性质，催化动力学、催化条件、反应机制及其应用等内容。

一、　非水介质中酶的结构

酶在水溶液中是均一地溶解或存在于水溶液中，而酶不溶于疏水性有机溶剂，而在含微量水（1% 以下）的有机溶剂中以悬浮状态起催化作用（图 5 - 21）。有大量实验表明，酶悬浮于苯、环己烷等有机溶剂中并不变性，而且还能表现出催化活性，并认为酶的活性部位结构在水中与在有机溶剂中是相同的。

　　D. S. Clark 等首次采用电子顺磁共振（electron paramagnetic resonance，EPR）技术研究了固定化乙醇脱氢酶在有机溶剂中的构象，表明了固定化乙醇脱氢酶在有机溶剂中能够保持天然构象。Klibanov 等将 α-溶菌酶直接悬浮于无水丙酮中，采用固态 ^{15}N 标记的组氨酸的化学位移，也证明组氨酸在丙酮中的化学位移与在水溶液中位移相同。

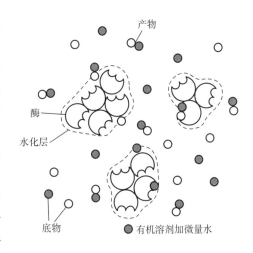

　　但是，并非所有的酶悬浮于任何有机溶剂中都能维持其天然构象。Burke 用固态核磁共振方法研究了 α-胰凝乳蛋白酶在冷冻干燥、向酶粉中添加有机溶剂后观察其活性部位的结构变化，

图 5-21　酶分散在有机溶剂中的反应体系

结果显示冻干作用能造成 42% 活性受到破坏，当加入冻干保护剂（如蔗糖）时，能不同程度地稳定其活性部位结构。酶分子在水溶液中以其紧密的空间结构和一定的柔性发挥其催化功能，而酶悬浮于微量水（<1%）的有机溶剂时，与蛋白质分子形成分子间氢键的水分子极少，导致氢键减弱，蛋白质结构变得"刚硬"（rigid），活动的自由度变小。蛋白质的这种动力学刚性（kinetic rigidi）限制了疏水环境下的蛋白质构象向热力学稳定状态转化。

二、　在反相胶束中酶的结构与性质

　　自 1997 年以来有关学者已研究了酶在反相胶束中的结构变化。研究得比较多的是水溶性蛋白质（包括单体酶和多聚体酶）、一些膜蛋白（如细胞色素氧化酶、肌浆网状体 Ca-ATP 酶、亚线粒体 ATP 酶）和附着生物膜表面或介于两膜表面之间的蛋白质（如细胞色素 C、髓磷脂碱性蛋白）三种。此三种酶在反相胶束中的排布模型如图 5-22 所示。

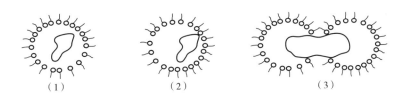

（1）　　　　　　　　（2）　　　　　　　　　（3）

图 5-22　不同类型的酶在反相胶束中的排布模型
（1）可溶性酶　（2）通常情况下附着于生物膜表面的酶　（3）膜整合蛋白

　　其中水溶性酶被水分子所包围，当水与表面活性剂的比率较低时，蛋白质分子与胶束的极性表面接触，往往会对蛋白质分子进行修饰；存在于两膜之间或附于膜上的髓磷脂碱性蛋白和细胞色素 C 在反相胶束中，它们与胶束的内表面相接触，如细胞色素氧化酶、线粒体 ATP 酶等整合蛋白具有一疏水部分，被埋入膜的非极性区域。因此，在反相胶束中，蛋白质的极性部分与胶束的水池相接触，而疏水部分与有机溶剂相接触。反相胶束是一种热力学稳定、光学透明的溶液体系。光谱学可以作为探测反相胶束中酶的结构、稳定性和动力学行为。吸收光谱的

圆二色性、荧光光谱和三态光谱对检测反胶束中的酶活力有着实际应用。溶菌酶与反相胶束结合后，圆二色性发生变化，而乙醇脱氢酶和硫辛酰胺脱氢酶与反相胶束结合后则无变化。荧光光谱法用于反相胶束中几种多肽类激素和溶菌酶的研究，可以测出荧光基团的动态情况，发现色氨酸残基的转动受到限制。而三态光谱法则可测定反相胶束间的交换速率，可作为研究蛋白质和反相胶束表面活性剂之间相互作用的探针。

三、 非水介质中酶催化动力学

早在 1966 年，Dastoli 和 Price 在研究胰凝乳蛋白酶和黄嘌呤氧化酶在微水有机溶液中的催化反应时，发现酶在有机溶剂中不仅能保持天然活性，而且符合 Michaelis – Menten 动力学模式。研究得最多的是缬氨酸类蛋白酶，包括枯草杆菌蛋白酶、胰凝乳蛋白酶等。这些酶在水溶液中是通过酰基 – 酶机制水解底物肽或酯。即酶与底物首先通过非共价键形成酶与底物复合物，然后酶活性部位的缬氨酸残基的羟基与底物的羰基形成四面体中间物。

研究水溶液中酶促反应动力学时，其扩散限制和水分活度可忽略。而在微水有机溶剂中酶促反应扩散限制尤其内扩散限制则不能忽略，它与酶活力颗粒大小、形态以及底物性质有关。

例如，环己烷中脂肪酶催化消旋 2 – 辛醇与辛酸的不对称合成反应动力学的研究。为了考察内扩散限制的影响，在无外扩散的条件下测定酶浓度对反应初速度的影响，反应初速度与酶浓度（0～60mg/mL）呈直线关系，说明在该实验条件下不受扩散限制的影响，仅受动力学控制。在振荡频率150r/min、酶浓度4mg/mL的条件下，测定底物浓度对反应初速度的影响和表观动力学常数，固定不同辛酸浓度，改变外消旋 2 – 辛醇的浓度，分别测定 R 型 2 – 辛醇和 S 型 2 – 辛醇两种异构体的酯化初速度，并与各自的浓度作双倒数图，如图 5 – 23（1）、（2）所示。

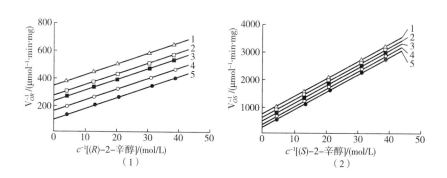

图 5 –23　2 –辛醇两种异构体（R 型或 S 型）的浓度与各自酯化反应初速度的双倒数图
（1）（R） –2 –辛醇　（2）（S） –2 –辛醇
1—0. 0382—0. 0513—0. 0694—0. 1145—0. 0341

以图 5 – 23（1）、（2）中横轴截距（即 K_m 的倒数）对辛酸浓度（c）的倒数作图得图 5 – 24（1），以图 5 – 23（1）、（2）中纵轴截距（即 V_m 的倒数）对辛酸浓度的倒数作图得图 5 – 24（2）。

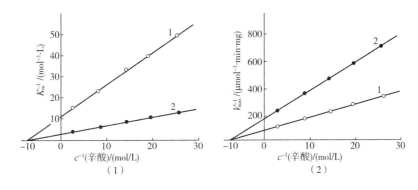

图 5 - 24　以图中横轴截距和纵轴截距分别对辛酸浓度倒数作图
1—（R）-2-辛醇　2—（S）-2-辛醇

　　为了系统地研究反相胶束中酶催化动力学，许多学者提出了多种不同的动力学模型，包括扩散模型和非扩散型。对于前者，必须考虑反应物在介质中的流动，以及底物从溶液扩散到酶周围的速度。而对于反相胶束，除了穿过界面，底物的流动还可以直接从一个液滴到另一个液滴，胶束扩散速度依赖于周围有机溶剂的黏度、胶束大小及温度；而非扩散模型，这种模型假设动力学参数 K_{cat} 和 K_m 的变化是蛋白质在反相胶束中结构变化的结果。

四、　非水相酶学的应用

　　非水相酶催化反应技术的应用始于 20 世纪 80 年代后期，当时界面酶学和非水酶学的研究取得突破性进展，极大地促进了脂肪酶多功能催化作用的开发。随着油脂加工业的发展和高品位的脂肪食品的开发，有机相的生物催化成为当今酶工程学的研究热点之一。在食品添加剂生产领域，利用固定的有机相中脂肪酶催化作用，把廉价的棕榈油和乌桕脂经酯交换反应，变成可口的类可可脂，能很好地应用于巧克力糖果的生产。国外利用酶促酯交换反应把廉价的油脂转变成高品质的食用油脂的研究也很活跃，Eigtved 等用人造奶油和不饱和脂肪酸的交换反应，使人造奶油熔点降低，改良了人造奶油的质量。山根等用脂肪酶选择性水解鱼油，使鱼油中 n-3PUFA 含量由原来的 15%～30% 提高到 50%。Okada 等用脂肪酶在微水介质中催化鱼油的酯交换反应也得到富含 n-3PUFA 的甘油三酯。Yoshimoto 等用 PEC 脂肪酶催化二十碳五烯酸（EPA）和二棕榈酰磷脂酰胆碱的酯交换反应，制备了二十碳五烯酰棕榈酰卵磷脂（EPPC）。这种含高不饱和脂肪酸的卵磷脂具有细胞分化诱导作用，可作为癌症治疗药物。袁红玲、汤鲁宏、陶文昕以氢化棕榈油、大豆油和海狗油等为脂肪酸基团供体，在固定化脂肪酶的催化下，有机溶剂中与 L-抗坏血酸直接进行酯交换反应形成 L-抗坏血酸脂肪酯。初始油脂底物浓度 200～600mmoL/L，温度 55℃，反应时间为 9h，在此条件下产物质量浓度可达 43.51g/L。罗志刚、杨连生、李文志采用 Novozyme 435 脂肪酶，叔丁醇为底物，40℃ 水分活度 0.66～0.85，pH10，加酶量 4mg/mL，肌醇和烟酸最适摩尔比为 1:6，而烟酸浓度低于 6.0mmoL/L 时，产物生成率可达 89.00%。总之，非水溶剂中酯催化反应技术在食品添加剂生产中的应用具有很大的发展潜力。

　　据统计，我国每年在粮食加工中产生 1000 多万吨米糠，其含油量为 16%～22%，即为 160 万～220 万 t 油量。米糠油畅销国内外市场，而我国约有 90% 的米糠得不到加工，米糠油中含游离脂肪高达 15% 以上。因此，米糠油的精炼是急需解决的技术问题，主要有物理法、化学法和酶法三种解决方法。物理法生产效率低，而且存在副反应；化学法精炼得率低，而且生产大量废水和皂角，还会造成维生素 E、谷维素等功能成分损失。因此，酶解法的优点则可以解决前两法的缺陷。近年来，国内外酶工程技术的研究已能成功地解决米糠油脱酸的难题。在实验室条件下，采用固定化脂肪酶 Lipozyme RM IM，经过 8h 的催化反应，可将米糠油中的游离脂肪酸由 14.47% 降为 2.50%，其主要成分甘油三酯的含量由 74.68% 升至 84.35%。目前，这一新技术已进入中试阶段。

第六章

酶的生物合成与发酵生产

阐明酶的生物合成机制，是生物科学中极为重要的理论问题。随着分子生物学的发展，特别是 DNA 结构与功能相互关系的阐明，对揭示酶生物合成机制及其在发酵生产中调节控制具有重大的科学意义。

第一节　DNA 结构与功能

早在 1865 年，奥地利遗传学家 Gregor Mendal 经过多年的豌豆育种研究，发现遗传因子从亲代传至子代，其遗传性状是由一对遗传因子决定的，称为孟德尔遗传规律。

1909 年，Thomas Hunt Morgan 选用果蝇做了遗传基因实验，首次提出遗传"突变"（mutation）的概念，"突变"会导致物种的变异或改良。直至 1911 年丹麦学者 W. Johanssen 把遗传因子命名为"基因"（Gene）。1926 年摩尔根创立了基因学说，并出版了《基因论》一书，认为决定性状的基因确切地排列在染色体上。

1928 年 Fred Griffith 和 O. T. Avery 做了肺炎双球菌的转化实验，经过一系列的研究证明，基因的本质是 DNA，DNA 存在于细胞核染色体上，DNA 是遗传物质的载体，DNA 大分子中蕴藏着成百上千个基因，决定着蛋白质的结构及物种的性状。现代科学认为，基因是 DNA 分子的一个片断，是一个遗传功能单位。

1953 年美国遗传学家 James Watson 和英国生物学家 Francis Crick 根据 X – 射线衍射分析，提出 DNA 双螺旋结构模型，在英国 Nature 杂志上发表"DNA 的分子结构"一文，并阐明了其分子内四种核苷酸碱基的配对规律，这是遗传学发展史上划时代的发现，为现代分子生物学的诞生和发展奠定了理论基础。

天然存在的 DNA 几乎都是右旋 DNA，称为 B – DNA。但后来在人工合成的 DNA 小片断晶体中发现过左旋 DNA，称为 Z – DNA。在一定条件下两者可以互相转化。1959 年发现细菌细胞质中的 DNA 为双螺旋闭环 DNA，称为质粒（Plasmid），还发现细菌噬菌体 φ174DNA 为单链闭环。这些 DNA 同样能自我复制，在基因重组操作中作为基因载体。

DNA 的主要生物功能有如下几个方面。

（一）DNA 的自我复制

有生命物质与无生命物质的主要区别在于是否具有自我复制和繁殖能力。根据 DNA 双螺旋结构模型，在两条脱氧多聚核苷酸链中，任何一条链都可作为一条生物合成的模板。这一点就显著地不同于其他生物大分子。经过自我复制出来的每一个 DNA 分子都包含一条原来分子中的"旧"链和一条"新"链，称为半保留复制（semiconservative replication）。其复制方式如图 6-1 所示。

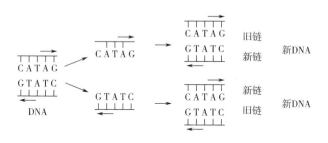

图 6-1 DNA 的半保留复制

上述过程首先将亲代 DNA 分子通过解旋酶作用解开链间氢键变成两条单链，然后分别作为模板同化或吸收四种前体脱氧三磷酸核苷酸而复制成新的 DNA 分子。这种复制合成是由 DNA 合成酶催化合成的。后来已由 A. Kornberg 成功地从大肠杆菌（*E. coli*）分离出 DNA 聚合酶，其分子质量为 109 000u。Kornberg 等用 DNA 聚合酶在试管内进行了合成新的 DNA 分子实验，用四种前体（四种脱氧三磷酸核苷酸）和从大肠杆菌（*E. coli*）抽提物中的 DNA 作为模板，在 DNA 聚合酶的作用条件下，即可生成和模板一样新生的 DNA 分子。其反应式可表示如下：

$$\left.\begin{array}{l} n\text{dTTP} \\ n\text{dGTP} \\ n\text{dATP} \\ n\text{dCTP} \end{array}\right.\ +\ \text{DNA}\ \xrightarrow[\text{Mg}^{2+}]{\text{DNA 聚合酶}}\ \left.\begin{array}{l} \text{dTMP} \\ \text{dGMP} \\ \text{dAMP} \\ \text{dCMP} \end{array}\right|\ \text{DNA}+4(n)\text{PP}$$

（前体）　　　（模板）　　　　　　（新生的DNA）　　　焦磷酸

同时，实验中观察了大肠杆菌（*E. coli*）在 ^{14}N 标记物（$^{14}\text{NH}_4\text{Cl}$）培养基生长后各子代 DNA 分子，也证实 DNA 在生物体内复制也是按照 DNA 分子双螺旋的半保留复制而完成的。

（二）DNA 作为模板合成 RNA

RNA 包括 rRNA、mRNA 和 tRNA，是核酸的一大类，这一类 RNA 在生命活动中占有极其重要的作用。

根据分子生物学研究，RNA 的合成，也是 DNA 直接参与并作为合成 RNA 的模板，DNA 为模板在 RNA 聚合酶的作用下形成相应的 RNA，这种过程称为转录（transcription），其转录可用下式表示。式中 PPi 为无机焦磷酸盐。

$$\left.\begin{array}{l} n\text{ATP} \\ n\text{GTP} \\ n\text{CTP} \\ n\text{UTP} \end{array}\right.\ +\ \text{DNA}\ \xrightarrow[\text{Mg}^{2+}\ \text{或 Mn}^{2+}]{\text{RNA 聚合酶}}\ \text{RNA}+4n\text{PP}_i$$

（前体）　　　　（模板）

RNA 聚合酶是 J. Harowitz 和 S. Weiss 于 1960 年发现的。*E. coli* 中 RNA 聚合酶分子质量为 490 000u。该种酶的分子结构比较复杂，有多个亚基（包括 2α、β、β'、2ω 和 σ 等亚基）组成，其核心部分为前三种亚基，主要存在于催化底物（DNA）结合位点，σ 亚基与转录起始有关，ω 亚基的作用尚未研究清楚。真核生物 RNA 更为复杂，RNA 聚合酶的亚基更多，分子质量大于 100 000u。

转录的过程大致可分为三个阶段：①转录起始；②RNA 链的伸长；③RNA 链的合成终止。

转录的起始是基因表达的关键，根据碱基互补原则准确地转录 DNA 顺序及一个特异的终止部位。RNA 的合成是在模板 DNA 的启动子位点上起始的，σ 因子能专一地与模板 DNA 上启动子部位结合，一般起点是一个嘌呤，是指 DNA 上第一个核苷酸掺入的位点。

RNA 链的延伸是根据碱基配对原则，模板 DNA 上碱基的顺序把核苷三磷酸一个个地挂上去，生成 $3'$、$5'$-磷酸二酯键并放出焦磷酸。RNA 链的延伸速度为 50 个核苷酸/s。RNA 链的合成是沿着 $5' \rightarrow 3'$ 方向进行的。这一点可通过观察 ^{32}P 掺入 RNA，从 r-磷酸基挂上 RNA 链的强弱得到证实。

每个模板 DNA 均有转录的终止位点或终止因子。ρ 因子为终止因子，它是一个分子质量为 20 000u 的四聚体。实验证明，ρ 因子的存在与 RNA 链合成的长短有关。RNA 合成开始后分别得到 12S、17S、26S 三种 RNA，这说明模板 DNA 上至少有三个转录终止位点。ρ 因子与 RNA 结合或沿 RNA 链移动的因素都将抑制转录。在原核生物中，往往转录和翻译是偶联的，mRNA 的合成还未结束就作为模板去合成蛋白质了。

初合成的 RNA 必须通过加工处理或通过剪切和分子修饰后才能变成功能性 RNA，包括 rRNA、tRNA 和 mRNA。而这些 RNA 都是通过相应众多基因表达而合成的，然后再通过分子修饰而成为某种功能性 RNA。

1941 年 J. Brachet 和 T. Caspersson 发现，在大量合成蛋白质的细胞里，发现 RNA 特别多，而且大部分 RNA 聚集在核糖体（ribosome）的颗粒上，称为多聚核糖体。由此证实，核糖体是由 rRNA（ribosomal RNA）与多种蛋白质组装而成的，其生物学功能为蛋白质合成的场所。一般核糖体由两个亚基组成，原核生物由 50*S* 和 30*S* 组成，而真核生物由 60*S* 和 40*S* 组成。而 rRNA 又有多种，大肠杆菌核糖体中含有三种 rRNA（5S rRNA、16S rRNA、23S rRNA），而动物、植物细胞中则含有四种 rRNA（5S rRNA、5.8S rRNA、18S rRNA 和 28S rRNA）。

原核生物核糖体的两个亚基结合与解离如图 6-2 所示。

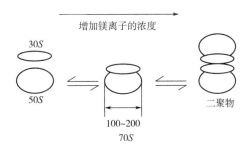

图 6-2 核糖体两个亚基结合与解离

rRNA 的一级结构和二级结构已陆续阐明。

1965 年美国 Robert Holley 测定了 tRNA^{Ala}是由 77 个碱基的排列顺序组成的。其二、三级结构靠氢键维系，其生物学功能是 tRNA 分子中－CCA 尾端携带着特定氨基酸并运送至核糖体和 mRNA 处。因此，tRNA（transfer－RNA）第一功能为运送氨基酸，另外，tRNA 被氨基酰－tRNA 合成酶识别其本身的反密码子（IGC），并对应识别和把 mRNA 上的三联体密码翻译成氨基酸和蛋白质。

1960 年 Fromcois Jacob 和 Jaques Monod 认为核糖体是非专一的蛋白质合成装置，它接受特定的 mRNA 上的碱基以贮存信息，成为蛋白质合成的模板，才能合成特定结构的蛋白质。因此，mRNA（messenger RNA）的生物学功能为合成蛋白质模板。

根据分子结构测定，原核生物 mRNA 为一条 mRNA 链，含有指导合成几种蛋白质分子信息从而翻译成几种蛋白质的信息区间，称为多顺反子。在一条 mRNA 链上，一个顺反子的编码区是从起始密码 AUG 开始到终止密码，各个顺反子编码区之外，均有一段非编码区，其结构模式如图 6－3 所示。

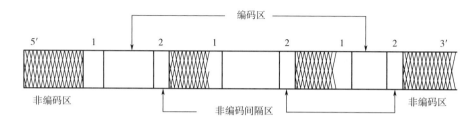

图 6－3　原核 mRNA 结构模式
1—起始密码　2—终止密码

真核生物 mRNA 为单顺反子，即一条 mRNA 链只翻译产生一种多肽链。结构模式为 5′－帽子－5′－非编码区－编码区－3′非编码区－多聚 A（polyA），其中帽子结构式如图 6－4 所示。

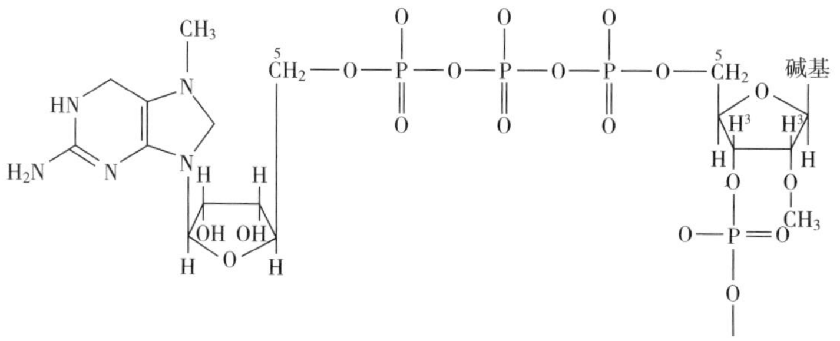

图 6－4　帽子结构式

在帽子（m^7 GPPPNm）结构中，m^{7}G 与 mRNA 链形成 5′，5′－磷酸二酯键的反式连接，从而对核酸的降解表现出抗性。同时，这种结构还可能协助核糖体与 mRNA 结合，有助于核糖体在起始密码 AUG 处开始翻译合成蛋白质等功能。

（三）DNA 与遗传密码

DNA 另一重要生物学功能是把贮存在自身的遗传信息通过 mRNA 传递给蛋白质。现代实验证明，DNA 是遗传信息载体。mRNA 上每三个核苷酸翻译成蛋白质多肽链上的一个氨基酸，称为遗传密码（genetic code）或三联体密码（triplet code）。翻译时从起始密码子 AUG 开始，沿着 mRNA5′→3′的方向连续阅读密码子，生成一条具有特定顺序的多肽链（酶或蛋白质）。新生成的多肽链的氨基酸组成和排列顺序取决于 mRNA 的遗传密码排列顺序，而 mRNA 的核苷酸顺序又取决于 DNA（基因）的组成及其顺序。因此，DNA 决定着相应的遗传密码，控制着蛋白质的合成。

根据核苷酸和氨基酸数目的对应比例，科学家们经过多年研究，从遗传学角度证明三联体密码是正确的。因为，mRNA 链中仅有四种核苷酸，而构成天然蛋白质的氨基酸数目最多为 20 种。假定一个碱基决定一个氨基酸，4 种碱基只能决定 4 种氨基酸；两个碱基决定一个氨基酸，4 种碱基也仅能决定 16 种氨基酸；如果三个碱基决定一个氨基酸，4 种碱基则可按不同排列方式而决定着 64 种氨基酸。所以，64 种密码完全可以满足翻译成 20 种氨基酸的需要。

（四）DNA 调节控制酶和蛋白质的合成

DNA 虽然没有直接参与翻译合成蛋白质，但是，它的一个重要功能是调节控制蛋白质合成，细胞核中 DNA 作为遗传信息载体，细胞质中质粒 DNA（双链闭环）也可作为基因载体，并且是基因转移重组技术中不可缺少的载体。

总之，DNA 是任何生物细胞中最为重要的生命物质，DNA 双螺旋结构模型为遗传信息的储存、传递和蛋白质合成提供了基础。1970 年 Crick 等提出了遗传中心法则，指出遗传信息传递是以 DNA 分子中基因的自我复制开始，通过转录合成 mRNA，然后以 mRNA 为模板，在核糖体（rRNA 蛋白体）的 tRNA 和多种酶及辅助因子作用下，传递并翻译成酶或蛋白质。

第二节 酶蛋白合成过程（机制）

酶或蛋白质合成过程包括氨基酸活化、肽链合成的起始、肽链的延伸、肽链合成的终止和肽链的加工修饰等过程。原核细胞和真核细胞的酶或蛋白质合成过程基本相同，但也有区别之处。

一、 原核生物的酶蛋白合成过程

（一）氨基酸活化

氨基酸是蛋白质合成的主要原料，而氨基酸在蛋白质合成前首先要活化，即在氨基酰 – tRNA（AA – tRNA）合成酶的催化下进行活化，其所需能量由细胞内 ATP 提供。细胞内 tRNA 有几十种，每一个 tRNA 能专一地运送一种氨基酸，而一种氨基酸可分别被几种 tRNA 专一运送，这一过程是由细胞内氨基酰 – tRNA 合成酶所催化的。如大肠杆菌（E. coli）异亮氨酰 tRNA 合成酶分子质量为 118 000u，为一个多肽链；甲硫氨酰 tRNA 合成酶分子质量为 180 000u，为两个亚单位即两条多肽链，均具有专一催化作用。

氨基酸活化过程分两步，第一步：氨基酸 + ATP + E→氨基酰 – AMP – E + PPi；第二步：氨基酰 – AMP – E + tRNA→氨基酰 – tRNA + AMP + E。如图 6 – 5（1）、（2）所示。

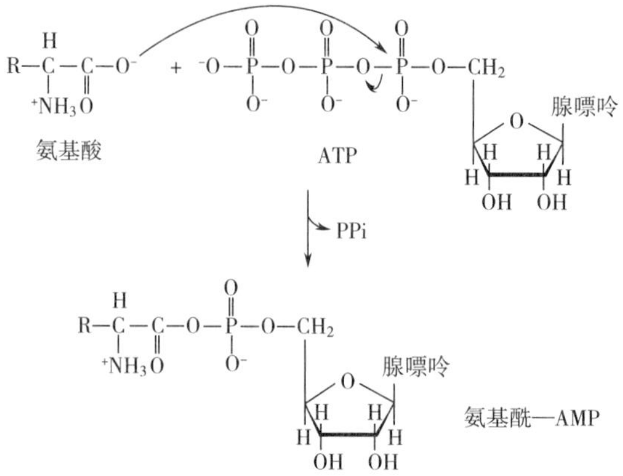

（1）氨基酸活化第一步

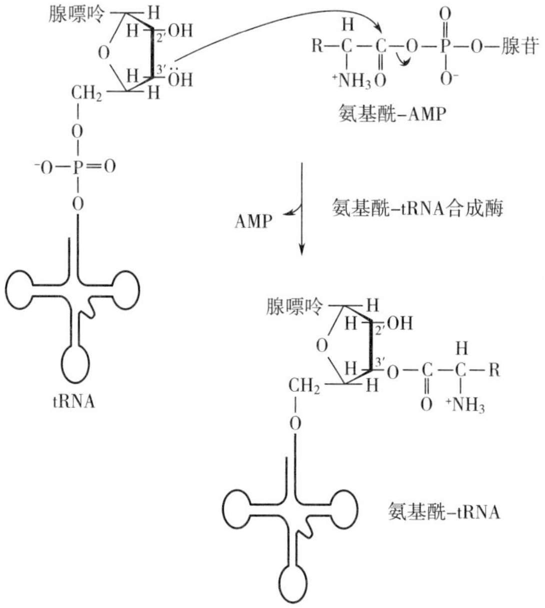

（2）氨基酸活化第二步

图 6 -5 氨基酸活化过程

（二）多肽链合成的起始

多肽链合成的起始密码多数为 AUG（少数为 GUG），起始氨基酸为甲酰甲硫氨酸（fMet），但并不是以甲硫氨酸 – tRNA 作起始物，而是以 N – 甲酰甲硫氨酰 – tRNA（fMet – tRNAf）的形式起始。细胞内携带甲硫氨酸的 tRNA 有两种：tRNAf 和 tRNAm。其中 tRNAf 用来与 fMet 相结合，参与肽链合成的起始作用；tRNAm 携带正常的甲硫氨酸进入肽链。细胞内有一种甲酰化酶可以催化 N – 甲酰甲硫氨酰 – tRNA 的形成，甲硫氨酸的 α – NH$_2$ 被甲基化。这种甲酰化酶只能催化 Met – tRNAf，而不能催化游离的甲硫氨酸或 Met – tRNAm 甲酰化。

起始过程如下：

（1）30S 亚基与模板 mRNA 结合形成 30S – mRNA 复合物。

（2）30S – mRNA 复合物在起始因子（initiative factor）IF$_3$ 参与下形成 30S – mRNA – IF$_3$ 复合物（分子比为 1∶1∶1）。IF$_3$ 分子质量为 23000u，能促进 30S 与 mRNA 链上起始密码结合，也能促进 70S 的解离（图 6 – 6）。

图 6 – 6 30S – mRNA – IF$_3$ 复合物

（3）在 tRNA^{fMet}、GTP、IF$_1$、IF$_2$ 的参与下形成 30S 起始复合物：30S – mRNA – tRNA^{fMet} – GTP – IF$_1$ – IF$_2$，并释放 IF$_3$（图 6 – 7）。

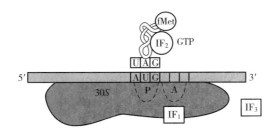

图 6 – 7 30S 起始复合物

（4）30S 起始复合物与 50S 亚基相结合，形成一个有生物学功能的 70S 起始复合物，同时 GTP 水解成 GDP 和 P$_i$，释放出 IF$_1$ 和 IF2（图 6 – 8）。

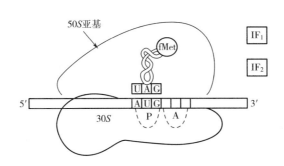

图 6 – 8 70S 起始复合物

（5）这时，fMet – tRNAf 占据了核糖体上的肽酰位点（P 位点），空着的氨酰 – tRNA 位点（A 位点）准备接受另一个氨酰 – tRNA，为肽链延伸做好了准备。

（三）肽链合成的延伸

肽链合成的延伸过程如图 6 – 9（1）和（2）所示。

（1）肽链的延伸（elongation）在延伸因子（elongation fator）EFTu 和在 GTP、第二个 tRNA – AA 参与下形成 70S – tRNA^{fMet} – mRNA 复合物。

（2）在转肽酶（peptidyl transferase）作用下形成一个肽链连接的二肽衍生复合物。

（3）70S 位移一个三联体密码，具有肽键的 tRNA 由 A 位移至 P 位。移位的结果使原来在 A 位点上的肽酰 – tRNA 又回到 P 位点上，原来在 P 位点上的无负载的 tRNA 离开核糖体。移位反应需要延伸因子 G（EFG），也称移位酶（translocase），移位还需要 GTP 参与提供能量。

（4）第 2 个携带 AA 的 tRNA 进入 A 位，然后再位移形成第二个肽键连接的三肽衍生物。肽链延伸过程每重复一次，肽链就伸长一个氨基酸的长度。

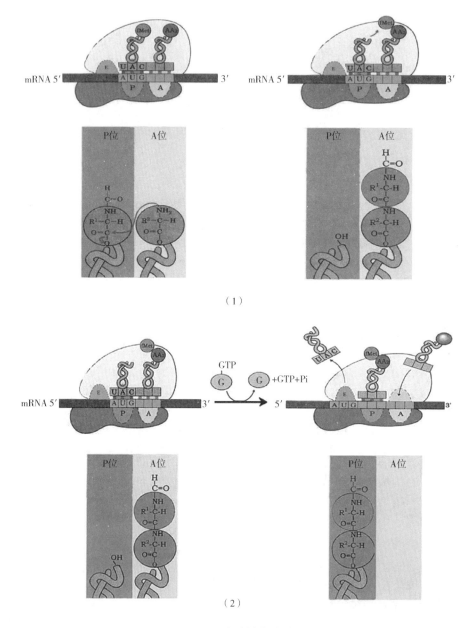

图 6-9　多肽链合成过程

（四）肽链的终止

（1）当 mRNA 上终止密码出现后，多肽链合成停止，肽链从肽酰 – tRNA 中释出，mRNA、核蛋白体等分离，这些过程称为肽链合成终止。mRNA 上肽链合成终止密码子为：UAA、

UAG、UGA。

（2）肽链合成的终止包括两步：①对 mRNA 上终止信号的识别；②完工的肽酰－tRNA 酯键的水解，以便使新合成的肽链释放出来。

（3）肽链的终止是在终止因子或释放因子（release factor）参与及其辅助因子 S、TR 的作用下进行的。

（4）终止因子或释放因子包括：RF_1、RF_2、RF_3。RF_1 用以识别密码子 UAA、UAG。RF_2 帮助识别 UAA、UAG。RF_3 不识别任何终止密码子，但能协助肽链释放。RF_1 和 RF_2 可能使 P 位点上的肽酰转移酶活力转为水解活力。

二、 真核生物的酶蛋白合成过程

真核细胞蛋白质合成的机理与原核细胞十分相似，但某些步骤更为复杂，涉及的调控因子更多，区别在于：

（1）真核细胞的核糖体更大。

（2）真核细胞多肽合成的起始氨基酸为甲硫氨酸，而不是 N－甲酰甲硫氨酸，即起始 tRNA 为 Met－tRNA。

（3）真核细胞多肽合成的起始密码子为 AUG，真核细胞 mRNA 通常只有一个 AUG 密码子。

（4）真核细胞与原核细胞在合成多肽链时延长因子不同。

原核生物和真核生物酶生物合成的 5 个阶段的必需组分如表 6 - 1 所示。

表 6 - 1　　　　　　　　　　酶生物合成各阶段的必需组分

阶段	必需组分	
	原核生物	真核生物
氨基酸活化	20 种 AA 20 种氨基酰－tRNA 合成酶 20 种或更多的 tRNA、ATP、Mg^{2+}	20 种 AA 20 种氨基酰－tRNA 合成酶 20 种或更多的 tRNA、ATP、Mg^{2+}
肽链的起始	mRNA N－甲酰甲硫氨酰－tRNA 30S 核糖体亚基 50S 核糖体亚基 GTP、Mg^{2+} IF_1、IF_2、IF_3	mRNA 甲硫氨酸 40S 核糖体亚基 60S 核糖体亚基 更多起始因子 IF
肽链的延伸	核糖体 mRNA AA－tRNA 延伸因子（EFTu、EFG、EFTs） Mg^{2+}，GTP 肽基转移酶	核糖体 mRNA AA－tRNA 更多的延伸因子 GTP、Mg^{2+}、肽基转移酶

续表

阶段	必需组分	
	原核生物	真核生物
肽链的终止	ATP mRNA 上的终止密码 释放因子（RF_1、RF_2、RF_3）	ATP mRNA 的终止密码 释放因子 RF
肽链修饰	参与起始氨基酸的切除、修饰、折叠等加工过程的酶。	参与起始氨基酸切除、修饰、折叠等加工过程的酶。

在多聚核糖体由模板 mRNA 和 tRNA、酶和辅助因子作用下形成的多肽，通过脱甲酰酶和氨肽酶的作用，对新合成多肽进行分子修饰，形成特定构象具有功能性的天然蛋白质。

由电子显微镜可观察到多聚核糖体（polyribosome），它是一条 mRNA，可以结合多个核糖体，许多核糖体连接起来而形成纤细的 mRNA 线段。然而，每一个单独的核糖体是独立起作用的，并不依赖其他核糖体的存在。多聚核糖体结构及其作用如图 6 – 10 所示。

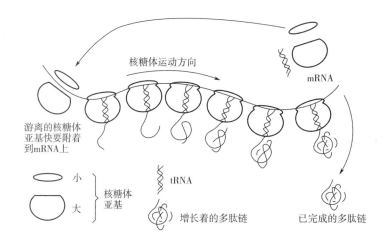

图 6 – 10　多聚核糖体结构示意图

第三节　酶（或蛋白质）合成的调节

任何活细胞在执行生物学功能时，有着复杂的化学变化（或新陈代谢），但是，这种变化是有秩序、有条不紊地进行的，这说明活细胞有自我调节的机制。例如，构成天然蛋白质的氨基酸有 20 种，而作为合成蛋白质原料的 20 种氨基酸并非等量合成的，如果不是合成蛋白质所需要的氨基酸，在细胞里便会停止合成，相应酶的合成也即停止，否则会造成"浪费"，这种现象是科学家们在 20 世纪 50 年代初发现的，细胞所必需物质的合成有两个负的调节系统，即通过抑制酶活力和阻遏酶的合成来调节。

一、诱导酶合成的调节

20 世纪 60 年代初，法国巴黎巴斯德研究所的 F. Jacob 和 J. Monod 等从分子水平上解释了诱导酶合成调节系统。他们研究了突变对三个基因（即三个顺反子编码区）的影响，这三个基因控制分解乳糖所必需的三种酶的合成，这些基因一个个排列着，形成乳糖基因区（即乳糖操纵子 Lac - operron）。乳糖操纵子假说的基本要点为：

（1）决定蛋白质结构的基因群一个个排列在 DNA 分子中，经转录排列在编码区中。

（2）根据生物细胞中酶合成与环境条件关系，酶可分为组成酶和诱导酶两大类，其中决定诱导酶有两个不同的基因群，并已证实它们的存在。一个是操纵子，包括操纵基因 O（operoter gene）、启动基因 P（promotor gene）和结构基因 S（structural gene），决定着酶和其他蛋白质的结构。另一个为调节基因 R（regulator gene），它使操纵基因或"开"或"关"，调节酶和蛋白质合成有时进行或有时停止。因为调节基因可产生一种阻遏蛋白（repressor protein），在乳糖缺乏条件下，无诱导物与阻遏物结合，能正常地与操纵子基因结合并能抑制或关闭结构基因，阻碍 RNA 聚合酶将三个乳糖分解基因转录为 mRNA，从而阻遏 β - 半乳糖苷酶等三种酶的产生。而在乳糖存在条件下，这种阻遏蛋白与诱导物（或乳糖或乳糖结构类似物）结合，本质上钝化了阻遏蛋白，使它与操纵基因亲和力大大丧失，RNA 聚合酶便能启动，三个乳糖分解酶便能诱导合成。

（3）调节基因指导合成的阻遏蛋白，是一种调节作用的蛋白质，1971 年已从大肠杆菌（E. coli）分离纯化出阻遏蛋白，分子质量为 150 ~ 200ku，调节基因是 DNA 信息链的前一端，而启动基因、操纵基因和结构基因则按顺序排列在 DNA 信息链的另一端。

乳糖操纵子假说解释诱导酶合成机制如图 6 - 11 所示。

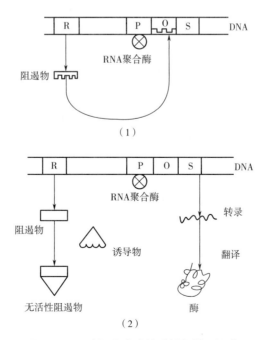

图 6 -11　酶诱导合成的乳糖操纵子调节
（1）无诱导物存在时　（2）有诱导物存在时

乳糖操纵子假说对指导酶发酵生产应用具有实践意义。

（1）采用现代诱变育种技术，若使细胞中调节基因发生突变，致使调节基因不能转录翻译产生阻遏蛋白，诱导酶变成组成酶，RNA聚合酶便能起作用，操纵子便能持久地"开"，并连续产生β-半乳糖苷酶，这种作用在遗传学上称为变异突变体，它不产生阻遏蛋白或产生阻遏蛋白是无活性的，这就导致操纵基因持久地开启并使结构基因连续地合成酶。

另一种组成突变体为具有变异的操纵基因，它不易因阻遏蛋白的作用而失活，又导致操纵基因开放而连续产生酶。

（2）在诱导酶合成时加入诱导物便能诱导酶的合成。食品工业应用的酶包括淀粉酶、蛋白酶、纤维素酶、葡萄糖异构酶、β-半乳糖苷酶等，均属于诱导酶，根据上述原理，其合成时最好的诱导物为该酶作用的底物或其结构类似物。

例如，β-半乳糖苷酶的作用底物为乳糖，当其诱导合成时，用乳糖以外的糖繁殖的细菌，几乎不合成分解乳糖的酶系，如果培养基中不含葡萄糖，而加入乳糖作为唯一碳源时，几分钟后，细菌便能大量合成β-半乳糖苷酶。若加入乳糖的结构类似物，如1,6-半乳糖、异丙基-β-D-硫代半乳糖（IPTG）和甲基-β-D-半乳糖等非代谢物质诱导物，同样可诱导合成β-半乳糖苷酶。

又如葡萄糖异构酶（或称木糖异构酶），可在细菌培养基中加入0.02%木糖便能诱导合成该种酶，在实际生产上，为了降低成本也可采用廉价的玉米芯的降解产物来代替。

二、酶合成的反馈阻遏

反馈阻遏是指酶作用的终产物对酶合成产生阻遏作用，引起反馈阻遏的终产物往往是小分子物质，或称为共阻遏物（co-repressor），其调节机制也是用操纵子假说解释的。调节基因产生立体阻遏物（aporepressor），当有终产物或共阻遏物存在时，使它与立体阻遏物结合并与操纵基因结合，致使RNA聚合酶停止作用，操纵基因表现关闭状态，酶合成受到反馈阻遏。如果解除共阻遏物即无终产物存在时，RNA聚合酶起作用，操纵基因则表现开启状态，酶合成便能继续进行，这种作用机制如图6-12所示。

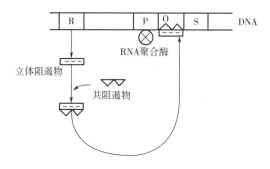

图6-12　酶的反馈阻遏机制

这种理论在指导食品酶生产时也具有重要实践意义。如何消除反馈阻遏是酶生物合成的关键。根据前人的研究成果，在生产实践中可采用两种方法：

其一，设法从培养基中除去其终产物，以消除反馈阻遏。例如，生产蛋白酶的枯草芽孢杆菌培养基中含有氨基酸时产生很少蛋白酶，如除去氨基酸，便可大大提高蛋白酶产量。此外，限制培养基中氨的含量或限制末端产物在细胞内的积累，也可增加酶的产量。

　　其二，向培养基中加入代谢途径的某个抑制因子，切断代谢途径通路，也可限制细胞内末端产物的积累，便可达到缓解其反馈阻遏的目的。例如，在组氨酸合成 10 个酶的合成过程中，加入抑制物 α – 噻唑丙氨酸，便能使酶合成提高 30 倍。又如硫胺素生物合成的 4 个酶，加入抑制物腺嘌呤，也可使其酶的合成提高 5 ~ 10 倍。

三、　分解代谢对酶合成的阻遏作用

　　分解代谢阻遏作用（或称为葡萄糖效应）是指微生物在其培养基中由于葡萄糖的存在虽然能迅速生长，但明显地抑制某些分解代谢诱导酶的形成。现已研究证实，这种作用是由于葡萄糖的存在能影响细胞内环腺苷酸（cAMP）的产生，因为 cAMP 对于启动 RNA 聚合酶的作用是不可缺少的辅助因子，cAMP 的缺少导致对分解代谢酶的形成产生阻遏作用。这一点的理论解释也是以操纵子理论作为依据的。

　　在食品级酶制剂工业生产中，这一作用得到广泛应用。目前已经生产的酶或将来需投产的酶品种，大部分受到这种阻遏作用的调节，而且除了葡萄糖外，其他一些分解代谢产物也能对某些酶合成起阻遏作用。表 6 – 2 所示为某些分解代谢产物对酶合成的阻遏作用。

表 6 – 2　　　　　　　　　　　某些分解代谢产物对酶合成的阻遏作用

酶名称	微生物	引起阻遏作用物质
α – 淀粉酶	嗜热脂肪芽孢杆菌	果糖
纤维素酶	绿色木霉	葡萄糖、甘油、纤维二糖
蛋白酶	巨大芽孢杆菌	葡萄糖
淀粉葡萄糖苷酶	二孢内孢霉	麦芽糖、葡萄糖、甘油
转化酶	粗糙脉孢霉	甘露糖、葡萄糖、果糖
甲叉羟酶	一种节杆菌	乙酸

　　从表 6 – 2 可知，用甘油代替果糖培养嗜热脂肪芽孢杆菌，α – 淀粉酶产量可提高 25 倍。采用甘露糖作为荧光假单胞杆菌培养时，纤维素酶的产量比用半乳糖作为培养基时要高 1500 倍以上。如果微生物需要某些代谢阻遏物作为碳源的话，在工业生产中则可采用限量流加碳源的办法，便可减少或避免这种阻遏作用。

　　以上三种调节系统均属于阻遏调节系统，在酶制剂工业生产中已得到广泛应用。

四、　控制酶活力的反馈抑制

　　控制酶活力的反馈抑制不同于反馈阻遏，其最终产物 P 是反作用于第一步反应，抑制其所需要的酶的活性。如反应系列为：

　　例如：

这一作用不是以操纵子理论为依据，而是用"变构蛋白理论"来解释的。

1963 年，Jacob 和 Changeux 等从酶蛋白分子水平上解释这种作用，提出"变构蛋白"概念。他们认为，在反馈抑制中接受控制的酶，至少有两个不同的结合部位，便产生两种三维空间构象或出现两种形态，甚至两者之间出现动态平衡。这两种蛋白质称为变构蛋白质（allosteric protein）。其互变反应如图 6-13 所示。

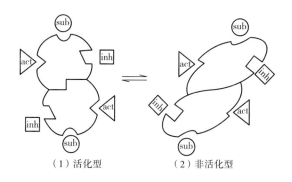

（1）活化型　　　　　（2）非活化型

图 6-13　变构酶调控互变反应示意图

sub—底物　act—激活剂　inh—抑制剂

从上述反应式中可知，苏氨酸脱氨酶等调节酶既有与底物氨基酸的结合部位，又有与抑制物异亮氨酸的结合部位。当这种酶显示活性时，底物部位能与苏氨酸结合表现正常状态，但抑制物部位却变了形，不能与 L-异亮氨酸结合。当无抑制物时，大部分酶与底物结合，形成稳定状态。

五、 酶（或蛋白质）合成的细胞膜透性调节

细胞膜是细胞质膜和亚细胞器膜的总称。原核细胞一般较小（0.5~500μm³），而且亚细胞结构的分化程度较低；真核细胞较大（200~15 000μm³），其亚细胞结构分化清晰。真核细胞的外层一般为半透性的细胞膜，在细菌和植物的细胞膜外，尚有一层保护性的细胞壁。细胞是由多种亚细胞组成的，包括细胞核、线粒体、溶酶体、内质网、高尔基体等。细胞膜的基本结构是由蛋白质和磷脂组成的双层磷脂（phospholipid bilayer），其间的蛋白质（膜蛋白）可在脂中自由侧向扩散。磷脂的极性头位于双层表面，而长的碳氢链构成疏水的层间质（图 6-14）。

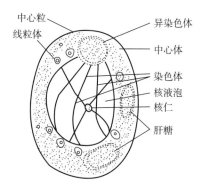

图 6-14　酵母菌细胞结构

（1）细胞核　细胞核是最重要的大细胞器，核膜是多孔双层膜，具有半渗透性，核内除

核仁外，核质中有均一状的染色体（chromsome），它是 DNA 和蛋白质存在的部位。细胞核也是 DNA 和 RNA 合成的场所，细胞核存在 DNA、RNA 聚合酶系。

（2）线粒体（mitochondron）　线粒体是真核细胞的一种亚细胞器，具有双膜结构，外膜平滑，内膜内伸成嵴，是提供能量的场所，大量分布着呼吸作用和氧化酶类，如脂肪酸 β – 氧化酶类存在于线粒体外膜，而两条典型呼吸链（NAD·2H 和 FAD·2H）则存在于线粒体内膜。

（3）溶酶体（lysosome）　溶酶体是细胞内一种特殊结构，含酸性磷酸酯酶、酸性 DNA 酶及 RNA 酶、组织蛋白酶，借助溶酶体膜防止这些酶进入细胞浆，否则，便会危及生命。

（4）内质网（endoplasmic reticulum）　内质网是由脂蛋白膜组成的网状结构，可分为滑面和粗面两种类型，粗面内质网膜上附着大量高密度的小颗粒，后来经证实为核糖体（ribosome），担负着蛋白质合成场所和其他代谢物质运转的功能。

（5）高尔基体　高尔基体是和内质网相连的另一种细胞器，由一堆滑面扁平的范囊膜组成，其功能主要将生物合成的产物进行加工包被。

细胞膜的透性调节作用主要有如下几种：

（1）调节胞外酶的分泌　酶是在细胞内合成的，根据酶在细胞中存在位置，可分为胞外酶和胞内酶，前者分子质量较小（一般不超过 80ku），胞内合成后分泌至胞外起作用，大部分水解酶属此类。而后者则在细胞内或表层（结合膜）存在，称为胞内酶（如 RNA 酶、碱性磷酸酶和氧化酶类等）。在膜表层结合的酶又称表面酶或透性酶。

胞外酶如何通过细胞膜分泌，迄今为止，尚未有统一观点。

第一种观点认为，一般胞外酶分子质量较小，用伸长的直链结构通过多孔细胞膜，再形成蛋白质二、三级结构，而且分泌与活化同时发生。

第二种观点认为，酶在细胞的外侧合成，由于核糖体是在细胞内结合的，因此，不可能设想酶的前体氨基酸或多肽会以一定规则排列在细胞外侧。

第三种观点认为，采用枯草芽孢杆菌生产 α – 淀粉酶时，发现 α – 淀粉酶生成期，同时在细胞内产生类似溶解酶的自溶素（autolysine）和原生质溶解质，因而认为这两种物质减弱细胞壁和细胞膜，有利于淀粉酶的分泌。

（2）主动运输的调节（regulation of active transport）　通过透性酶或表面酶（如碱性磷酸酶）的作用能主动将细胞内合成的酶输送并分泌至细胞外。例如，大肠杆菌（E. coli）摄取 K^+ 致使细胞内与细胞外的浓度梯度可达 3 000 倍的耗能过程，形成反浓度梯度的作用。

（3）间隔作用的调节（regulation of compartmention）　这种作用可把细胞这一部分与另一部分隔开，各自通过酶系发挥其生命活动。因此，酶的催化速率受到亚细胞器结构的选择性和通透性的调节。

第四节　产酶微生物菌种选育

一、产酶微生物菌种及使用安全

由于动植物来源分离提取酶制剂受到地域、气候的限制，不易扩大生产。而微生物生长迅速，繁殖速度快，种类繁多（约20多万种）。几乎所有的动植物酶都可以从微生物细胞中获得，而且微生物容易变异，可以通过菌种改良，进一步提高酶的产量。因此，工业酶制剂几乎都用微生物发酵法进行大规模制造的。

产酶的微生物主要是细菌、真菌、霉菌和放线霉等。

现在工业生产的酶制剂大约80%是由微生物来发酵生产的，选择菌种时应考虑以下因素：①能够利用廉价的原料和简单的培养基，能有效地合成所需的酶；②培养液中菌体易分离，所分泌的酶能用简单办法从培养物中提取出来；③所用菌种应是非致病性的（包括动植物致病性）；④不产生毒素物质；⑤遗传性能稳定，容易保藏，不易退化，也不易遭受噬菌体的感染。

虽然有些微生物可以生产有价值的酶，但由于菌种本身对人体有致病性，也不能应用于食品级酶制的生产。例如，绿脓杆菌的一些菌株能产生蛋白酶，梭状芽孢杆菌可产生医学上有价值的胶原酶，溶血性链球菌的某些菌株也可生产治疗血栓的溶栓酶等，但是，这些菌种有可能危害操作者的健康。

有些菌株通过人工诱变可以增加酶的产量，但有时也能增加有害物质的代谢产物，对此也不能采用。

多数放线菌可以产生抗生素，也有可能产生交叉抗性（即引起抗药性）。有些霉菌培养时会产生各种霉菌毒素，其中有曲酸、青霉酸、黄曲霉毒素、棕曲霉毒素等多种有害物质。

霉菌毒素引起动物中毒，伤害肝脏、大脑与神经系统，可引起肝硬化、肝炎、肾炎以及大脑、中枢神经出血等病症，尤其是黄曲霉毒素 B_1、黄曲霉毒素 G_1，黄变米毒素（luteoskrin）等还会致癌。故在未能证明一个菌种不产生毒性物质时，不宜用于生产。此外，长霉的原料也会将毒素带入产品，也不可忽视。为了保障应用与生产的安全，必须有一个严格的规定，世界卫生组织（WHO）在1971年对酶的生产与应用曾作以下规定：

（1）凡是动植物可食部位的组织或用传统微生物所生产的酶可作为食品对待，不需做毒性试验。例如，动物胰酶、胃酶、凝乳酶、麦芽淀粉酶和酵母、乳酸菌和黑曲霉制得的酶，一般认为是安全的。只需建立酶化学与微生物化学的详细说明即可，但来自植物非可食部位的酶应通过毒性试验予以鉴定；

（2）凡由非致病性的一般食品污染微生物所生产的酶，需做短期毒性试验鉴定，其中枯草芽孢杆菌制得的酶一般认为是安全的；

（3）对于非常见微生物所提取的酶，应作全面广泛的毒性试验，包括慢性毒性试验在内。

此外食品工业也不能使用那些与治疗用酶抗原性相近似的酶类。

对于一个新开发的食品用酶制剂，均必须全面进行如表6-3所示的各项安全试验。制造厂为图节省费用，常在已经确认是安全的传统菌种中筛选。尤其是食品工业用酶，为保证菌种安全需按照监管部门有关规定进行生产。例如，美国需得到食品与药物管理局（FDA）的批准，已经同意使用于酶制剂生活的微生物只限于黑曲霉、米曲霉、酵母、枯草杆菌以及放线菌等20多种（表6-4）。

对于工厂生产的酶制剂，每一批都需做表6-5所述的卫生学检查。

此外，还有黄曲霉毒素 B_1、赫曲霉毒素 A_1、柄曲霉毒素、F2毒素以及玉米赤霉烯酮等也在测定之列。

表6-3   食品用酶制剂的毒性试验

测试项目	试验动物	测试项目	试验动物
口服急性中毒	鼹鼠、大白鼠	畸胚组织发生试验（24个月）	两种啮齿动物
	4周大白鼠	生产菌种病原试验	四种动物
	12个月狗	皮肤刺激试验眼、皮	兔子、人
致癌试验（24个月）	两种啮齿动物	抗原反应	人

表6-4   美国政府同意使用的食品用酶及生产菌种（1981）

菌种	酶	菌种	酶
黑曲霉	α-淀粉酶、糖化酶、蛋白酶、纤维素酶、乳糖酶、果胶酶、过氧化氢酶、葡萄糖氧化酶、脂肪酶	米苏里游动放线菌	葡萄糖异构酶
米曲霉	α-淀粉酶、糖化酶、蛋白酶、乳糖酶、脂肪酶	橄榄色产色链霉菌	葡萄糖异构酶
米根霉	α-淀粉酶、糖化酶、果胶酶	橄榄色链霉菌	葡萄糖异构酶
紫红被孢霉	蜜二糖酶	乔木黄杆菌	葡萄糖异构酶
雪白根霉	糖化酶	枯草芽孢杆菌	α-淀粉酶、蛋白酶
粟疫霉	凝乳酶	地衣芽孢杆菌	α-淀粉酶
微小毛霉	凝乳酶	凝结芽孢杆菌	葡萄糖异构酶
米赫毛霉	凝乳酶	球状二形节杆菌	葡萄糖异构酶
面包酵母	转化酶	溶壁小球菌	过氧化酶
脆壁酵母	乳糖酶	蜡状芽孢杆菌	凝乳酶
克氏酵母	乳糖酶	植物	菠萝酶、木瓜酶、无花果酶
链霉菌（St. rubiginosus）	葡萄糖异构酶	动物	胃蛋白酶、胰酶、胃凝乳酶、脂肪酶、过氧化氢酶、胰蛋白酶

表6-5   酶制剂的卫生学检查

项目	允许量	项目	允许量
重金属/（mg/kg）	<40	大肠杆菌	不得检出
铅/（mg/kg）	<10	绿脓杆菌	不得检出
砷/（mg/kg）	<3	沙门菌	不得检出
黄曲霉毒素	不得检出	大肠菌群/（个/g）	<30
活菌数/（个/g）	$<5 \times 10^4$		

二、 产酶微生物菌种的筛选

1. 菌种来源

一般情况下，菌种来源可以从国内外菌种保藏机构索取，全世界有 51 个国家 349 个保藏机构的名录（见附录）。中国科学院微生物研究所设有全国菌种保藏委员会，美国有国立菌种保藏会（ATCC）、北部研究所（NRRL）等。

不同的材料栖息着不同的微生物群，从霉烂果蔬上可分离出各种能产生果胶酶的微生物；从酿酒厂、淀粉厂车间周围的土壤和污泥可分离出能分泌淀粉酶的微生物；从酱油厂、制革厂原料库、屠宰场、豆制品工厂污水污泥以及猛禽猛兽粪便中可分离出蛋白酶的微生物；从朽木、稻草堆垛可分离出纤维素酶菌种等。

土壤是微生物丰富的宝库，1g 土壤中蕴藏着亿万个微生物，尤其是耕地、森林等肥沃土壤中含菌量丰富。不同酸度、土质以及不同植被的土壤，其所栖息的微生物类群不同。好气性细菌、放线菌、霉菌常栖居在通气环境良好的土壤；霉菌、酵母菌常栖息在带酸性的土壤；在盐碱地、温泉、海边土壤可以分离出耐碱性、嗜碱性、耐热性、耐盐性的菌种。

2. 产酶菌种分离方法

（1）平板分离法 首先将含菌样品用无菌水制成悬浊液，在适度稀释后（以每个平板形成菌落 10 ~ 13 个为宜），涂布在琼脂平板，置一定温度下培养 1 ~ 5d，将形成的菌落移植于斜面，供筛选之用。细菌可用肉汁琼脂培养基（pH7.0）在 37℃培养；霉菌可用察氏琼脂培养基（pH5.5）30℃培养。为了防止霉菌菌落蔓延连成一片，可在培养基中加 0.1% 去氧胆酸钠或 0.1% 山梨糖；放线菌通常可用高氏培养基（pH6.8 ~ 7.0）20 ~ 30℃培养。为了提高菌种分离效率，培养基中加入 30 ~ 50U/mL 制霉菌素、克念菌素、杀霉素等多烯类抗生素等以抑制霉菌生长。若向培养基添加青霉素、链霉素（30U/mL）、四环素或孟加拉红（0.001%），则可抑制细菌而不干扰霉菌的生长。用碱性或酸性培养基，可分离耐碱、耐酸微生物。用添加高浓度食盐培养基，可分离耐盐微生物。在高温下培养可筛选耐热微生物。分离芽孢杆菌，可先将样品于 80 ~ 90℃加热 10 ~ 15min，以杀死不产芽孢微生物后再进行分离。

（2）富集培养法 将土样加入培养基中或将特定底物加入土壤中，在一定温度下培养，使微生物繁殖后再进行分离。例如，添加蛋白质可富集蛋白酶生产菌，添加淀粉质可富集淀粉酶生产菌种，添加纤维素可富集纤维素酶生产菌种，添加油脂可富集脂肪酶生产菌种等。

3. 产酶微生物的筛选

（1）初筛 一般将分离出的菌种采用固体培养基或液体培养基进行培养，并测定培养物的酶活力。例如，筛选 α - 淀粉酶生产菌种时，可在平板分离培养基添加适量可溶性淀粉（0.1% ~ 0.5%）培养后，如生成的菌落周围产生透明的水解圈，则表明有 α - 淀粉酶产生。水解圈直径越大，酶活力越高。

采用平板培养时，水解圈的大小并不完全与实际生产一致。因此，必须通过复筛来确定。此外，水解圈的大小也受到平板培养基厚度、培养皿底是否平坦等影响。即使正常情况下水解圈的大小也不一定同酶活力成比例。酶活力大大增加时，水解圈的直径增加并不多，因此，有人主张用水解圈直径（D）除以菌落直径（d），即 $\frac{D}{d}$ 来进行校正。

关于分解圈直径与产酶活力间的关系可用式（6-1）来表示。

$$\lg\frac{[E]}{D} = k \cdot \frac{R}{r} \cdot \frac{\Delta \cdot [c]}{\lg t} \qquad (6-1)$$

式中 $[E]$——产酶浓度；

D——菌体量；

R——水解圈直径；

r——菌落直径；

Δ——琼脂厚度；

$[c]$——底物浓度；

t——培养时间；

k——常数。

（2）复筛 为了筛选高产菌株，一般都用 1~2 种培养基，在固定培养条件下对每一个菌株进行复筛，菌株多时对每一株做一份试验，从中优胜劣汰。在复筛时，优选的菌株可以增加重复复筛次数，一个菌株同时做 3~5 份培养测定，以增加其精确性，经过多次重复，筛选出稳定的高产菌株。

液体培养筛选菌种时，一般都用摇瓶培养，将菌种接种在三角瓶液体培养基中，在一定温度下作振荡培养。但是，摇瓶培养测定的结果，也不一定与发酵罐中通气搅拌培养的结果相同。为了使培养物接触空气，发酵罐中的搅拌器均匀翻拌，但其剪切作用有时会造成菌丝断裂而对生长及产酶不利。摇瓶培养时，培养瓶（一般是三角瓶）中所装培养液的体积对产酶影响较大，装液量少，意味着通气量大（液体与空气接触面大）；装液量大，代表通气量小。同时，培养基的组成、摇瓶培养的振荡速度对产酶也有影响。

三、 菌种的改良（菌种选育）

自然界分离的野生型菌株产酶能力很低，很少适合于工业生产。一般，工业上所用菌种几乎都是屡经选育的变异株。目前，已有可能选育酶蛋白占菌体蛋白 2/3 的高产菌株，α-淀粉酶活力已达 10 000U/mL，是 20 世纪 50 年代的 50 倍，每升发酵液中酶蛋白结晶高达 6~7g，占发酵液总氮量的 40%。

菌种改良包括人工诱变和原生质体融合、DNA 重组等手段。人工诱发突变属随机选择的方法，虽然已经使用了 40 年，但至今仍是常用、有效的方法。突变是利用紫外线（UV）、X 射线、^{60}Co、γ 射线等辐射光或用甲基磺酸乙酯、亚硝基胍、亚硝酸等化学药品处理微生物群体，杀死其绝大部分，从残存微生物中可得到少数发生了突变的菌株。美国农业部北方地区研究室（NRRL）曾利用该方法，使青霉菌产青霉素效价提高了 10 000 倍以上。

1. 筛选抗药性突变株

此法是将人工诱变处理后的材料（霉菌孢子或细菌细胞悬浮液）涂布在含有对野生型有抑制的试剂或抗生素的琼脂平板上，此时只有抗药性的突变株能够生长。某些抗生素可干扰细胞壁的合成，抗性株的细胞结构可能发生变化，抗药性同产酶能力之间可能存在某种联系，故可作为筛选高产突变株的一个标记。例如，筛选枯草杆菌衣霉素抗性突变株，得到抗衣霉素浓度为 50μg/mL 的突变株 B$_7$，其 α-淀粉酶产量提高 5 倍。从地衣芽孢杆菌 NYK74 的抗环丝氨酸突变株，筛选得到耐热性 α-淀粉酶高产的突变株。随着抗药剂量的增加，产酶能力递增，从抗环丝氨酸为 400μg/mL 的突变株，得到产酶能力提高 2000 倍的突变株 SMN11。衣霉素同环丝氨酸的抗菌机制虽然不同，但都可抑制细胞壁的合成。

　　细菌 α-淀粉酶、β-淀粉酶以及蛋白酶等胞外酶的生物合成也与芽孢形成有密切关系，筛选无孢子突变株也许能够增加这些酶的合成与分泌。无孢子突变株可用氯仿熏蒸、斜面培养或镜检来验证，将生成的菌落用氯仿熏蒸，凡无孢子突变株经此处理就死亡。筛选得到耐热性 α-淀粉酶提高 200 倍的突变株，从而可用于工业生产。

　　表 6-6 所示为我国近年来在产酶菌种选育上所取得的成果。

表 6-6　　　　　　　　　　　　　突变株及其产酶能力

酶	菌株	诱变剂	标记	产酶能力
α-淀粉酶	解淀粉芽孢杆菌 BF-7658-209	UV、^{60}Co、γ 射线、EMS	Cys、γ 射线、Amp	提高 50%
	BF-7658-K211	X 射线、γ 射线、激光		提高 200%（500U/mL）
	BF-7658-209-8a5	UV、NTG		提高 140%（500U/mL）
耐高温 α-淀粉酶	地衣芽孢杆菌 A.4041	UV、NTG、γ 射线、EMS	Arg-、Met-、Rif、Cys、γ 射线、Amp	提高 200 倍（240U/mL）
糖化酶	台湾根霉 R-B-59136	UV、NTG		提高 16 倍
	黑曲霉 UV11-B11	UV	抗杀霉素	提高 190%（8 000U/mL 以上）
	黑曲霉 UV-11-P10	NTG	色浅，比母株浅	提高 200% 以上（15 000U/mL 以上）
	黑曲霉 UV-47-1.2	UV、NTG、^{60}Co		提高 50%（20 000U/mL 以上）
	黑曲霉 UV-11-NF83	快中子		提高 36%
	黑曲霉 UV11	UV	抗制霉菌素提	高 1.6 倍（10 000U/mL 以上）
β-淀粉酶	蜡状芽孢杆菌变株 153	UV、NTG	Rif、γ 射线	提高 100% 以上（16 000U/mL 以上）
果胶酶	黑曲霉 CP85211	NTG		提高 5 倍（616U/mL）
	黑曲霉 3.396-20-30	UV、^{60}Co、γ 射线		由 488U/mL 提高 2.9 倍（1 432U/mL）
	黑曲霉 Ch 8501	EMS、^{60}Co、γ 射线		提高 8.8 倍
纤维素酶	绿色木霉 N2-78	γ 射线、EDS、UV、NTG、高能电子		提高 1 倍
脂肪酶	假丝酵母 415	UV、NTG		提高 6~8 倍（8 000~10 000U/mL）

续表

酶	菌株	诱变剂	标记	产酶能力
中性蛋白酶	栖土曲霉	UV	孢子色泽比母株浅	提高 1 倍
	米曲霉 3042	UV		比母株 3.863 提高 33%
	米曲霉 10B1	UV、NTG、EDS		比母株 3042 提高 2.5 倍（8 000U/g）
	枯草杆菌 1398	UV、NTG		提高 1.6 倍
酸性蛋白酶	宇佐美曲霉 537	UV、γ 射线、EMS		比母株 B_1 提高 2.5 倍
碱性蛋白酶	嗜碱短杆菌 B45 SMJ – P	NTG		提高近 40 倍（18 000U/mL）
	地衣芽孢杆菌 2079 – pH4 – 18	NTG、UV、γ 射线、EDS		提高 2 倍（20 000U/mL）

2. 突变株的筛选方法

由于突变菌体的产酶能力一般很不稳定，因此必须反复地进行自然选育，才能使之稳定。

常用的诱变剂是 UV、电离射线（γ 射线、X 射线等）、硫酸二乙酯（DES）和亚硝基胍（NTG），这些诱变剂的作用机制各不相同，不同的诱变剂只对微生物的遗传物质（基因）的某一部分发生作用，对不同微生物的效果也不同。诱变处理时的环境对诱变的效果有一定影响，例如，用 NTG 处理微生物时一般在 pH6 左右进行，近来的报道认为在 pH9 处理的效果更佳。虽然目前还不能在分子水平上确切提出改进一个菌株需用那一类型的突变，但使用几种诱变剂作复合处理可得到更多的突变类型。

关于诱变剂剂量的选择，应是能使突变株存活菌株中占有最大的比例为目的。过去曾认为高产突变株需在大剂量诱变剂在致死率 99% 以上的条件下容易获得突变株，但经验告诉我们，高产菌株往往是在存活率较高（诱变剂量较低）的情况下出现，高剂量诱变未必好，因为它还易诱发不良性、继发性突变。

霉菌诱变时，为防止突变株的退化，应避免使用多核的孢子或菌丝片段作材料，即使是单核孢子也会出现孢子团，故必须将孢子充分分散。诱变之后紧接着的是自然分离，反复分离使混合核得以分离而成为纯菌落。

通常高产株出现的概率很低，且筛选实验的误差也较大，采取多级筛选将容易获得优良的突变株。

四、 诱变育种的方法

1. 化学诱变剂处理

（1）硫酸二乙酯（DES）处理　对细菌而言，先将细菌在肉汤 37℃ 培养过夜，然后离心将细胞沉淀，用无菌水洗涤后，加入 pH7.0 磷酸缓冲液制成一定浓度细胞悬液，加入浓度 2% 的 DES 溶液，至一定浓度（一般 0.1% ~ 1%），放置一定时间（40 ~ 60min），在肉汁平板 37℃ 培养 24h。

对霉菌而言，将孢子在三角瓶中用玻璃珠振荡数分钟后用脱脂棉过滤，制成分散均匀的孢子悬浮液（10^6 个/mL 左右），然后加入一定量的 DES（浓度 0.5%～1%），30℃振荡处理一定时间（30～60min），取作用液 0.5mL 加入 4.5mL 解毒液（25% $Na_2S_2O_3$ 液）中终止反应，稀释到一定浓度后涂平板培养。

（2）亚硝基胍（NTG）处理　NTG 属于烷化剂的一类诱变剂，是一种土黄色的结晶，不稳定，遇光易分解而释放出一氧化氮。同时颜色转变成黄绿色，难溶于水，使用时先用少量丙酮溶解再用水或缓冲液稀释。

进行诱变时，将 NTG 配成浓度 1～10mg/mL 的溶液，先将细胞用 pH6.0 缓冲液制成一定浓度（细菌 5×10^8 个/mL，霉菌孢子 10^6 个/mL），加入 NTG 溶液使之达一定浓度（一般为 100～500μg/mL），在 30℃（霉菌）或 37℃（细菌）振荡保温一定时间（10～120min），用多次离心洗涤或用生理食盐水或缓冲液做大量稀释，然后涂布平板进行分离培养。

（3）亚硝酸处理　亚硝酸可使 DNA 分子的嘌呤、嘧啶或碱基氧化并进行脱氨作用，最后氨基为羟基所取代而发生突变。此外，还能引起两条 DNA 链的交联造成碱基缺失而发生突变。亚硝酸是一种毒性较小、容易控制、诱变效率较高的诱变剂。亚硝酸很不稳定易分解。通常亚硝酸是用亚硝酸钠溶解于 0.1mol/L pH4.6 的乙酸缓冲液中而制成。

诱变时将细胞悬浮在 0.1mol/L pH4.6 的灭菌乙酸缓冲液中，取 2mL 放入无菌小瓶中，加入 0.1mol/L 亚硝酸钠溶液和 pH4.6 乙酸缓冲液各 1mL 混匀（HNO_2 终浓度约 0.025mol/L）在一定温度保温一定时间（10～20min），取出 2mL 反应液加入 10mL 0.07mol/L pH8.6 的磷酸氢二钠溶液中以终止作用，稀释后涂平板培养。

2. 物理诱变法——紫外光处理

紫外光是最安全经济、最常用的非电离辐射诱变剂，紫外光位于可见光紫光的外侧，波长为 400×10^{-10}～3000×10^{-10}m，因 DNA 分子对波长 2600×10^{-10}m 的紫外光有吸收，故波长 2000×10^{-10}～3000×10^{-10}m 的紫外光才能引起诱变作用。突变作用的用紫外光诱变时，先将细胞用生理盐水制成分散良好适当浓度的悬浮液（细菌 10^8 个/mL，霉菌孢子 10^6～10^7 个/mL），吸取 4～5mL 加入直径 9cm 平底培养瓶中，在避光下于紫外灯下一定距离处照射一定时间，每隔一定时间吸取 0.1mL，用生理盐水稀释 10 倍后（使每个平板菌落控制在 20～50 个）涂平板培养。在使用前，紫外灯应提前开启 30min 使光波稳定。

紫外光照射剂量的强度通常以每秒钟每平方厘米接受的能量来表示的，一般用 10W、30cm 长、8mm 直径的石英紫外灯管，在距离 10cm 的照射强度约为 10^{-3}J/（$cm^2\cdot s$）。因一般实验室中无剂量仪，则可用致死率或照射时间与离光源的距离来表示相对照射剂量，通过改变照射时间或距离来改变剂量，一般在灯管长度的 1/3 范围内，强度与距离成反比关系。

3. 理性化微生物菌种改良

传统的菌种改良是通过某一适当菌株进行诱变，然后再分离单个菌株进行直接的效价测定，但带有一定的盲目性。运用已掌握的遗传学和代谢途径，可以更科学地设计菌种筛选的方法，使突变型菌株带上某些遗传标记，在外观表型上，突变株与未突变菌株有效地分开来，这种方法称为理性化菌种筛选技术。此法主要包括如下几种：

（1）营养缺陷型　通过诱变以获得某种营养缺陷型。即营养上有缺陷的突变型培养在一种培养基中，其中添加的某种或某几种物质为维持菌株生长所必需的，而另一种添加进去则不能生长便成为某种营养缺陷型菌株。

（2）回复突变型　有的菌株获得某种营养缺陷型后并不稳定，往往需采用第二次突变，以抑制第一次突变，达到高产稳定的营养缺陷型菌株。

（3）反馈抑制抗性突变型 终产物与酶特定结构部位（或变构部位）结合，引起酶的构象变化，从而抑制酶活力。代谢终产物往往会抑制代谢途径中的酶活力。在育种实践中，使突变株带上营养缺陷和抗代谢类似物的遗传标记，其产量随着这类标记的增加而增加。

（4）抗阻遏突变型 分解代谢各步骤的前体往往会调节生物合成酶的表达量，操纵基因位点和调节基因位点发生突变则可减弱终产物酶的合成，从而提高其发酵率。

（5）组成型突变型 这种突变型是依靠培养条件或诱导物质的存在。可以过量表达淀粉酶、葡萄糖淀粉酶、脂肪酶或蛋白酶。

4. 耐高温 α - 淀粉酶菌种选育实例

目前，国内外淀粉糖生产所采用耐高温 α - 淀粉酶生产菌种均为地衣芽孢杆菌的突变株。丹麦 Novozyme 公司 Outtrup 等将地衣芽孢杆菌 ATCCP9798 作为出发菌株，经物理与化学方法反复处理，使 α - 淀粉酶活力提高了 25 倍。日本丸尾等以地衣芽孢杆菌 NYK74 为出发菌株，采用亚硝基胍（NTG）为诱变剂，反复连续诱变及自然选育 6 次，挑选环丝氨酸抗性突变菌株，发现耐高温淀粉酶产量随抗药性剂量增大而增大。在抗环丝氨酸剂量为 400μg/mL 的突变株中，得到一株产酶比出发菌株活力提高 2000 倍的菌株，如图 6 - 15 所示。

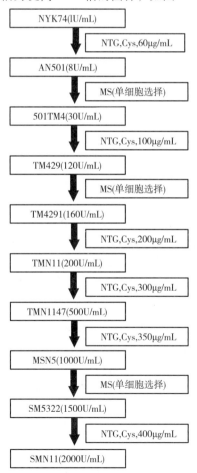

图 6 - 15 耐高温 α - 淀粉酶生产菌种诱变育种过程

NTG—亚硝基胍

五、 基因工程技术育种

基因工程是在分子水平上，通过人工方法将外源基因引入细胞，而获得具有新遗传性状细胞的技术。

要将目的基因引进到细胞中，必须由能够独立地进行自我复制的载体来携带。通常用作的载体有细菌质粒和病毒 DNA 等。

质粒（plasmid）是染色体外的遗传因子，是一种双链闭环的 DNA 分子。质粒本身含有复制基因，能在细胞质中独立自主地进行自我复制。常用基因载体的质粒如 pBR_{322}、$Col\ E_1$、PSC_{101}、PMB_1、PCR_1 等，都是经过人工改造的，带有一定的抗药性标记，具有一种或几种单切口的限制性内切酶切点。

目前，国内外普遍采用的载体质粒是 pBR_{322}，它的分子质量为 $2.6 \times 10^6 u$，具有抗氨苄青霉素（Amp^r）和抗四环素（Ter^r）的标记。含有 $ColE_1$ 的复制起始区，在氯霉素存在下能够扩增为多拷贝质粒，具有 $PstI$、$E.\ coRI$、$Hind III$、$BamHI$ 和 $SstI$ 等多种限制性内切酶的单切点。

质粒 $Col\ E_1$ 是产生大肠杆菌素 E_1 的质粒，它的分子质量为 $4.2 \times 10^6 u$，在一个细胞中有 $20 \sim 24$ 个拷贝。在氯霉素存在下，每个细胞中可扩增到数千个拷贝。对 $E.\ coR I$ 酶只有一个切点，但 $E.\ coR I$ 作用后破坏了产生大肠杆菌素的基因，对克隆菌株的筛选较困难。为此常在 $ColE_1$ 上附加抗药性标记，当 $ColE_1$ 质粒加上抗卡那霉素的标记后，即成为质粒 PCR_1。

质粒 PSC_{101} 是大肠杆菌 R6-5 质粒经切割后产生的小质粒，分子质量为 $5.8 \times 10^6 u$，带有抗四环素标记和复制区域，对 $E.\ coRI$ 和 $Hind III$ 都只有一个切点。

质粒 PMB_1 是由 $Col\ E_1$ 和 PSC_{101} 组成的，分子质量为 $3.5 \times 10^6 u$，带有抗四环素标记和复制区域，对 $E.\ coR I$ 和 $Hind III$ 都只有一个切点。但 $Hind III$ 作用后破坏其抗四环素标记，能够用作基因扩增。

用作基因载体的病毒通常是 λ-噬菌体，它的寄主为大肠杆菌，其遗传结构和功能都已搞清楚。λ-噬菌体能在大肠杆菌细胞中大量繁殖，有利于外源基因的扩增。

另一类基因载体是由质粒和 λ-噬菌体 DNA 的黏性末端（COS 区）组建而成，称为柯斯米德（Cosmide）。它既具有质粒的性质，又能为 λ-噬菌体外壳蛋白所包装而具有感染大肠杆菌的功能，能将重组体注入到寄主细胞中。柯斯米德能组装很大的外源基因，DNA 片段的长度可达 $30 \sim 40 kbp$。

基因载体的分子质量一般在 $10^6 u$ 范围内，而且绝大多数都是共价闭合环状的 DNA 分子（cccDNA）。这种 cccDNA 比较稳定，不易变性。根据这些特性，可用蔗糖密度梯度离心法，氯化铯-溴化乙啶（CsCl-EB）密度梯度离心法，硝酸纤维素膜吸附法，聚乙二醇（PEG）沉淀法等，使其与染色体 DNA 分离。

在基因工程中还要采用一系列的酶用于切割、连接合成或转移等作用，统称为工具酶，其中限制内切酶 II 是其中一种。还有 DNA 连接酶、T_4 多聚核苷酸激酶、碱环磷酸酯酶等，常用的工具酶有 500 多种。

限制性内切酶是一类专一性很强的内切核酸酶。它们在特定的位点，作用于 DNA 的磷酸二酯键。它们的识别序列为 $4 \sim 6$ 个碱基对。识别四个碱基对的限制性内切核酸酶。

体外组建的重组体（杂种 DNA）只有引入寄主细胞内进行扩增和表达，才具有学术价值和实用的意义。所使用的载体不同时，采用的引入细胞的方法也不一样。以质粒 DNA 为载体时，采用细胞转化的方法。

接受重组体的受体细胞一般是经过筛选得到的限制－修饰系统缺陷的变异株，即不含限制性内切核酸酶和甲基化酶的突变体。大肠杆菌受体细胞一般都采用大肠杆菌 K_{12} 的变异株。受体细胞用 Ca^{2+} 处理后呈感受态，其细胞膜出现变化，能让 DNA 分子通过而进入细胞内。将含重组 DNA 分子的溶液在一定条件下与用 Ca^{2+} 处理过的感受态受体细胞混合后保温，重组体即可进入受体细胞。用培养基稀释 Ca^{2+} 浓度，基因便可进行表达，而把外源基因带来的性状赋予受体细胞，便可实现基因转移，使受体细胞出现新的遗传性状。细菌质粒的转化效率为 $10^5 \sim 10^7$ 转化体/μg DNA。一般而言，质粒的分子越小，转化效率越高，环状分子比线状分子转化效率要高。

若用噬菌体 DNA 为载体，则可用转导的方法使重组 DNA 直接进入经 Ca^{2+} 处理的受体细胞，转导效率可达 $10^5 \sim 10^6$ 噬菌斑/μg DNA，若用 λ－噬菌体的外壳蛋白包装重组体，则可大大提高转导效率。

经转化或转导以后获得的转化体（克隆化菌株）通常是利用抗药性、噬菌斑营养缺陷互补、某些酶的显色反应等方法进行平板筛选，也可以利用分子杂交的方法筛选出转化体。

获得克隆化菌株后，可再将重组体分离，进行限制内切酶分析，采用凝胶电泳或放射自显影等方法进行鉴定。也可进行基因产物的测定，而对重组体作出明确的鉴定。

1979 年，Nomura 等报道了采用基因工程改良产 α－淀粉酶的菌株，将 AmyE 克隆到枯草杆菌得到具有 α－淀粉酶活力的菌株。Palva 等采用 PVB_{110} 载体，将液化淀粉芽孢杆菌（_B. amyloliquefaciens_）的 α－淀粉酶基因克隆到枯草杆菌中，获得抗卡那霉素转化株，其 α－淀粉酶活力比野生型原始菌株高 500 倍。最近，Henaham 分离纯化地衣芽孢杆菌的高产 α－淀粉酶产量可提高 $7 \sim 10$ 倍，并且已广泛应用于食品工业中的淀粉液化和酿酒工业。

制造干酪的凝乳酶（chymosin）是把小牛胃中的凝乳酶基因克隆至细菌或真菌中，在 20 世纪 80 年代初已克隆成功，1990 年美国 FDA 批准上市，为世界干酪生产解决了酶源问题。Nishimori 等于 1981 年首次用 DNA 重组技术将凝乳酶基因克隆到大肠杆菌（_E. coli_）中并成功表达。1984 年 Marston 和 1987 年 Kawaguchi 根据电泳扫描结果确定，凝乳酶原基因在大肠杆菌中的表达水平为总蛋白的 8% 和 10% $\sim$ 20%。1986 年 Uozumi 和 Beppu 报道从每升发酵醪的菌体中可获得 13.6mg 有活性的凝乳酶。后来，把酶基因导入酵母中也表达成功。1990 年 Strop 把携带原基因的质粒 PMG13195 导入大肠杆菌（_E. coli_）的金属含硫蛋白基因（MT）中，获得有凝乳酶活力的工程菌，其表达效率为 1mg/g 湿菌体。

生产面包的面包酵母（_Saccharomyces cerevisiae_）也是采用基因克隆技术改造的。其方法是把具有优良特性的酶基因克隆至该酵母中，从而使该酵母含有的麦芽糖透性酶（maltose permease）和麦芽糖酶（maltase）的活力比原宿面包酵母高，使面包加工中产生的 CO_2 气体量增加，面包发酵膨发性增加，成品特别松软可口，也可延长其货架期。

罗进贤等构建了能分解淀粉的酵母工程菌，利用酵母 G418 抗性基因 neo 构建了整合型酵母表达载体 YIP28 D. 17N 转化 GRF18 后获得整合型酵母工程菌 GRF18，酒精含量在 10% 以上，达到传统方法生产酒精的技术水平。

又如，王立梅、齐斌等通过反向转录 PCR 法成功地扩增出日本曲霉 β－呋喃糖苷酶基因片段，长度为 1917bp，编码 638 个氨基酸，将所得出片段定向克隆到 Pyx212 载体上，并转化至酵母中，通过酵母菌落 PCR 检测后，确定该基因在酿酒酵母中获得表达，转化子平均酶活力为 26.4U/mg。

许多微生物中都有 β - 半乳糖苷酶，但由于受到使用时酶残留的安全限制而不能用于食品体系。因此，可通过基因重组技术将其基因转入 GRAS 级的微生物细胞作为宿主（如 *Bacillus subtilis* 等），在宿主调节基因的调控下，在发酵罐中规模生产表达有优良特性的 β - 半乳糖苷酶基因。Walsh D. J. 等利用 β - 半乳糖苷酶基因 *LAC*$_4$ 表达产物占胞外蛋白的 90%，摇床培养分泌出的木聚糖酶活力最高可达 130U/mL，是大肠杆菌表达系统的 300 倍。

基因工程应用于改良产酶菌株性能已较普遍，其他方法（如细胞融合技术等）也已得到有效应用。许多研究表明，可通过基因工程手段提高生活细胞生物合成酶的效率。

第五节   食品级酶发酵法生产

酶制剂的大规模工业生产始于第二次世界大战后，随着抗生素工业的发展，微生物的培养技术、发酵工艺和发酵设备的研究都有了长足进步。1949 年，日本开始采用液体深层培养法生产细菌 α - 淀粉酶，标志着微生物酶的生产进入大规模工业化阶段。此后，蛋白酶、果胶酶、葡萄糖氧化酶等的生产也相继进入工业化规模。20 世纪 60 年代，酶法生产葡萄糖获得成功，10 年之后，已能够利用葡萄糖异构酶将葡萄糖转化为果糖生产高果糖浆，并相继发展了与食品工业关系密切的脂肪酶、凝乳酶、乳糖酶等酶制品。

酶制剂工业是新型的发酵工业，是生物工程的重要组成部分，各国都十分重视生物催化剂的发展，每年以 7% ~ 8% 的速度增长，国际市场从 1983 年酶制剂销售额 4 亿美元，至 1999 年销售额达到 19.2 亿美元，2008 年达到 30 亿美元，目前大约达到 50 亿美元。其中，全球食品酶制剂市场 2013 年产值达到 13.47 亿美元，2016 年达到 37.74 亿美元。

目前，世界上发达国家的知名酶制剂工厂共约 70 多家，其中有 25 家规模较大，排名前 7 名为：①丹麦 Novozyme；②美国 Genencor；③荷兰 Gist - Brocades；④芬兰 Cultor；⑤比利时 Solvay；⑥丹麦 CHR Hansen；⑦法国 Rhone ponlene。其中 Novozyme 公司是世界上最大的酶制剂生产厂，并在丹麦、日本、美国、巴西、中国等国设厂，每年投入科研开发经费高达 1.5 亿美元，占公司销售收入的 12.5%，在发酵水平、产品品种开发和经济效益等方面均处于世界领先水平。

我国的酶制剂工业也有很大的发展，到目前为止，酶制剂厂有 90 家，其中无锡星达生物工程公司、山东沂水酶制剂厂、广东江门生物中心等几家产量较大，发酵工艺水平和装备水平较高。其他均属中小型酶制剂企业，与国际水平尚有较大差距（表 6 - 7）。

表 6 - 7   国内外发酵水平比较   单位：U/g

酶制剂品种	国内一般水平	国内先进水平	国际先进水平
α - 淀粉酶	300 ~ 350	500 ~ 700	1000 ~ 1100
糖化酶	9000 ~ 11 000	20 000 ~ 25 000	30 000 以上
碱性蛋白酶	9000 ~ 12 000	15 000 ~ 20 000	25 000 ~ 30 000

一、 发酵法生产食品级酶

微生物种类繁多，包括细菌、放线菌、真菌等约有 10 多万种，酶的品种齐全。在不同环境条件下，微生物可以利用不同基质，有各种各样代谢类型。微生物生长速度要比农作物快 500 倍，比家畜快 1000 倍。微生物培养简单易行，生产规模可大可小。采用大型发酵罐培养技术可以大规模生产各种酶制剂，以生产 1kg 结晶蛋白酶为例，如从胰脏提取，需要用 1 万头牛的胰脏，而用微生物发酵生产，则只需要几百千克的淀粉、麸皮和黄豆粉等农副产品，在几天内便可生产出来。另外，微生物容易变异，特别是可以采用遗传工程、细胞工程技术进行菌种选育和代谢控制，不但可以提高酶的产量，还可提高原有酶种的活性。

作为食品级酶，其发酵生产具有一些特殊的要求，主要反映在安全与卫生两个方面。应用于食品工业的酶均以所谓酶制剂的形式使用。当酶制剂作为一种食品添加剂使用时，其中各种有关组分通过各种途径进入人体，所以对其卫生安全性作一个全面评价是必要的。食品酶制剂的毒性有的来自微生物本身，有的是在制造过程中混入的有害物质。

用发酵法生产的酶可能会含有某些生物毒素等物质，例如黄曲霉毒素。酶制剂还可能会受到沙门菌、化脓性葡萄球菌、大肠杆菌等病原性微生物污染，在生产过程中应当杜绝。微生物发酵生产的酶制剂，通常采用玉米粉、豆饼粉、米糠、麸皮等原料，如果这些原料发生霉变，也可能产生上述黄曲霉毒素之类的有害物质。在酶制剂生产中还要添加一定量无机盐类，如硫酸铵、磷酸二氢钠、氯化钠和硫酸钠等。这些无机盐带入汞、铅、铜、砷等重金属离子的可能性也不容忽视。

因此，生产食品级酶制剂，不仅菌种要严格控制，而且要选好原料，防止有害物质的污染，并选择合理的提取工艺。关于食品酶制剂的安全问题，联合国粮食及农业组织（FAO）和世界卫生组织（WHO）的食品添加剂专家联合委员会（JECFA），在 1977 年做出如下规定：凡从动、植物可食部位的组织，或用食品传统加工过程使用菌种生产的酶制剂产品，可作为食品对待，无需进行毒理试验，只需建立有关酶化学和微生物学方面的说明；凡由非致病性的一般食品污染微生物生产的酶制剂，要进行毒性试验。在美国及欧洲大陆，对酶制剂生产菌种都有相应的限制，如美国政府批准使用的酶制剂生产菌种有黑曲霉、米曲霉、枯草杆菌以及橄榄色链霉菌等十种。

英国食品化学法典规定的食品酶制剂安全检测项目和限量要求如表 6 - 8 所示。

表 6 - 8 食品酶制剂的安全检查项目

项目	限量要求	项目	限量要求
重金属含量	<40mg/kg	大肠杆菌	不能含有
Pb 含量	<10mg/kg	霉菌	<100（个/g）
As 含量	<3mg/kg	绿脓杆菌	不得检出
黄曲霉毒素	不得检出	沙门菌	不得检出
活菌数	$<50 \times 10^4$（个/g）		

对于食品酶制剂的卫生要求主要包括：按照良好的生产食品方法制造，酶制剂中不应含有发酵液残渣；酶制剂作为食品添加剂带入细菌数目不应超过该食品所允许的限度；酶制剂在食

品生产中不应带入危害人体健康的杂质。

二、 酶的发酵生产类型

酶的发酵生产根据细胞的培养方式不同，可分为固体培养发酵、液体深层发酵和固定化细胞发酵等。

固体培养发酵的培养基，以麸皮、米糠等为主要原料，加入其他必要的营养成分，制成固体或半固体的麦曲，经灭菌、冷却后，接入产酶菌株进行发酵。我国传统的各种酒曲、酱油曲等都采用这种方式生产。固体培养的优点是设备简单、操作方便、麦曲中酶浓度高、特别适用于霉菌培养。缺点是劳动强度较大，原料利用率较低，生产周期较长。

液体深层发酵是将液体培养基置于发酵容器中，经灭菌、冷却后加入产酶菌株，在一定条件下进行发酵。液体深层发酵是目前酶发酵生产的主要方式，不仅适用于微生物细胞，也适用于植物、动物细胞及工程菌的发酵。液体深层发酵的机械化程度较高，而且易于科学管理，酶的生产效率较高，质量较好，收率较高。

固定化细胞是指固定在水不溶性载体上而能进行正常生命活动的细胞。固定化细胞发酵具有如下特点，细胞密度大，可加速生化反应，提高生产能力；细胞流失少，可以连续发酵；发酵过程稳定性好，易于操作控制，利于实现自动化生产；节省培养种子所需的设备和原材料；发酵液中含菌体少，利于产品的分离纯化，提高产品质量。但由于固定化细胞发酵是20世纪70年代后期才发展起来的新技术，历史不长，技术较复杂，需要特殊的固定化细胞反应器，而且只适用于胞外酶的生产等，因而还有不少问题有待研究解决。

酶的发酵生产是一个十分复杂的过程，因此，一个切实可行的技术路线，要结合菌种性能（如培养要求）、酶系特点、使用要求、生产成本等综合考虑。大规模工业生产时，对培养基的消毒灭菌、种子培养及接种量、发酵罐型式、工程管理等都要进行详细的研究，使产酶量增加，提高经济效益。此外，还要求工艺流程中各工序要合理，例如，发酵液中菌体要便于分离，培养液黏度要低，选择不产大量杂酶及杂质的培养基及一般不产色素或异臭的培养条件。

三、 酶生产的发酵技术

酶的发酵技术内容包括培养基设计、选择合适的发酵方式及发酵过程的各种参数控制等。

1. 培养基

设计和配制培养基时，应考虑pH及营养成分的种类和比例是否满足产酶微生物生长及酶形成的需要；还需考虑到有些细胞生长繁殖和产酶阶段所要求的培养基有所不同，在此情况下，应分别配制生长培养基和发酵培养基。培养基的组分一般包括碳源、氮源、无机盐、生长素和金属离子等。

（1）碳源　培养基的碳源是指能够向微生物提供组成细胞物质或代谢产物（酶）中碳骨架的营养物质。碳源是微生物生命活动的能量来源，也是多种诱导酶的诱导物。

不同微生物要求的碳源是不同的，这由菌种自身的酶系决定。如葡萄糖氧化酶产生菌在以甜菜糖蜜作碳源时不产酶，但以蔗糖作碳源时酶产量却显著增加。又如产生葡萄糖异构酶的短乳杆菌，在以木糖为碳源培养时产酶，以葡萄糖为碳源时，尽管菌体繁殖旺盛，但不产酶。碳源的类型除对产酶量有影响外，还对微生物胞内酶与胞外酶的比例有影响。

可以作为微生物碳源的物质很多，如葡萄糖、蔗糖、麦芽糖、糖蜜及各种淀粉类农作物，如山芋粉、玉米粉、麸皮、米糠等。石油中的各种烷烃、甲烷等含碳氢元素的化合物及乙醇、乙酸等有机醇、酸类，也可作为碳源。

（2）氮源　氮素是组成微生物细胞蛋白（包括酶组分）和核酸的主要元素之一，通常将提供氮素来源的营养物质称为氮源。氮源可分为有机氮源和无机氮源两类。有机氮源包括各种蛋白质、蛋白胨、多肽和氨基酸以及天然原料如鱼粉、酵母膏、豆饼粉、花生饼粉等蛋白质物质；无机氮源包括含氮素的无机化合物，如硫酸铵、硝酸铵、硝酸钾和氯化铵等。不同微生物对氮源的要求不同，应根据要求进行选择和配制。

此外，碳源和氮源两者的比例对酶的产量有显著影响。所谓碳氮比（C/N）一般是指培养基中碳元素（C）总量与氮元素（N）总量之比值，可通过碳源和氮源的含量计算而得，有时也可用碳源总量和氮源总量的比表示。

（3）无机盐类　无机盐是提供细胞生命活动所不可缺少的无机元素。各种无机元素的主要功用有所不同，有些是细胞的组成成分，如磷、硫等；有些是酶的组成成分或与酶的活性紧密相关，如磷、硫、镁、钾、铁及微量元素锌、铜、钴、钙、钼等；有些对培养基的 pH、渗透压和氧化还原电位起调节作用，如钠、钾、钙、氯等。

根据细胞对无机元素的需要量大小，可分为主要元素（宏量元素）和微量元素两类。主要元素有磷、硫、镁、钾、钙、钠等，微量元素有铁、铜、锰、锌、钼、钴、碘等。微量元素是细胞生命活动不可缺少的，但需要量极少，过量反而会引起毒害作用。

（4）生长因子　微生物还需要一类微量物质才能进行正常生长繁殖，这类物质统称为生长因子，包括维生素、嘌呤碱和嘧啶碱等。这些物质都是辅酶或辅基组分。酶制剂工业生产所需的生长因子，大多是由天然原料提供。例如，玉米浆、麦芽汁、酵母膏等，这些原料中生长因子的含量都很丰富，另外，豆饼、玉米、麸皮、米糠中也含有多种维生素等生长因子。

（5）产酶促进剂　产酶促进剂是指能显著增加酶产量的某种少量物质，它们一般是酶的诱导物或表面活性剂。酶的诱导物除酶作用的底物或底物类似物外，还包括能被该微生物转化为诱导物的前体物质。某些表面活性剂也能增加酶的产量，它们能提高细胞膜的渗透性，从而使细胞内的酶容易分泌出来，胞内酶不断产生，培养液中酶浓度逐渐积累增大，从而提高了酶产量。常用的产酶促进剂一般有吐温 80（Tween 80）、洗净剂 LS（脂肪酰胺磺酸钠）、聚乙烯醇、糖脂、乙二胺四乙酸（EDTA）等。

（6）阻遏物　多数工业酶制剂如淀粉酶、纤维素酶、蛋白酶等酶均属诱导酶，其生产过程受代谢末段产物阻遏和分解代谢阻遏的调节。如果培养液中存在葡萄糖之类的易于利用的碳源时，会抑制酶的合成。为了避免分解代谢阻遏，提高酶产量，可以利用多糖类或聚多糖类作为碳源，或采用分次添加碳源（或限量添加）的方法，控制细胞增殖速度，使培养液中碳源保持在不致引起分别代谢阻遏的浓度。例如，采用限制葡萄糖的连续流加法发酵时，大肠杆菌的 β - 半乳糖苷酶产率提高 60 倍，液化产其单胞菌（*Aeromonas liquefacieus*）的果胶酶产率提高 600 倍。采用控制碳源流加速度的流加培养发酵时，使巨大芽孢杆菌（*Bacillus megaterium*）边繁殖边消耗淀粉碳源，结果其

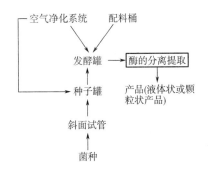

图 6 - 16　液体深层发酵生产的
一般工艺流程

产量比原单批培养发酵提高了3.6倍。以上所举例子都是避开代谢产物的抑制结果，实际上还可以采用菌种选育法或基因工程法获得不受抑制的菌株。

2. 微生物酶的生产流程

酶的种类繁多，产酶菌种各异，但其发酵生产的工艺流程是相似的，一般有固态发酵法和液体深层发酵法之分，具体采用何种方法由微生物和酶的种类来决定。微生物酶液体深层发酵工艺流程如图6－16所示。

3. 发酵罐的构造

酶制剂发酵生产的关键设备为发酵罐。发酵罐的类型除传统型发酵罐外，还有自吸式、气升式、内外循环等。传统型通气搅拌发酵罐仍广泛应用于酶制剂、氨基酸和有机酸等的发酵生产，其典型构造如图6－17所示。

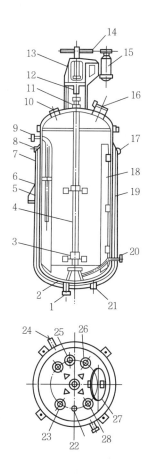

图6－17　小型传统典型搅拌式发酵罐

1—皮料出口　2—底轴承　3—搅拌器　4—轴　5—温度计接口　6—螺旋片　7—皮套　8—冷却水出口

9—取样口　10—视镜　11—轴封　12—轴承带　13—轴承支座　14—三角皮带传动　15—电动机

16—手孔　17—接压力表　18—挡板　19—热电偶接口　20—通风管　21—冷却水进口　22—压力表接口

23—进料口　24—取样口　25—进气口　26—补料口　27—手孔　28—视镜

图6－17为小型传统发酵罐的结构示意图（包括剖面图和俯视图），附有圆盘式涡轮搅拌

器；在底部有单开口的通气管，沿罐的周壁装有垂直挡板，挡板与罐壁之间留有空隙，防止积存渣垢。

图6-18为大中型发酵罐的结构示意图（包括剖面图和俯视图），它与小型罐多采用排管换热器代替夹套进行冷却，因为罐的容积越大，则其单位体积培养液具有的周壁表面积越小，在大中型罐中排管换热器放在罐内，等圆周角分布。传统型通气搅拌发酵罐，适用于一般原料、牛顿型或非牛顿型流体，它在酶制剂工业和抗生素工业中较为通用。

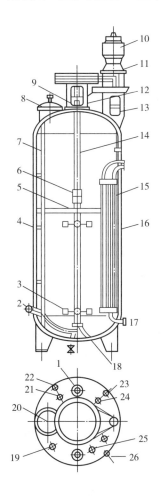

图6-18 大中型传统典型搅拌式发酵罐

1—视镜 2—通气管 3—搅拌器 4—温度计插口 5—中轴承 6—联轴器 7—扶梯 8、20—人孔
9—轴封 10—电动机 11—三角皮带传动 12—轴承座 13—取样 14—轴 15—冷却列管 16—温度计
17—冷却列管放水口 18—底箱体 19—进料口 21—压力表 22—取样口
23、24—排气孔 25—补料口 26—空气进口

4. 液体深层发酵过程的控制

酶发酵生产中，菌种产酶性能是决定发酵效果的重要因素，为了提高产酶水平，需对发酵过程参数进行良好控制。这些过程参数除培养基组成成分外，还包括温度、pH、搅拌、消泡、溶解氧等，这些参数对微生物产酶的影响是相互联系、相互制约的，若给予良好的调节控制，

可使酶的生物合成达到最佳状态。

（1）发酵过程中 pH 的变化与控制　培养基的 pH 与细胞的生长繁殖和产酶情况密切相关，不同种类的微生物，其最适生长 pH 不同。大多数细菌的最适 pH6.5～7.5（中性或微碱性），霉菌和酵母菌的最适 pH3～6，放线菌最适 pH7～8（微碱性）。

产酶时最适 pH 通常接近酶反应的最适 pH。例如，生产碱性蛋白酶的最适 pH 为碱性（pH8.5～9），生产中性蛋白酶的最适 pH 为中性至微酸性（pH6～7），生产酸性蛋白酶的最适 pH 为酸性（4～6）。但是，有些酶作用最适 pH 与细胞产酶最适 pH 有明显差别。

有些微生物能同时产生几种酶，通过控制培养基的 pH，可以改变各种酶之间的产量比例。例如，黑曲霉可产 α-淀粉酶和糖化酶，当培养基的 pH 偏中性时，α-淀粉酶增加而糖化酶减少；当 pH 偏酸性时，糖化酶产量增加而 α-淀粉酶减少。米曲霉生产蛋白酶时，当培养基的 pH 呈碱性时主要产碱性蛋白酶，降低 pH，则主要产中性或酸性蛋白酶。

培养基的 pH 在细胞生长繁殖和新陈代谢过程中常会发生显著变化，这与细胞特性有关，但主要受培养基组分的影响。糖含量高的培养基，由于糖代谢产生有机酸，会使培养基的 pH 向酸性方向移动；培养基中蛋白质、氨基酸含量较高时，代谢会产生胺类物质，使 pH 向碱性方向移动；以 $(NH_4)_2SO_4$ 为氮源时，随着氨被利用，培养基 pH 会下降；以尿素为氮源时，随着脲酶水解尿素生成氨，培养基 pH 会上升；若有磷酸盐存在，则会对培养基的 pH 起一定的缓冲作用。

因此，可以通过改变培养基的组分和比例来实现对 pH 的调节，必要时可加进酸、碱或缓冲溶液来调节。

（2）发酵温度与控制　温度是影响细胞生长和代谢活动的重要因素，严格保持菌种生长繁殖和生物合成所需的最适温度，对稳定发酵过程，缩短发酵周期，提高发酵单位和产量都具有很重要的现实意义。不同的微生物有不同最适生长温度，如枯草杆菌最适生长温度为 34～37℃，黑曲霉最适生长温度为 28～32℃等。

产酶最适温度往往低于生长最适温度，这是由于在较低的温度下，可延长产酶时间，提高酶的稳定性。例如，用米曲霉发酵生产蛋白酶，28℃ 比 40℃ 条件下发酵的产量高 2～4 倍，20℃ 条件下发酵，蛋白酶产量最高。因而，酶的发酵生产有时可在不同的阶段控制不同的温度。在生长阶段控制最适生长温度，以利于细胞生长繁殖；在产酶阶段，温度控制在酶最适温度。

在发酵过程中，细胞新陈代谢会不断放出热量，使培养基温度升高，而热量的不断扩散，又会使温度降低。因此，必须经常及时地加以调节，使发酵温度控制在适宜的范围内。

（3）发酵过程中泡沫形成与控制　发酵培养液中含有豆饼粉、蛋白胨、玉米浆等各种蛋白质，由于与通风和搅拌时所产生的小气泡混合，会在发酵过程中产生一定数量的泡沫。随着菌体的繁殖和发酵的正常进行，整个发酵过程中有时形成过多和稳定持久的泡沫，会导致发酵罐利用率降低。

发酵液中的泡沫是各种气体被分散在少量液体中的胶体体系（一种气泡），气泡之间被一层液膜隔开，因而彼此不相连通。气泡的生成有两种原因：一种由外界引进的气流被机械破碎而成；另一种由发酵代谢过程中产生的气体聚结而生成。

在好氧发酵中，泡沫的消长有一定的规律，受许多因素控制。高速搅拌、大通风量、培养基中蛋白质原材料及培养基破坏程度较大等均会使泡沫增多；其次，菌种特性与接种量均对培养过程中泡沫的多少影响很大。一般前期泡沫多少取决于菌种的生长速度，生长速度越快，泡沫越少，此时大部分可溶性含氮物易被菌体吸收利用，减少泡沫产生的机会。生长慢的菌种，为了促进生长速度，可提高接种量，如果适当提高罐温，能减少泡沫干扰生长的机会。培养液本身性质变化也影响泡沫消长。如霉菌发酵过程中，在发酵初期，随着发酵的进行，培养液表面黏度下降，表面张力上升，泡沫寿命逐渐缩短；发酵后期，菌体自溶使培养液中可溶性蛋白质增加，又会产生泡沫。此外，培养基的灭菌操作及其方法对泡沫产生也有影响。实罐灭菌操作时，如骤然降低罐内压力会产生泡沫，连续灭菌也比实罐灭菌容易引起泡沫。如果发生染菌现象，则由于杂菌生长，也会使培养基黏度增加而易产生泡沫。

（4）发酵过程的中间补料与控制　培养前期是微生物菌体增殖时期，一般不含或少含有发酵产物，有70%～80%的发酵产物都是在发酵中后期产生。要提高产量，就必须设法延长中期时间。

分批发酵是指一次投料，中间不加养料直到发酵完成。培养至中后期，分泌出的代谢产物越来越多，这时养分也快要消耗完毕，菌体也趋向衰老自溶。如一次投料采用过于丰富培养基，则可延长发酵周期，但高浓度培养基对微生物生长繁殖不利，通气搅拌困难，发酵不易进行，往往在生产上达不到增产目的。

中间补料是在发酵过程中补充某些营养物料，满足微生物的代谢活动和合成发酵产品的需要。虽然不同产品的发酵过程不同，但补料原则相似。一般要根据微生物的生长代谢规律，结合发酵产品的生物合成途径及实践经验，采取中间补料措施，适当控制和掌握发酵条件。中间补料可促使微生物在培养中期的代谢活动受到控制，延长发酵产物的分泌期，推迟菌种的自溶期，维持较高的发酵产物增长幅度，并增加发酵液体积，从而使单罐产量大幅度上升，因而这一技术已在生产上被广泛采用和推广。

（5）溶解氧的调节控制　酶是大分子，其合成过程需要大量能量，因而必须供给充足的氧气，才能使碳源经有氧降解产生大量的ATP。微生物发酵只能利用溶解在水中的氧气——溶解氧，由于氧是难溶于水的气体，必须不断地提供无菌空气，以满足细胞生长和产酶需要。

溶解氧的调节控制，需根据细胞对氧的需要量进行连续不断的供氧，使培养液中溶解氧维持在一定的浓度范围内。

细胞对氧的需要量与细胞的呼吸强度及细胞浓度密切相关，可用耗氧速率 K_{O_2} 表示：

$$K_{O_2} = Q_{O_2} \cdot C_C \tag{6-2}$$

式中　K_{O_2}——耗氧速率，指单位体积（L或mL）培养液在单位时间内（h或min）所消耗的氧化量，一般以毫摩尔氧/小时·升［mmol/（h·L）］表示；

　　　Q_{O_2}——细胞呼吸强度，指单位细胞量（每个细胞或每克干细胞）在单位时间内（h或min）的耗氧量，以毫摩尔氧/克干细胞·小时［mmol/（g·h）］或毫摩尔氧/个细胞·分钟［mmol/（个·min）］表示，它与细胞种类和生长期有关，不同的细胞呼吸强度不同，同种细胞在不同生长时期，呼吸强度也不同，在产酶高峰期，由于大量合成酶需很多能量，也就需要消耗大量的氧气；

　　　C_C——细胞浓度，指单位体积培养液中细胞的数量，以克干细胞/升（g/L）或个细胞/升（个/L）表示。

在发酵过程中，由于细胞的呼吸强度和细胞浓度各不相同，使耗氧速率有很大差别。因而，要根据需要量提供给适量的溶解氧。

溶解氧的供给，首先是将无菌空气通入发酵罐中，使其中的氧溶解于培养液中，以供细胞生命活动的需要。培养液中溶氧量决定于氧的溶解速度——即溶氧速度或溶解系数，以 K_d 表示，它是指单位体积发酵液在一定时间内所溶解的氧量。K_d 的单位常用毫摩尔氧/升·小时 [mmol/（L·h）] 来表示。当溶氧速率与耗氧速率相等时，即 $K_{O_2} = K_d$ 时，培养液中溶解氧保持恒定，可满足细胞生长和产酶需要。

当耗氧速率改变时，必须相应地调节溶氧速率。溶氧速率的调节方法主要有以下几种：

①调节通气量：即单位时间内流过发酵罐的空气量（L/min）。通常以发酵液体积与每分钟通入的空气体积之比表示。例如，1m³ 的发酵液，每分钟流过的空气量为 2m³，则通气量为 1：2。通气量增加，可提高溶氧速率；通气量减少，可降低溶氧速率。

②调节气液接触时间：气液两相接触时间延长，可提高溶氧速率；反之，降低溶氧速率。可以通过增加液层高度，增设挡板等方法以延长气液接触时间。

③调节气液接触面积：从液层底部引入分散的气泡是增加气液接触面积的主要方法；安装搅拌装置，增设挡板等可使气泡打碎，以增加气液两相的接触面积，也可提高溶氧速率。

④调节氧的分压：增加空气压力，提高空气中氧的含量，都能提高氧的分压，从而提高溶氧速率。

以上方法可根据实际情况选择使用，其中常用的是通过改变通风量的方法来调节溶氧速率。例如，在发酵初期用较小的通风量，中期用较大的通风量。

第七章

酶的分离、纯化技术

自 1926 年 Sumner 从刀豆分离提纯第一个结晶脲酶以来，酶的分离、纯化工作进展迅速。迄今为止，科学家们已把 300 多种酶制成了结晶，并发展了各种类型的分离纯化技术。

酶的分离、纯化目的在于获得一定量的、不含或少含杂质的酶制品或者提纯为结晶，以利于在科学研究或生产中应用。

第一节　酶的分离、纯化程度

酶的分离、纯化属生物工程的下游过程（down stream process）。酶的产量是以活力单位表示的，在整个分离过程中每一步都需要进行比活力和总活力的检测、比较。只有这样才能确定酶的分离、纯化程度。

①酶活力（enzyme activity）：酶活力是指酶催化反应的能力，它表示样品中酶的含量。1961 年国际酶学会规定，1min 催化 $1\mu mol$ 分子底物转化的酶量为该酶的一个活力单位（国际单位 IU），而且规定反应温度为 25℃，在具有最适底物浓度、最适缓冲离子强度和 pH 的条件下进行。

②酶的总活力：样品的全部酶活力。

$$总活力 = 酶活力 \times 总体积（mL）$$
或
$$总活力 = 酶活力 \times 总重量（g）$$

③比活力（specific activity）：比活力是指单位蛋白质（毫克蛋白质或毫克蛋白氮）所含有的酶活力（U/mg 蛋白）。比活力是酶纯度指标，比活力越高表示酶越纯。但是，比活力仍然是个相对酶纯度指标。要了解酶的实际纯度，尚需采用电泳等测定方法。

④回收率（recovery percent）：回收率是指提纯前与提纯后酶的总活力之比。它表示提纯过程中酶的损失程度，回收率越高，其损失越少。

⑤提纯倍数：提纯倍数是指提纯前后两者比活力之比。它表示提纯过程中酶纯度提高的程度，提纯倍数越大，提纯效果越佳。

　　以上分离、提纯过程有关参数，对于从事酶学研究及应用十分重要。由于酶与其他蛋白质一样，存在不稳定性，在操作过程中要特别注意防止酶的变性失活。同时，对食品级酶，更要注意安全、卫生，防止重金属、有害化合物的污染。

　　从表7－1可知，随着分离、提纯过程，酶的比活力越来越高，提纯程度越来越高，其提纯倍数也越来越大，而其总活力、回收率相对降低。

表7－1　　　　　　　　　　　　　从 E·coli 中分离、提纯天冬酰胺酶

步骤	总蛋白/mg	总活力单位/（1 ×10⁶）	比活力/（U/mg）	回收率/%	提纯倍数
匀浆	1.43×10^8	286	2	100	1
酒精粗沉淀	4.1×10^6	143	35	50	17.5
40℃调 pH4.5	9.5×10^5	114	120	40	60
上清液 DEAE 纤维素柱	6.5×10^5	90	140	32	70
CM 纤维素析	3×10^5	60	200	21	100
结晶	2.2×10^5	48	220	17	110
重结晶	1.75×10^5	38	220	17	110

　　酶的分离、提纯程度与其应用有关。一般试剂级及药用级用酶纯度要求高，则采取提纯倍数高的方法。工业用酶对纯度要求较低，其成本价格显得重要，甚至有时采用粗酶液。而食品级酶在整个分离、纯化工程中要注意卫生，防止污染，各方面均需综合考虑。

第二节　酶 的 抽 提

　　酶是在活细胞中合成并在胞内或胞外介质中存在的。胞内酶在细胞内存在部位和结合状态比较复杂，因而抽提难度较大。酶的抽提目的是将尽可能多的酶或尽可能少的杂质从原料组织和细胞中引入溶液，以利于酶的纯化。

一、 酶源材料的预处理

　　一般对动物材料要先剔除结缔组织和脂肪组织，然后再捣碎；油料种子需要先脱脂处理（如用乙醚）和脱壳，避免单宁等物质的干扰。微生物材料在抽提前也需将菌体与发酵介质分离。材料应保持新鲜或添加抗氧化剂或立即冷冻处理，以防酶变性失活。例如，从番木瓜中割取胶乳，应立即添加抗氧化剂然后粗滤除杂，并进一步层析分离和真空冷冻干燥成干粉。

　　对于微生物材料而言，一般胞外酶不存在破碎细胞问题，而胞内酶只能在破碎细胞后才能释放出来，表层酶（透性酶）还要破坏与膜的连接问题，这一点，破碎细胞显得重要。

　　破碎细胞的方法主要有如下几种：

（一）机械破碎法

　　机械破碎法包括研磨法和细菌磨法。

1. 研磨法

研磨法是将微生物细胞与磨料（玻璃砂、石英砂、氧化铝等）混合，在研钵中用杵研磨，细胞破碎后，用水或缓冲液抽提，抽提出来的溶液即为粗酶液。

实验举例：酵母异柠檬酸脱氢酶的制备

以新鲜面包酵母为材料，称取面包酵母10~15g，加入在冰浴中20mL 0.1mol/L NaHCO₃溶液及10~20g干净的玻璃砂，置于乳钵中研磨。酵母细胞壁比较坚硬，有时需要反复研磨，也可适当调节酵母与玻璃砂的比例。再于660g下离心10min，然后收集上清液。最后在高速离心机中1 000g离心1h，此时得到的上清液即为含酶溶液。

此法简单，无需特殊设备，但产量低，难以大规模操作，需要在冰浴中或冰室中操作。如用干冰或液氮冷却后进行研磨，则不必加入磨料。

2. 细菌研磨法

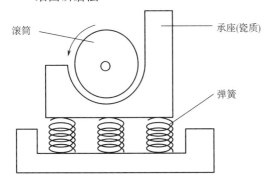

滚筒
承座(瓷质)
弹簧

图7-1　细菌磨结构示意图

1957年中国科学院王大琛教授等设计的细菌磨，已推广应用于小型微生物细胞研磨，使用效果好，破碎率达到99.99%。其基本结构如图7-1所示，主要由研磨和动力两个部分构成。

细菌磨研磨部分包括：①长15cm，直径5cm硬质磨砂玻璃管作滚筒，滚筒内可以装碎冰，以保持低温操作。②一个与半面滚筒面滚筒密切贴合的凹面瓷质承座。玻璃管和穿过中心的钢轴以橡皮塞连接，滚筒与承座相互贴紧，承座底下垫以强有力的弹簧。动力为62.2W、1400r/min，经减速后滚筒为120~130r/min。

实验举例：多聚核苷酸磷酸化酶（PNP酶）的制备

（1）取冷冻菌体8g，融化后按1 : (1.3~1.5)加入玻璃砂调成糊状物。

（2）用不锈钢勺取5g左右自旋转滚筒前边加入，在细菌磨上研磨，研磨温度可维持15℃以下，研磨时间为20~30s。

（3）用玻璃板横置于滚筒上，刮下经过均匀研磨的混合物。

（4）悬浮于2.5倍体积的pH7.4，0.01mol/L Tris-HCl缓冲液（含0.01mol/L醋酸镁和0.001mol/L EDTA）中，约20mL。

（5）搅拌提取15min后，0℃离心（13 400g）20min。

（6）轻轻倾出上清液，其沉淀物再用上述缓冲液4mL抽提一次，离心，合并上清液，即为粗提取酶液。

此法比研磨法省力，其破碎率也较研磨法效率高。

（二）物理方法

1. 超声波破碎法

超声波破碎法的基本原理是利用超声波（10~15kHz）的机械振动而使细胞破碎。由于超声波发生时的空化作用（cavitation），液体形成局部减压，引起液体内部产生很大的压力，致使细胞破碎。

超声波破碎法操作简便，可连续或批式操作，由于在处理时会产生热量，必须在冰浴中进行，杆菌类细胞和动物性细胞的破碎，酶的回收率可达85%以上，但对霉菌、酵母、放线菌和球菌类细胞的破碎有一定的局限性。

2. 渗透压法

利用渗透压的突变，造成细胞内外压力差而引起细胞破碎。细胞的周围介质浓度与细胞的稳定性紧密相关，如把细胞置于高渗溶液（如20g/L NaCl）中，使细胞脱水，最后引起细胞质壁分离。相反，把细胞置于低渗溶液（如0.1g/L NaCl）或水中，则水分子从溶液中进入细胞内引起细胞膨胀、破裂，从而使细胞内含物质释放出来。该法操作比较复杂，条件要求严格，仅适合于少量样品的处理。

3. 冻融法

冻融法将细胞反复交替地冰冻与溶融，使胞内形成冰结晶及胞内外溶剂浓度突然改变，导致细胞破裂。

（三）酶解法

利用外源的溶菌酶或破壁酶在一定条件下催化细胞壁破碎而促使酶从细胞内释放出来。酶解法破碎革兰阴性细菌细胞壁时，除加入溶菌酶外，尚需添加 EDTA 螯合剂，而处理革兰阳性菌时，则添加7.5%的聚乙二醇或0.2~0.6mol/L的蔗糖用作稳定剂。此法操作条件温和，内含物成分不易受破坏，细胞壁损坏程度也可以控制。因此，在提取细胞内其他成分或制备原生质球和细胞生理学研究等方面有实际应用。但此法用于酶的大量提取有一定局限性。

（四）表面活性剂处理法

表面活性剂处理法是利用表面活性剂改变细胞膜、壁的通透性，使酶或胞内其他内含物释放。通常采用表面活性剂包括十二烷基硫酸钠（SDS 阴离子型）、二乙氨基十六烷基溴（阳离子型）、吐温（非离子型）、Triton×100（聚乙二醇烷基芳香醚）等。表面活性剂的添加，最后会增加酶提纯的压力，尚需采用离子交换树脂或分子筛把表面活性剂除去。

（五）丙酮粉法

丙酮粉法是利用丙酮能使细胞迅速脱水并破坏细胞壁的作用。细胞经离心收集菌体，在低温下加入冷却的丙酮液，迅速搅拌均匀后随即用布氏漏斗抽滤，再反复用冷丙酮液洗涤数次，抽干后置于干燥器中低温保存。经丙酮处理的细胞干粉称为丙酮粉。丙酮还能除去细胞膜部分脂肪，更有利于酶的提取。

细胞破碎方法有很多，但各自均有其特点，对于分离提纯某一目的酶，具体采用何种方法比较合适，则需靠分析、比较和判断来确定。

二、抽提

抽提（extraction）或提取（或萃取）其含义基本相同。抽提是指在酶的分离纯化前期，将经过处理或破坏的细胞置于一定溶液中，使被提取的目的酶与其他物质分离的过程，包括酶与细胞固体残渣的分离、酶与其他物质的分离。

根据酶在细胞内结合状态以及其溶解程度，酶的抽提可分为水溶法和有机溶剂法两种。

（一）水溶法

大部分酶或蛋白质能溶于水、稀盐、稀酸或稀碱中，其中稀盐和缓冲溶液对酶稳定性好，溶解度大。采用水溶法时，需注意下列因素：

（1）盐浓度　常采用等渗溶液即 0.15mol/L NaCl 和 0.02～0.05mol/L 磷酸缓冲溶液或碳酸缓冲溶液。含金属离子的酶，需避免其解离，尚需添加金属离子螯合剂（如 EDTA 等），并使用柠檬酸钠缓冲溶液或焦磷酸钠缓冲溶液。如果能溶解在水溶液中或者与细胞颗粒结合不太紧的酶，细胞破碎后选择适当稀盐溶液便可达到提取的目的。

（2）pH　pH 与酶的稳定性紧密相关。一般在提取操作时控制在偏离等电点（pI）两侧为宜，这样可增大酶或蛋白质的溶解度。例如，细胞色素 C 和溶菌酶属碱性蛋白质，在提取时常用稀酸提取，肌肉甘油醛-3-磷酸脱氢酶属酸性蛋白质，则在稀碱溶液中提取。此外，如果细胞中的酶与其他物质以离子键结合，则需控制 pH3～6，对解离离子键有利。

（3）温度　一般在低温（5℃以下）操作，以防止酶变性失活。但是有少数酶对温度耐受力较高，则可适当提高温度，使杂质蛋白在变性条件下分离，以利于下一步提纯。

（4）辅助因子　在提取操作时，适当加入底物或辅酶成分，可改变酶分子表面电荷分布，提高其提取效果。一般，为了提高酶的稳定性，防止蛋白酶发生破坏性水解作用，往往加入苯甲基磺酰氟（PMSF），而防止其氧化，则加入半胱氨酸、惰性蛋白和底物等。

（二）有机溶剂法

有一些酶与脂质结合得比较牢固，不溶于水、稀盐、稀酸或稀碱中，则采用不同比例的有机溶剂进行提取，如植物种子中的酶用 70%～80% 乙醇提取，动物细胞中的微粒体、线粒体存在的酶则常用正丁醇提取。因为正丁醇亲脂性强，可提高酶的溶解度。已有实验证明，用正丁醇提取碱性磷酸酯酶效果明显。

采用有机溶剂提取时，存在着物质在两个互不相溶的液相中浓度的分配定律起作用问题。分配定律的定义可表示为在恒温、恒压和比较稀的浓度下，某一溶质在两个不相混合的液相中的浓度分配比，它是一个常数，即为式（7-1）：

$$\left(\frac{C_1}{C_2}\right)_{恒温、恒压} = K \tag{7-1}$$

式中　C_1——分配达到平衡后溶质在上层有机相中的浓度；

C_2——分配达到平衡后溶质在下层水相中的浓度；

K——分配常数，不同溶质在不同溶剂中有不同的 K 值。

从式（7-1）可知，K 值越大，则在上层有机相中溶解度越大。反之，K 值越小，则在下层水相中溶解度越大。如果混合物中各组分 K 值彼此接近时，则需不断更换新的溶剂系统，通过多次抽提便可把各种物质分离。同时，采用有机溶剂法提取时尚需考虑溶剂的性质、pH、离子强度、介电常数和温度等因素的影响。

在提取过程中，酶从固相扩散至液相难易，是由以下扩散方程式决定的。

$$G = \frac{DAt\Delta C}{\Delta X} \tag{7-2}$$

式中　G——扩散速率；

D——扩散系数；

A——扩散面积；

ΔC——两相间界面溶质的浓度差；

ΔX——溶质扩散的距离；

t——扩散时间。

从式（7-2）可知，两相界面溶质之浓度差，为扩散的主要推动力。ΔC 越大，扩散越快。操作过程中采用搅拌也可使 ΔC 加大。此外，还与细胞破碎程度有关，细胞破碎可使扩散面积 A 增大，也可减少扩散距离 ΔX。

第三节　酶溶液的浓缩

为了提高抽提液酶的浓度，利于下一步的纯化操作，抽提液的浓缩是不可缺少的一个工序。由于酶是不稳定物质，因此，其浓缩方法与一般化工浓缩不同，常用的方法有如下几种。

（一）真空薄膜浓缩

真空薄膜浓缩法是把酶溶液置于高度真空条件下成为薄层液膜，增大其蒸发面积达到加速蒸发过程的目的。此法由于在真空条件下，可以大大降低热对酶分子的作用，减少其热变性失活。

（二）超滤技术

超滤过程是利用膜的筛分机理，超滤膜是具有特定的均匀孔径和孔隙的多孔薄膜。在加压条件下，把酶溶液通过一层只允许水分子和小分子物质的选择性透过的微孔超滤膜，而酶等大分子被截留，从而达到浓缩酶液的目的。表7-2列举了"Diaflo"超滤膜的物理特性数据。

表7-2　　　　　　　　　　　　"Diaflo"超滤膜的物理特性

膜代号	截留酶的分子质量/u	近似平均孔径/nm
XM-300	300 000	14
XM-100	100 000	5.5
XM-50	50 000	3
PM-30	30 000	2.2
UM-20	20 000	1.8
PM-10	10 000	1.5
UM-2	1 000	1.2
UM-0.5	500	1

目前，超滤膜的材料主要有醋酸纤维素、各种芳香聚酰胺、聚砜和聚丙烯腈-聚氯乙烯共聚物。膜的几何形状也很重要，应促使通过的料液能够形成错流通过，以达到提高其超滤效果。超滤膜主要型式有折叠平板式、管壳式、螺旋式和中空纤维管式，如图7-2所示。

折叠平板式膜可制成平面滤板，板内形成折叠以增加过滤面积，提高液流的湍动程度，降低浓差极化。此装置结构简单，膜面积可达 $1\,500\,\text{m}^2$，易于清洗，易更换，其缺点是过滤面积的扩大会受到限制。

管壳式超滤装置是使酶溶液在管内流动，溶剂及低分子溶质透过管壁汇聚后排出。

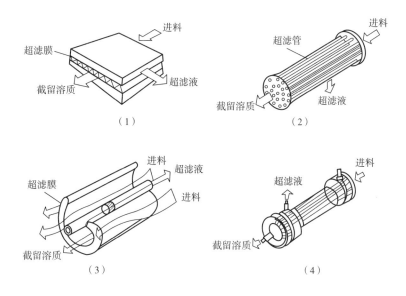

图7-2　四种主要超滤膜
（1）叠板式　（2）管壳式　（3）螺旋式　（4）中空纤维管式

螺旋式装置是使酶液在管内错流呈螺旋形流动。

目前常用的是中空纤维超滤器。内径为0.5～1mm，酶溶液从管内流过，溶剂和低分子溶质可透过管壁集中后流出。这种装置过滤面积大，过滤面积高达3 000m²/m³，过滤效率高。现在，国内外已有成套超滤装置出售，如日本旭化成公司和Amicon公司生产的超滤装置型号及特性如表7-3所示。

表7-3　　　　　　　　　　　　中空纤维超滤装置特性

型号	SIP-3013	HF53-20-PM10	HF30-20-PM10	HF15-43-PM10
中空纤维内径/mm	0.8	0.5	0.5	1.1
公司分析相对分子质量[*]	6 000	10 000	10 000	10 000
超滤器外径/mm	890	760	760	760
超滤器长度/mm	1 192	1 092	635	635
超滤有效面积/m²	4.7	4.9	2.8	1.4
允许使用压强/MPa	3.0	2.7	1.75	2.7
最高使用温度/℃	80	75	75	75
持液量/mL	—	625	340	405

注：*SIP为旭化成公司产品，使用细胞色素C为标准物。而HF为Amicon公司产品，使用白蛋白作用标准物。

不论应用何种类型的超滤膜，提高液流的湍动，降低浓差极化是关键。因此，最重要的是求出一定体积料液超滤所需时间。溶剂透过滤膜的速率为：

$$Jw = Lp\ (\Delta p - \alpha\pi) \tag{7-3}$$

式中　Jw——单位时间单位面积透过的溶剂量，mol/（m²·s）；

　　　Lp——穿透度；

Δp——施加外压，Pa；

α——膜对溶质的排斥系数；

π——渗透压。

若溶质被滤膜排斥，则排斥系数 α≈1；对于稀溶液，渗透压 π = RTC。故

$$Jw = Lp （\Delta p - RTC） \tag{7-4}$$

式中　R——气体常数，8.31J/（mol·K）；

T——溶液的热力学温度；

C——膜表面的溶质浓度。

因此，只要知道 C 便可算出 π 的值。而所谓浓差极化现象是指料液流过侧滤膜表面附近的大分子溶质浓度比其在液流主体浓度高得多。为了减少浓差极化，必须保证流过膜表面的流速。通常，给料泵（循环泵）的料液流量至少要比透过滤膜的渗透液流量高 10 倍以上，超滤膜的材料、形状和料液的流动状态等对超滤操作有重要作用。

酶的分离提取过程是复杂的，胞外酶可省掉细胞破碎工序，胞内酶的分离提取工艺较复杂，现将这两类型酶的分离提取工艺流程分别介绍如下。

（1）蛋白酶的分离提取工艺流程　蛋白酶的分离提取工艺流程如图 7-3 所示。

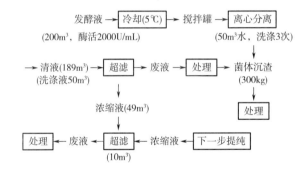

图 7-3　蛋白酶的分离提取工艺流程

（2）酰胺酶的分离提取工艺流程　酰胺酶的分离提取工艺流程如图 7-4 所示。

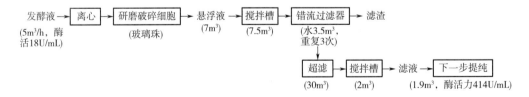

图 7-4　酰胺酶的分离提取工艺流程

（3）木瓜蛋白酶的提取工艺流程　木瓜蛋白酶的提取工艺流程如图 7-5 所示。

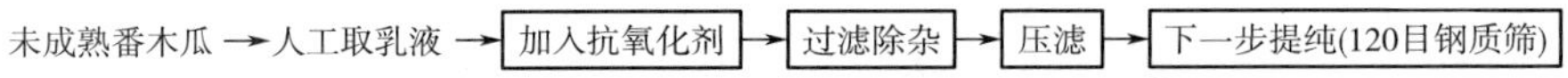

未成熟番木瓜 → 人工取乳液 → 加入抗氧化剂 → 过滤除杂 → 压滤 → 下一步提纯(120目钢质筛)

图 7-5　木瓜蛋白酶的提取工艺流程

第四节　酶的纯化

抽提的酶液是否需要进一步经过纯化，要视其应用的要求。一般工业的酶，如纺织工业应用 α – 淀粉酶脱胶处理，往往采用液体粗酶便可；皮革工业应用的细菌蛋白酶也是如此。食品工业应用的酶如果粗酶液已达到食品级标准要求，特别是卫生指标，也无需进一步纯化。然而，应用于医药、化学试剂级的酶液必须进一步纯化。因为粗酶液常含有多种同类或异类的物质，如含有其他蛋白质（杂蛋白）或其他酶（非目的酶）、核酸、多糖、脂类和少量小分子物质。因此，酶的纯化目的是把粗抽提酶液采用科学纯化方法制备成纯度高的酶制品。

酶的纯化方法很多，现根据酶的溶解度、分子大小、电离性质、稳定性和亲和力等方面性质，其方法分述如下。

一、盐　析　法

酶属两性电解质。在中性盐的低浓度下的溶解度随着盐浓度升高而增加，称为盐溶作用。但在高浓度中性盐溶液中其溶解度则随着盐的增加而下降，并使蛋白质析出，这种作用称为盐析作用。这一现象是由于蛋白质分子内及分子间电荷的极性基团存在着静电引力，当溶液中加入盐类时，盐类的离子与水分子对蛋白质极性基团静电引力作用，使蛋白质溶解度增大。但盐浓度增加到一定程度时，水分活度降低，蛋白质表面的电荷被中和，蛋白质分子周围存在的水化膜被破坏，使蛋白质分子间聚集而沉淀析出。

在盐析时，蛋白质的溶解度与溶液中的离子强度关系，可用式（7–5）表示：

$$\lg S = \beta - KS_0 \cdot I \tag{7-5}$$

式中　S——蛋白质的溶解度，$\lg S$ 为溶解度的对数；

　　　β——离子强度 I 为零时溶解度的对数，$\beta = \lg S_0$；

　　　S_0——蛋白质在纯水（$I = 0$）中的溶解度；

　　　KS_0——直线斜率，为盐析常数，它与蛋白质结构和性质有关；

　　　I——离子强度，可按式（7–6）计算：

$$I = \frac{1}{2} \sum CZ^2 \tag{7-6}$$

式中　C——各种离子的物质的浓度；

　　　Z——各种离子的价数。

根据式（7–5），纯化酶（或蛋白质）可以在一定的 pH 及温度下改变盐的离子强度，称为 K_s 分段盐析法。因为蛋白质在其等电点时溶解度最低，而在一定 pH 条件下，蛋白质在中性盐溶液中的溶解度随着温度的升高而下降。

盐析剂常用中性盐，主要有硫酸铵、硫酸镁、氯化钠和磷酸钠等。其中硫酸铵应用较多，其优点为温度系数小、溶解度大、分段盐析效果好和不易引起酶变性失活。其缺点为提纯效率不高，硫酸钠的溶解度在30℃时太低。磷酸钠的盐析效果好，也因溶解度低受限制，采用硫酸铵作为盐析剂有许多优点，但由于硫酸铵不纯，不能应用于食品级酶制剂的生产。

盐析剂用量的决定，往往采用实验来确定，因为其用量随不同酶而异，还随其共存杂质种类和数量而有不同。

实验步骤：

①取 25mL 容量瓶多个；②分别加入计算量粉末（$NH_4)_2SO_4$；③20℃发酵液分别定量至 25mL，使（$NH_4)_2SO_4$ 浓度分别为0、10%、20% 和30% 等；④在 20℃恒温 2h，用滤纸过滤；⑤各取滤液 10mL，分别测定其中残存酶活力。

如图 7-6 所示，目的 α - 淀粉酶与杂质酶（如蛋白酶），其两者盐析曲线非常接近，用分步盐析法很难有效地把它们分开。而与其他杂质蛋白则可按盐析曲线差异，可分步盐析分离。

分段盐析曲线如图 7-7 所示。

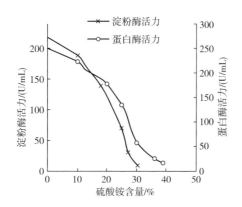

图7-6 枯草杆菌 α - 淀粉酶发酵液的盐析曲线　　　图7-7 分段盐析曲线

w_1 浓度可除去大部分杂蛋白，此时目的酶很少沉淀析出，沉淀物分离后再加一定量盐析剂 w_2，此时，目的酶已基本沉淀析出，而杂蛋白很少混进目的酶中。

实际应用盐析剂时由于加入固体硫酸铵，容易引起局部盐浓度过高。因此，要求达到饱和度不太高时，可采用添加硫酸铵溶液，其加入量可按式（7-7）计算：

$$V = V_0 \frac{S_2 - S_1}{1 - S_2} \tag{7-7}$$

式中　V——应添加饱和硫酸铵溶液体积；

　　　V_0——开始溶液体积；

　　　S_2——需要达到的饱和度；

　　　S_1——开始溶液的硫酸铵饱和度。

盐析法的最大优点作用比较温和，不易引起酶变性失活，其缺点为沉淀物含有大量盐析剂，而且制品含有硫酸铵恶臭气味，如不经脱盐便不符合食品级酶的要求。其脱盐可以采用透析法，也可采用葡聚糖凝胶柱（Sephadex G25 或 G50）来进行，故在生产上制造食品级酶多采用有机溶剂法。

二、 有机溶剂法

由于有机溶剂能降低溶液的介电常数，从而增加蛋白质分子表面不同电荷引力，导致溶解度降低；同时有机溶剂的亲水性大，能破坏蛋白质水化膜，故可利用不同蛋白质在不同浓度的有机溶剂中溶解度差异而分离沉淀酶（或蛋白质），称为有机溶剂分离沉淀法。

有机溶剂沉淀蛋白质的能力随蛋白质种类及有机溶剂的种类而不同。一般有机溶剂的沉淀能力依次为丙酮＞异丙醇＞乙醇＞甲醇。这个顺序还受温度、pH、盐离子浓度等因素影响。丙酮分离效果最好，变性失活情况也较小，除了丙酮外，乙醇等也常用。在食品级酶制剂生产中采用乙醇较多，特别是生产食品级酶制剂对卫生要求有保证。

有机溶剂的用量常采用相当于酶液二倍体积的有机溶剂沉淀酶蛋白，在分段沉淀时，有机溶剂的最适浓度也应通过实验来确定。如果采用逐步提高有机溶剂浓度，它的用量可按式（7-8）计算：

$$V = V_0 \frac{S_2 - S_1}{S - S_2} \tag{7-8}$$

式中 V 和 V_0——分别为加入的有机溶剂体积和原溶液的体积；

S、S_1 和 S_2——分别为待加的有机溶剂、原来溶液中含有的有机溶剂和溶液要达到的有机溶剂质量分数。

有机溶剂法的优点是分辨率高，溶剂易除去，适于食品级和医药级酶提纯。缺点是有机溶剂会破坏蛋白质的氢键，易引起变性失活，所以特别要注意搅拌均匀，尽可能减少其变性失活。

三、 液 - 液双水相抽提法

由于有机溶剂在酶液中溶解性能较差，而且易变性失活，20 世纪 70 年代初发展起来的液 - 液双水相技术在一定程度上解决了这个问题，而且解决了因粒子小造成堵塞滤网等问题，能有效地使酶与核酸、多糖等可溶性杂质分离。

该技术的基本原理是根据一种或一种以上亲水性聚合物水溶液的不相溶性，任何两相含有较高的水分，亲水聚合物对多数酶有稳定作用，细胞碎片、多糖、酯类、核酸及酶的性质不同，在两相中分配系数不同，因而达到分离目的。

分配系数 $$K = \frac{C_T}{C_B} \tag{7-9}$$

式中 K——分配系数；

C_T——上相酶浓度（活力）；

C_B——下相酶浓度（活力）。

K 是由聚合物浓度、pH、离子强度、温度及被分离物质的量来决定的。

聚乙二醇（polyethylene glycol，PEG）是一种水溶性聚合物，当其浓度为 0.2g/mL 时，黏度仍比较小，这种特性不易使蛋白质变性，而能对蛋白质起保护作用。它在溶液中形成网状物，与溶液中蛋白质分子发生空间排阻作用，从而导致蛋白质分子从其所占位置上沉淀下来。

水溶性聚合物的辅助物质右旋糖酐（dextran）和磷酸钾，构成液 - 液双水相的两个分离系统。

例如，从兔肌液相中分离提纯 α - 磷酸甘油脱氢酶工艺为：

第一次水溶性聚合物抽提系统：聚乙二醇 - 右旋糖酐；

第二次水溶性聚合物抽提系统：聚乙二醇 - 磷酸钾；

将酶原液转入第二次磷酸钾富相后，可通过超滤、离子交换层析等方法使酶与聚乙二醇分开。

这种分离技术发展很快，开始时仅用于粗提取液的处理，现已成为酶的提纯技术之一，经过几次连续的液 - 液双水相处理，使产品获得相当高的纯度。如由保依地尼假丝酵母菌（*Candida boidinii*）发酵产生的甲酸脱氢酶经四次连续抽提获得总收率为 70%，纯度为 ≥70% 的产品，如图 7 - 8 所示。

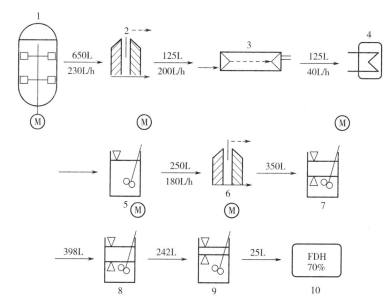

图 7 -8　液 -液双水相法由 Candida boidinii 发酵液中分离提纯甲酸脱氢酶

1—发酵罐发酵酶液　2—喷嘴式分离器收集菌体　3—玻璃珠破碎细胞　4—热变性

5—第一次液 - 液双水相抽提去除细胞碎片等物质　6—喷嘴式分离器收集两相

7—第二次液 - 液双水相抽提去除核酸、多糖及某些蛋白质　8—第三次液 - 液双水相抽提为进一步提纯甲酸脱氢酶

9—第四次液 - 液双水相抽提为甲酸脱氢酶转入上相　10—酶产品，在 4℃ 可稳定几个月　▽—液面　M—马达

诸多因素可影响分配系数 K，但最终酶在双水相中的分配情况是各种因素的综合结果，根据 Albertsson 的方程式：

$$\ln K = \ln K_{el} + \ln K_{hphop} + \ln K_{hphi} + \ln K_{conf} + \ln K_{lig}$$

式中　el——双水相系统中可能存在的电荷；

hphop——疏水；

hphi——亲水；

conf——构型；

lig——配基作用。

在液 – 液双水相中所含的多聚物的类型及含量对多种酶的分配系数的影响是不同的，其提纯酶收率可高达 80% ~ 90%，提纯倍数也较高。此技术应用于生物活性物质的提纯很有发展潜力。

四、 凝胶渗透色谱法（GPC 法）

1959 年，Porath 和 Flodin 首先提出和应用凝胶渗透色谱法，现已广泛应用于酶、多糖、核酸、蛋白质及其他生物活性大分子的分离和纯化工作。

凝胶渗透色谱法（gel permeation chromatography，GPC），又称分子筛层析法。其原理主要是利用具有网状结构凝胶分子筛的作用，根据被分离物分子大小不同而分离。待分离系统中小分子物质直径比凝胶孔径小，可渗入凝胶微孔中，产生阻滞作用大、流程长、移动速度慢，最后流出。而大分子由于阻滞作用小，流程短，移动速度快，先流出。

分子被凝胶颗粒阻滞的程度，取决于该分子在固定相和流动相中的分配系数 K_d，因此，为了衡量样品中组分流出顺序，通常采用分配系数 K_d 来量度。

$$K_d = \frac{V_e - V_o}{V_i} \qquad (7-10)$$

式中　V_e——洗脱液体积；

　　　V_o——凝胶间空隙体积；

　　　V_i——颗粒内部微孔体积；

　　　K_d——分配系数，也就是溶质分子大小的一个函数。

当 $K_d = 1$，即 $V_e = V_o + V_i$，说明该组分可进入微孔而最后流出。当 $K_d = 0 ~ 1$，K_d 值小的先流出，大的后流出。V_e、V_o、V_i 可以通过实验测定。

对于凝胶有一定要求，一般要求凝胶具有惰性，与溶质分子不发生任何作用；离子基团含量低，孔径大小要均一，选择范围要宽和机械强度要高等。

该法应用的凝胶主要有如下几种。

1. 交联葡聚糖凝胶（Sephadex）

这种凝胶是以葡聚糖凝胶为原料，交联剂为环氧氯丙烷，在碱性条件下制成三维空间网状结构 Sephadex，目前市售 Sephadex G10 至 G200 共有 8 种，如表 7 – 4 所示。G 表示凝胶保水值，单位为 mg/g 干胶，G10 即为该凝胶保水值 100mg/g 干胶的 10 倍。G200 为凝胶保水值的 200 倍，保水值越大，交联度越小，结构松弛，易吸水。该种凝胶具有稳定性好，水中溶胀快，pH 3 ~ 10 可应用。

表 7 –4　　　　　　　　　　　　　　　各种葡聚糖凝胶

类型	颗粒直径/ μm	工作范围（分子质量/u）球状蛋白	工作范围（分子质量/u）线状蛋白	吸水值/（mL/g 干胶）	床体积/（mL/g 干胶）	溶胀时间/h 20℃	溶胀时间/h 100℃
G – 10	40 ~ 120	<700	<700	1.0 ± 0.2	2 ~ 3	3	1
G – 15	40 ~ 120	<1500	<1500	1.5 ± 0.2	2.5 ~ 3.5	3	1
G – 25	300 ~ 10	1000 ~ 6000	100 ~ 5000	2.5 ± 0.2	4 ~ 6	6	2
G – 50	300 ~ 10	1500 ~ 30 000	500 ~ 30 000	5.0 ± 0.3	9 ~ 11	6	2

续表

类型	颗粒直径/μm	工作范围（分子质量/u）球状蛋白	工作范围（分子质量/u）线状蛋白	吸水值/（mL/g 干胶）	床体积/（mL/g 干胶）	溶胀时间/h 20℃	溶胀时间/h 100℃
G – 75	120 ~ 10	3000 ~ 70 000	1000 ~ 50 000	7.5 ± 0.5	12 ~ 15	24	3
G – 100	120 ~ 10	4000 ~ 150 000	1000 ~ 100 000	10.0 ± 1.0	15 ~ 20	48	5
G – 150	120 ~ 10	5000 ~ 400 000	1000 ~ 150 000	15.0 ± 1.5	20 ~ 30	72	5
G – 200	120 ~ 10	5000 ~ 800 000	1000 ~ 200 000	20.0 ± 2.0	30 ~ 40	72	5

2. 交联琼脂糖凝胶（Sepharose）

该凝胶是以琼脂为原料经过精制、交联而成交联琼脂糖凝胶（Sepharose），瑞典 Pharmacia Fine Chemicals 商品名为 Sepharose CL – 2B、CL – 4B、CL – 6B 等产品，其优点为多孔，流体流动性好，分离稳定性好和适于高温 110 ~ 120℃ 灭菌操作。

该凝胶制造过程中，先除去琼脂胶等物质后得到琼脂糖。其分子结构是以 D – 半乳糖和 3，6 – 脱水半乳糖相间排列组成的链状多糖胶，再通过分子间的缔合而成的网状物质。孔径大小由凝胶浓度决定。以商品名 Sepharose 为例，有 2B、4B 和 6B 等规格，分别表示琼脂糖含量为 2%、4% 和 6%。这类凝胶由于其孔径较大，适合应用于分子质量较大的生理活性物质如病毒、细胞颗粒体和 DNA 等物质的分离。琼脂糖凝胶除上述三种外，尚有 Bio – GeI A – 和 Sepharose CL 两种交联凝胶。前者为琼脂糖与丙烯酰胺交联而成，有较密集孔径，适用有氢键分解试剂存在时蛋白质的分离；后者是在强碱条件下和 3，3 – 二溴丙醇反应而成的物质，适用于有机溶剂和氢键分解试剂存在时蛋白质分离。这类凝胶的特性如表 7 – 5 所示。

表7 – 5 　　　　　　　　　　　　有关琼脂糖凝胶的性质

凝胶类型	颗粒直径/μm	工作范围（分子质量/u）	琼脂浓度/%
Sepharose 6B	40 ~ 210	$1 \times 10^4 ~ 4 \times 10^5$	6
Sepharose 4B	40 ~ 190	$1 \times 10^4 ~ 2 \times 10^7$	4
Sepharose 2B	60 ~ 250	$1 \times 10^4 ~ 2 \times 10^7$	2
Bio – GeI A0.5m	50 ~ 100	$< 10^4 ~ 0.5 \times 10^6$	10
Bio – GeI A1.5m	50 ~ 100	$< 10^4 ~ 1.5 \times 10^6$	8
Bio – GeI A5.0m	100 ~ 200	$1 \times 10^4 ~ 55 \times 10^6$	6
Bio – GeI A10.0m	100 ~ 200	$4 \times 10^4 ~ 10 \times 10^6$	4
Bio – GeI A50.0m	200 ~ 400	$1 \times 10^5 ~ 5 \times 10^6$	2
Bio – GeI A150.0m	200 ~ 400	$1 \times 10^6 ~ 150 \times 10^6$	1

凝胶过滤层析法主要应用于酶液的浓缩、脱盐和分级分离。前两种应用小孔径凝胶便可达到目的，如应用 Sephadex G – 25 可把分子质量 5000u 以下的蛋白质分离浓缩，同时又有较好的机械强度和流动特性。而分级分离，一般选用低排阻极限的凝胶为宜，因为可提高其流速和回收率。

柱层析操作过程包括：层析介质的平衡、膨润；装柱；加样；扩展以及流出液成分的检测和分部收集。

凝胶层析的效果通常以洗脱曲线表示，以流出液中的蛋白质浓度（如 A_{280}）或酶活力相对洗脱（液）体积（V_e）的图形表示，如图 7-9 所示，其分离效果的标准为分辨率高，回收率高，稀释度小和速度快。其中分辨率可用 R_s 权衡，R_s = 两峰之间距离/峰宽，当 R_s = 1.2 时，通常认为已达到分离效果。

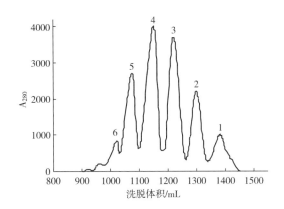

图 7-9 凝胶过滤层析洗脱曲线

1—Po 2—Ald 3—BSA 4—OVA 5—CTogen 6—RNas A

凝胶层析条件：凝胶为 Sephadex G-200，超细型；层析柱为 Pharmcia K26/70；洗脱液：0.05mol/L 磷酸缓冲液，内含 0.1mol/L NaCl；流速：1mL/（cm² · h）。

凝胶过滤层析法除应用于分离浓缩、纯化等工艺外，同时还应用于测定酶及蛋白质的分子质量及去除热原物质。前者用一系列已知分子质量的标准样品放入同一凝胶层析柱内，令其在同一条件下进行凝胶层析分离，记录每一种成分的洗脱体积，并以洗脱体积对分子质量的对数作图，在一定分子质量范围内可得到一直线，作为标准曲线。然后，待测定的样品在同样条件下通过层析，测得洗脱体积便可与标准曲线对照测得其分子质量。所谓热原物质是指微生物产生的能使人发热的物质，如某些多糖蛋白质复合物等。由于 DEAE-A25 型葡聚糖凝胶对热原物质有较强的吸附能力，因此，用这种凝胶处理无离子水，可以得到适于制备注射剂应用的无热原水。

3. 聚丙烯酰胺凝胶

聚丙烯酰胺凝胶是以丙烯酰胺与交联剂 N，N'-甲叉双丙烯酰胺聚合而成的网状高分子物质。以商品名 Bio-Gel P- 为例，P- 后的数字乘以 1000，表示该种凝胶可应用于分离蛋白质的最高分子质量。表 7-6 所示为各种 Bio-Gel P- 的特性数据。

表7-6　　　　　　　　　　　　各种聚丙烯酰胶

型号	颗粒数目	颗粒直径/μm	工作范围（分子质量/u）	吸水值/（mL/g 干胶）	床体积/（mL/g 干胶）	溶胀平衡时间/h 20℃	沸水浴
Bio-Gel P-2	50~400	40~150	200~2000	1.5	3.0	2~4	2
Bio-Gel P-4	50~400	40~150	800~4000	2.4	4.8	2~4	2

续表

型号	颗粒数目	颗粒直径/μm	工作范围（分子质量/u）	吸水值/（mL/g 干胶）	床体积/（mL/g 干胶）	溶胀平衡时间/h	
						20℃	沸水浴
Bio – Gel P – 6	50 ~ 400	40 ~ 150	1000 ~ 6000	3.7	7.4	2 ~ 4	2
Bio – Gel P – 10	50 ~ 400	40 ~ 150	1500 ~ 20 000	4.5	9.0	2 ~ 4	2
Bio – Gel P – 30	50 ~ 400	40 ~ 150	2500 ~ 40 000	5.7	11.4	10 ~ 12	3
Bio – Gel P – 60	50 ~ 400	40 ~ 150	3000 ~ 60 000	7.2	14.4	10 ~ 12	3
Bio – Gel P – 100	50 ~ 400	40 ~ 150	5000 ~ 100 000	7.5	15.0	24	5
Bio – Gel P – 150	50 ~ 400	40 ~ 150	15 000 ~ 150 000	9.2	18.4	24	5
Bio – Gel P – 200	50 ~ 400	40 ~ 150	30 000 ~ 200 000	14.7	29.4	48	5
Bio – Gel P – 300	50 ~ 400	40 ~ 150	60 000 ~ 400 000	18.0	36	48	5

聚丙烯酰胺凝胶是丙烯酰胺单体和交联剂甲叉双丙烯酰胺（Bis）在催化剂过硫酸铵（Ap）的作用下聚合而成的高分子网状聚合物。反应过程尚需加入有效加速剂 N，N，N'，N' – 四甲基乙二胺（TEMED）。

凝胶的孔径大小与单体浓度、交联剂有关。聚丙烯酰胺凝胶的孔径可以用式（7 – 11）计算：

$$r = \frac{k \cdot d}{\sqrt{C}} \tag{7 – 11}$$

式中　r——凝胶平均孔径；

　　　C——丙烯酰胺单体浓度；

　　　k——常数，一般 $k = 1.5$；

　　　d——分子直径（一般不卷曲分子直径为 0.5nm）。

经过实践证明，丙烯酰胺浓度为 7.5% 时，r 为 2.73nm，5% 时 r 为 3.35nm，因此，如果酶分子直径大于上述两个数字，则可采用这种凝胶进行纯化酶的工作。

聚丙烯酰胺凝胶具有机械强度好，有弹性、透明、有较好的热稳定性和化学稳定性，是一种非离子型凝胶，故在酶和蛋白质纯化中得到广泛应用。同时，上述凝胶层析法还应用于去除热原物质和制造无离子水，应用于脱盐、高分子溶液的浓缩等。

五、 超滤技术

超滤技术是 20 世纪 70 年代发展起来的膜分离技术，它在提纯酶过程中已得到广泛应用。其基本原理是利用有选择性透过的微孔膜，在液压作用下，分离提纯大溶质分子（如蛋白质、酶、核酸、多糖等），其作用原理如图 7 – 10 所示。

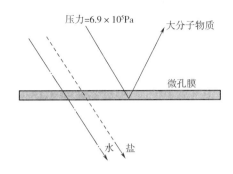

图 7-10　超滤技术提纯大分子物质示意图

根据滤膜孔径和操作压强的差异，超滤与微滤、电渗析、反渗透等膜分离技术有别，其应用范围也是不同的，如表 7-7 所示。

表 7-7　各种膜分离技术的特点

类型	膜特性	操作压力/MPa	应用范围	应用举例
超滤	对称微孔膜 $0.05 \sim 10 \mu m$	$0.1 \sim 0.5$	除菌、细胞分离、固液分离	空气过滤除菌、培养基除菌、细胞收集等
超滤	不对称微孔膜 $1 \sim 20 \times 10^{-3} \mu m$	$0.2 \sim 1.0$	酶及蛋白质等生物大分子的分离	酶和蛋白质分离、纯化，反应与分离偶联的膜反应器
电渗析	离子交换膜	电位差（推动力）	离子和大分子蛋白质的分离	产物脱盐，氨基酸的分离
反渗透	带夹层的不对称膜	$1 \sim 10$	低分子溶质浓缩	醇、氨基酸等的浓缩

超滤技术传质过程、装置型式及应用等内容前一章节已经叙述。

六、亲和层析技术

亲和层析是近几年发展起来的并有效地应用于分离纯化生物活性大分子的一种新技术。其基本原理是利用生物分子间酶与辅酶、酶与底物、抗原与抗体、激素与受体等均具有较高专一亲和力，而且能可逆专一地形成酶-配基的络合物。因此，将这类配基（Ligand）偶联固定于待分离纯化系统溶液中，便可从中把目的物质"抓"出来。亲和层析示意图如图 7-11 所示。

1967 年，Axen 等采用 BrCN 活性载体的方法，把配基固定于载体中，然后与待分离纯化系统偶联起来，取得了显著效果，也推动了固定化技术发展。

亲和层析技术应用的载体要求具有亲水性、结构疏松、惰性和具有大量可以和配基偶联反应的基团。根据这些要求，目前应用最多的载体为琼脂糖，因为琼脂糖无论在亲水性、结构疏松、反应性能、机械强度等均较理想，并经得起 0.1mol/L 酸碱、7mol/L 脲等较长时间处理。在酶的分离中琼脂糖 4B 更为优越，它的偶联基团为羟基，结构疏松，能使分子质量为 10^6 u 的大分子物质自由通过。

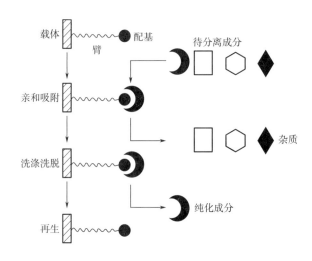

图 7 - 11　亲和层析技术示意图

配基的选择也是十分重要的。理想的配基应具备如下条件：

（1）配基与酶要有较强的亲和力，因为吸附和洗脱都由这种力来决定。若要纯化某种酶，则要加入对此酶要有专一亲和力的物质。如底物类似物、抑制剂、辅助因子、效应剂、辅酶等。其作用力的强度可以用解离常数 K_{diss} 和亲和常数 K_{ass} 表示为：

$$配基 + 酶 \underset{K_{diss}}{\overset{K_{ass}}{\rightleftharpoons}} 配基 - 酶$$

优良的配基其选择范围为：$10^{-4} \text{mol/L} > K_{diss} > 10^{-8} \text{mol/L}$（或者 $10^4 \text{mol/L} < K_{ass} < 10^3 \text{mol/L}$），若 K_{diss} 过小（K_{ass} 过高）则酶与配基之间作用力过强，解吸困难；反之，K_{diss} 过大其两者之间结合力过弱，又很难提高吸附效果。

（2）配基本身应具有供偶联固定用的活泼基团，同时，与载体结合后，不应影响或破坏配基与酶间的相互作用。

（3）配基应具有一定的偶联量，其配基偶联量过高或过低均不适宜。前者可造成洗脱困难，也会造成空间障碍和非专一性吸附，后者分离效果也不佳。一般，配基偶联量 1 ~ 20μmol/mL 膨润胶较为合适。

对于分离纯化效果而言，亲和专一性越强，分离纯化效果越佳，对每一种具体物质的纯化就需要很好设计和制备一种相应的配基吸附剂，常采用的一些具有"族"专一性的配基如表7-8所示。

表 7 - 8　　　　　　　　　某些常用的 "族" 专一性配基

配基	专一性	应用	洗脱
蛋白 A -	IgG 的 Fc 区	各种 IgG，IgG 亚类等以及其碎片等	1mol/L HAc pH3.0，或 0.1mol/L Gly Tyr，pH7.0
ConA -	α - D - 葡萄糖苷或 α - D - 甘露糖苷残基	糖蛋白，膜蛋白，糖脂质，多糖等	游离糖（甲基 - α - D - 葡萄糖苷）：脉冲或梯度洗脱（0 ~ 0.5mol/L）；或降低 pH 至 3.0 以下；或用硼酸缓冲液（0.1mol/L pH6.5）

续表

配基	专一性	应用	洗脱
小扁豆凝集素 –	类似于 ConA，但较弱	膜蛋白，糖蛋白	游离糖（甲基 – α – D – 葡萄糖苷）：脉冲或梯度洗脱（0 ~ 0.1mol/L）
麦胚芽凝集素 –	N – 乙酰 – β – D – 葡萄糖胺残基	糖蛋白，多糖细胞（如 T – 淋巴细胞）	游离糖（N – 乙酰 – β – D – 葡萄糖胺）：脉冲或梯度洗脱
蜗牛凝集素 –	N – 乙酰 – β – D – 半乳糖胺残基	细胞（如 T – 淋巴细胞）糖蛋白	同上
Poly（u）–	Poly A，寡聚 A –	mRNA，植物核酸，干扰素	甲酰胺（90%），提高温度
Poly（A）–	Poly u，寡聚 u –	mRNA，病毒核酸，mRNA – 结合蛋白，RNA 聚合酶，抗核酸的抗体	甲酰胺（90%）洗脱 RNA；升高离子强度洗脱蛋白
Lysine –	酸性蛋白	血纤维蛋白溶酶原或血纤维蛋白溶酶原激活剂；rRNA	专一试剂（0.2mol/L 氨基己酸）升高离子强度（0.05 ~ 0.3mol/L NaCl）
Cibacron 蓝（Blue Dextran）–	广泛	广泛范围（>50 种）需要核苷酸的酶；清蛋白；α_2 – 巨球蛋白；干扰素	游离辅助因子如 NAD^+（0 ~ 0.2 mol/L）；升高离子强度（0 ~ 1 mol/L NaCl）；降低或升高 pH
5′ – AMP – 或 2′ – ，5′ – ADP	NAD^+，$NADP^+$ 类似物	需 NAD（P）$^+$ 的脱氢酶；需 ATP 的激酶	游离辅助因子如 NAD^+，$NADP^+$（0 ~ 0.2mol/L）；升高离子强度（达到 1mol/L）；降低或升高 pH

　　偶联是亲和层析技术中的关键一步，载体和配基都有相应的偶联基团，但最常采用的是先将载体偶联基团活化，其中葡聚糖和琼脂糖的羟基可用溴化氰作用形成活泼的亚氨基碳酸盐衍生物；聚丙烯酰胺的酰胺基或用水合肼处理形成酰肼衍生物，或者在此基础上再经亚硝酸处理，形成叠氮的衍生物。其反应式为：

　　活化处理后，其伯胺基或芳香基可直接与亚氨碳酸基或叠氮基反应，便完成配基与固相载体的偶联。

这种直接偶联制得的亲和吸附剂，由于与酶活性部位距离太远，尚需在配基与载体间加上一段短"手臂"，便可消除空间障碍，改善其亲和吸附能力。

"手臂"（spacer arms）的特点是：①具有和载体及配基进行偶联的功能基团；②不带电荷，具有亲水性物质；③化学处理而不改变其特性。可应用作为"手臂"的物质有三类：①碳氢链化合物（如 α，ω - 二胺化合物、α，ω - 氨基羧酸）；②聚氨基酸（如聚 DL - 丙氨酸、聚 DL - 赖氨酸等）；③某些天然的蛋白质（如白蛋白等）。第一类最为常用，其氨基能直接和亚氨基碳酸盐或酰肼反应。其反应式如图 7 - 12 所示。

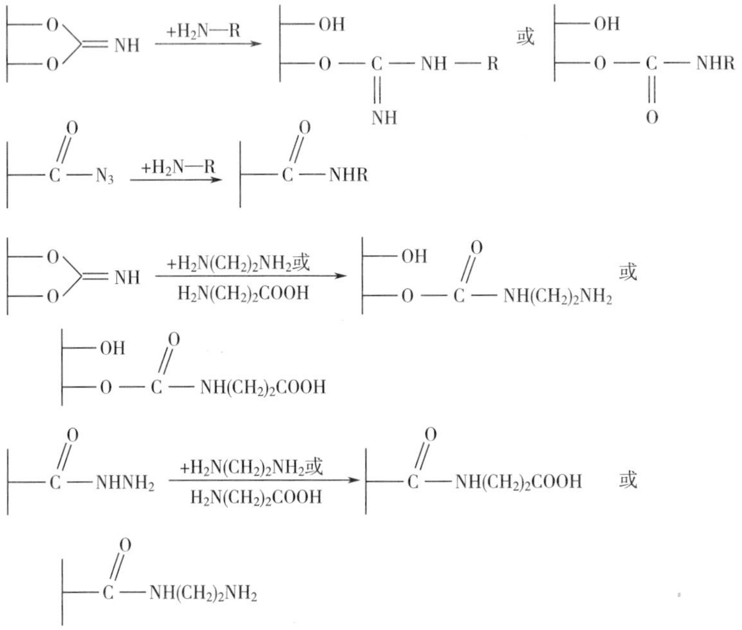

图 7 - 12　加 " 手臂 " 反应

吸附和洗脱是亲和层析技术中保证其纯化得率的关键一步。首先要确定适宜的吸附条件、pH、离子强度、温度和某些金属离子的存在与否，同时测定其配基的含量、亲和吸附剂和样品量的最适比例。因为样品的体积与亲和结合力有关。蛋白质浓度也不要超过 $20 \sim 30 \text{mg/mL}$，流速也不宜大于 $10 \text{mL/}（\text{cm}^2 \cdot \text{h}）$。

洗脱的方法有多种，一般可分为两类：非专一性洗脱与专一性洗脱（表 7 - 9）。

表 7 - 9　　　　　　　　常用亲和层析的几种洗脱方法

洗脱类型	洗脱方法
非专一性洗脱	改变温度进行洗脱
	改变 pH 进行洗脱
	改变离子强度进行洗脱
	改变溶剂系统进行洗脱
	加促溶剂
	电泳解吸

续表

洗脱类型	洗脱方法
	半抗原竞争性洗脱
专一性洗脱	抑制剂竞争性洗脱
	底物类似物竞争性洗脱

底物类似物竞争性洗脱其中亲和专一性洗脱主要用于"族"专一性吸附剂或结合力相当低（如 K_{diss}：$10^{-6} \sim 10^{-4}$）的情况。例如，以游离 NADH 从 5′–AMP–Sepharose 4B 上洗脱激酶或脱氢酶。洗脱方式或者通过升高亲和洗脱剂的浓度梯度进行，或者用几种相应不同的解吸剂进行脉冲洗脱。

举例：磷酸纤维素纯化依赖 RNA 聚合酶。RNA 聚合酶是一种酸性蛋白酶，在 pH8 时，它结合到阴离子交换剂如 DEAE–葡聚糖凝胶和 DEAE–纤维素上。然而，在同样的 pH 条件下，也能结合到阳离子交换剂磷酸纤维素上，这是因为磷酸纤维素上的磷酸基团具有模板 RNA 上磷酸基团同样的功能特异性亲和力，而且含量远比 DNA 上的磷酸基团多。因此，用磷酸纤维素来纯化聚合 A、B、C 并把它们分别纯化是十分有效的。

根据 Gissinger 等方法处理磷酸纤维素，装柱后用含 0.05mol/L（NH$_4$）$_2$SO$_4$ 的缓冲液（0.02mol/L Tris–HCl pH8，0.01mol/L β–巯基乙醇，0.01mol/L EDTA–Na，1mol/L 苯甲基磺酰氟和 10% 的甘油）平衡。将 RNA 聚合酶 A 和 C 的混合液中（NH$_4$）$_2$SO$_4$ 浓度调至 0.05mol/L 后上柱，然后用起始缓冲液作梯度洗脱，分部收集，第一个活力峰为聚合酶 C，第二个活力峰为聚合酶 A。以 15μg 加样量，在 4%、5% 和 6% 聚丙烯酰胺电泳，酶 A 和酶 C 均为一条区带。RNA 聚合酶除用 DNA–纤维素和琼脂糖凝胶、磷酸纤维素亲和层析外，还可用肝素–琼脂糖凝胶作为配基分离纯化。由此可知，对于某一欲纯化的酶或蛋白质，可用不同配基进行亲和层析纯化，例如溶菌酶的纯化，其配基则采用细菌细胞壁水解物，载体为琼脂糖凝胶 Sephadex 4B 制成吸附剂分离纯化溶菌酶。其处理过程如图 7–13 所示。

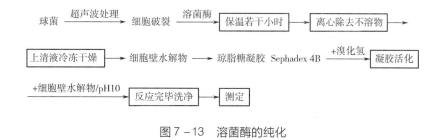

图 7–13　溶菌酶的纯化

经过测定，该法每克凝胶可偶联 68mg 配基，酶活力可回收 80%。

又如，α–淀粉酶纯化可采用 β–环状糊精为其配基，因为环状糊精为 α–淀粉酶的抑制剂。选择载体为琼脂糖凝胶，制成亲和吸附剂以纯化 α–淀粉酶。其过程如图 7–14 所示。

图 7–14　α–淀粉酶的纯化

含有辅酶的酶类的亲和层析技术首先将辅酶固定化，如氧化还原酶和脱氢酶。因此，用固定化的 NAD 可以分离不同类型的氧化还原酶和脱氢酶。4.1 单位的甘油－3－磷酸脱氢酶、37单位的乳酸脱氢酶和 0.9mg 牛血清白蛋白混合物通过以二氨基己酸为"手臂"的固定化 NAD 柱（1.0cm×10cm、含有约 17μmol 辅酶，用 0.15mol/L 磷酸缓冲液，pH7.0 平衡）。用平衡液洗涤亲和层析柱，可洗去不吸附的牛血清白蛋白，此级分不含有任何酶活力。而甘油－3－磷酸脱氢酶和乳酸脱氢酶分别被 0.15mmol/L 的 NAD^+ 和 0.15mmol/L NADH 所洗脱。

第五节　酶的提纯标准及剂型

一、酶的纯度标准

酶经提纯后，酶活力提高，但这并不是酶的纯度标准。为了了解所获得的样品是否均一纯净，还要进行纯度鉴定。酶均一纯净性的鉴定主要有以下几种方法。

1. 电泳法

电泳法分辨率高，能在电泳谱带上分辨其是否均一。此法包括醋酸纤维素薄膜电泳、聚丙烯酰胺不连续电泳和聚焦电泳，特别是后两者有极高的分辨力。聚焦电泳不仅分辨率高，而且当有杂质存在时，从谱带位置还可了解杂蛋白的解离性质，有利于采取进一步的纯化措施。

2. 超离心法

在高于 60 000r/min 的离心力场情况下观察离心谱带，根据沉降峰的情况进行具体分析判断。

3. 免疫学法

纯化的酶样品在琼脂胶上与相应的抗体进行免疫反应，然后进行分析比较。

二、酶制剂的剂型

为适应各种需要，并考虑到经济和应用效果，酶制剂有如下几种剂型。

（一）液体酶制剂

液体酶制剂包括酶液和浓缩酶液。一般需要经过除去菌体等杂质后，直接纯化制成或加以浓缩。比较经济，但要加稳定剂，然后出厂。

（二）固体粗酶制剂

固体粗酶制剂有的是发酵液经过杀菌后直接浓缩干燥制成；有的是发酵液滤去菌体后喷雾干燥制成；有的则加有淀粉等填充料。这些制剂多用于皮革软化脱毛、水解纤维素等方面。

固体粗酶制剂便于运输和短期保存，成本也不高。

（三）食品级固体酶制剂

食品级固体酶制剂对纯度不一定要求严格，但强调安全、卫生，要严格按照国家制定标准执行。一般采用乙醇沉淀提取，然后再喷雾干燥制成粉状成品。

表7-10　无锡酶制剂产品规格、剂型及其特性

品种	品级	剂型	主要规格[(U/mL)]	水分/%	作用范围 pH	作用范围 温度/℃	最适作用条件 pH	最适作用条件 温度/℃	作用底物	生成物	存活力/%	主要应用行业
BAA中温 α-淀粉酶	工业	粉剂	4000	<8	5.5~7.0	65~90	6.0	70	淀粉	糊精及少量麦芽糖、葡萄糖	半年85	纺织、印染、造纸、发酵工业
	食品	粉剂	5000 6000	<8	5.5~7.0	65~90	6.0	70	淀粉		半年85	制糖、食品、酿造、医药、发酵
	工业	液体	2000	—	5.5~7.0	65~90	6.0	70	淀粉		三个月80	纺织、印染
耐高温 α-淀粉酶	食品	液体	1万 2万	—	5.5~8.0	90~105	5.7~7.0	95	淀粉	糊精及少量麦芽糖、葡萄糖	三个月≥90	啤酒、味精、制糖、有机酸、酒精
糖化酶	工业	粉剂	5万 10万	<8	3.0~5.5	<65	4.0~4.5	58~62	淀粉	葡萄糖	半年85	酒精、白酒、发酵工业、制糖
高转化率糖化酶	食品	液体	10万	—	3.0~5.5	40~65	4.0~4.5	58~62	淀粉	葡萄糖	三个月>90	淀粉糖、啤酒、味精等发酵工业
异淀粉酶	食品	粉剂	1万~4万	<8	5.6~7.2	45~50	5.0	50	淀粉	麦芽糖、糊精	半年85	饴糖、啤酒、高麦芽糖
β-淀粉酶	食品	粉剂	5万、10万、20万、30万	<8	4.5~5.5	30~65	5.0	55~60	淀粉	麦芽糖	半年85	饴糖、啤酒、高麦芽糖浆
537酸性蛋白酶	工业	粉剂	3万~10万	<8	2.5~4.0	30~50	3.0	40	蛋白质	多肽、氨基酸	半年85	毛皮软化、羊毛染色

续表

品种	品级	主要规格			作用范围		最适作用条件		作用底物	生成物	存活力/%	主要应用行业
		剂型	[(U/mL)]	水分/%	pH	温度/℃	pH	温度/℃				
1398 中性蛋白酶	工业	粉剂	4万~5万	<8	7.0~8.0	30~45	7.5	40	蛋白质	多肽、氨基酸	半年85	酒精、饮料、动植物蛋白质加工
	食品	粉剂	10万~20万	<8	7.0~8.0	30~45	7.5	40				
HAP 低温高碱碱性蛋白酶	工业	粉剂	5万~15万	—	9.0~12	30~55	11.0	30~40		多肽、氨基酸	三个月>80	洗涤剂、丝绸、皮革
	食品	粉剂	8万~12万	<6	8.0~12.0	20~75	10~11	40~60	蛋白质	多肽、氨基酸	半年85	
试剂蛋白酶（BP）	生化	冷干粉	>100万	—	8.0~10.0	37~60	9.0	50	蛋白质	多肽、氨基酸	一年100	医学、科研提取 DNA
果胶酶	食品	粉剂	4万	<8	3.2~3.7	20~50	3.5	45	果胶	半乳糖醛酸	半年85	果酒、果汁加工
中性脂肪酶	工业	粉剂	0.4万~0.6万	<8	7.0~8.0	30~50	7.5	40	脂肪	脂肪酸	半年85	油脂水介皮革工业
纤维素酶	工业	液体	2000	—	4.5~5.5	45~55	4.8	50	植物纤维	多糖及单糖	半年80	纺织品及水果加工
溶菌酶试剂盒	诊断试剂	6人份 20人份			用于各类肾病、炎症肿瘤粒细胞白血病等诊断						半年有效	医院及医学研究

（四）纯酶制剂

纯酶制剂包括结晶酶在内，通常用作分析试剂或用作医疗药物，要求有较高的纯度。用作分析工具酶时，除了要求没有干扰作用的杂酶存在外，还要求单位质量的酶制剂中酶活力达到一定单位数。用作基因工程的工具酶要求不含非专一性的核酸酶，或完全不含核酸酶。作为蛋白质结构分析对象的酶必须"绝对的"纯净，而注射用的医用酶则应设法除去热源类物质。

无锡星达生物工程公司出品的酶制剂产品规格、剂型及其特性如表 7 – 10 所示。

第八章

CHAPTER

8

固定化酶和固定化活细胞

游离酶、游离细胞在酶催化反应中很难反复或连续使用，也很难实现连续化、自动化。将游离酶、细胞或细胞器等的催化活动完全或基本上限制在一定空间内的过程称为固定化，分为固定化酶（immobilized enzyme）或固定化细胞（immobilized cell）。它解决了酶的工程化应用中存在的问题，极大地提高了酶的应用价值，促进了酶工程的飞跃发展。

第一节　酶固定化技术发展历史

早在 1916 年，Nelson 和 Griffin 首先发现酶不溶于水而具有酶活性这一现象。1948 年 Summer 把刀豆脲酶制成非水溶性酶，也同样具有酶活力。1953 年由 Grubhofer 和 Schleith 等采用聚氨苯乙烯树脂重氮化法实现了羧肽酶、淀粉酶、胃蛋白酶和核糖核酸酶等酶的固定化

1960 年日本著名学者千烟一郎将固定化酶应用到工业上，开始了氨基酰化酶的固定化研究。1969 年，他成功地将固定化氨基酰化酶反应用于 D L－氨基酸的光学拆分上，实现了酶连续化反应，在世界上开创了固定化酶应用于工业生产的先例。

20 世纪 60 年代后期，固定化酶的研究相继在美国和欧洲等国展开，瑞典 Upsala 大学的 Porath 教授对固定化酶进行了卓有成效的研究，最初主要将水溶性酶与不溶性载体结合起来，成为不溶于水的酶衍生物，所以又称为水不溶酶（Water insoluble enzyme）和固相酶（Solid phase enzyme）。但是后来发现，也可以把酶包埋在凝胶内，酶本身是可溶的，不过被固定在一个有限空间内。1971 年，第一届酶工程会议正式建议采用固定化酶的名称。直到 20 世纪 70 年代初，日本千烟一郎又成功地采用有效载体在温和条件下将整个微生物菌体固定化并连续生产 L－天冬氨酸，这是最早采用固定化活细胞进行工业生产的一个事例。

我国固定化酶的研究起步较晚，开始于 1970 年，先在染料工业使用双功能试剂将 β－硫酸酯乙砜基苯胺引入固定化领域，用于多糖载体与多种酶共价结合，后来还研制成功固定化 5′－磷酸二酯酶生产单核苷酸，固定化青霉素酰化酶生产 6－氨基青霉烷酸（6－APA）和固定化葡萄糖异构酶生产高果糖果葡糖浆等，才成功应用于工业化生产。

随着现代生物技术和材料、化工等相关学科的不断发展，酶的固定化技术的发展正逐步由

粗放转向精细、由定性转向定量、由无序转向定向，在工业、医学、化学分析、亲和层析、环境保护、能源开发等方面的应用研究，已取得许多重要成果，但高品质固定化酶的获取与有效应用仍是该领域内研究人员追求的最终目标。

第二节　固定化酶的制备方法

酶的催化作用主要由其活性中心完成，酶蛋白的构象也与酶的活性密切相关。因此，在制备固定化酶时，必须注意酶活性部位的氨基酸残基不发生变化，避免那些导致酶蛋白高级结构破坏的操作（例如高温、强酸、强碱等）。

固定化酶的制备方法有 4 种：吸附法、包埋法、共价结合法和交联法（图 8 – 1）。

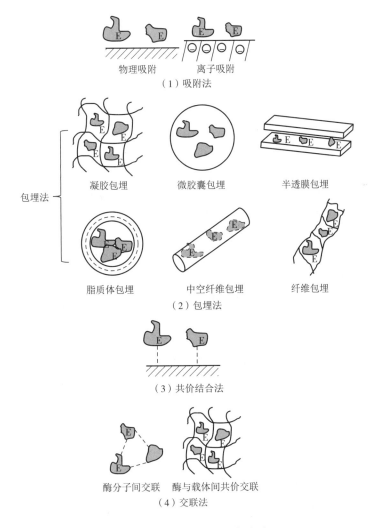

图 8 – 1　固定化酶的制备方法

具体选择固定化方法时，遵循的原则：

（1）必须维持酶的构象，特别是活性中心的构象。

（2）酶与载体必须有一定的的结合程度。

（3）固定化应有利于自动化、机械化操作。

（4）固定化酶应有最小的空间位阻。

（5）固定化酶应有最大的稳定性。

（6）固定化酶的成本较低。

一、吸 附 法

吸附法分为物理吸附法和离子吸附法。

1. 物理吸附法

物理吸附是通过氢键、疏水键和 π - 电子亲和力等物理作用力将酶固定在不溶性载体表面上的一种固定化方法。常用的载体可以分为有机载体和无机载体两种。

（1）有机载体　淀粉、谷蛋白、丁基或己基 - 葡聚糖凝胶、纤维素及其衍生物、甲壳素及其衍生物等。例如，用纤维素、膨润的玻璃纸或胶棉膜吸附固定化木瓜蛋白酶、碱性磷酸酶、6 - 磷酸葡萄糖脱氢酶，吸附容量可达每平方厘米膜 70mg 蛋白。

（2）无机载体　活性炭、多孔玻璃、多孔陶瓷、酸性白土、漂白土、高岭土、氧化铝、硅胶、膨润土、羟基磷灰石、磷酸钙、金属氧化物等。例如：用微孔玻璃为载体吸附固定化米曲霉和枯草芽孢杆菌的 α - 淀粉酶和黑曲霉的糖化酶。无机吸附的吸附容量较低，会使某些酶发生吸附变性，而且酶容易在使用中出现脱落，而有机吸附剂很少产生这种状况，吸附量较大。因此有机吸附剂更受人们的关注。

物理吸附法是最简单的固定化技术，只需将酶液与具有活泼表面的吸附剂接触，再经洗涤除去不吸附的酶便能制得固定化酶，此法具有酶活性部位及其空间构象不易被破坏、酶活力损失少的优点，但酶附着在载体上，结合力较弱，且受反应液的 pH、温度、底物浓度的影响较大，存在易于脱落等缺点。

物理吸附法主要用于有机溶剂中催化反应的酶，关键是找到适当的载体，不同的载体影响固定化酶的对映体选择性、操作稳定性和酶活力。载体对酶的吸附量与给酶量、吸附时间、pH、表面积及酶的特性密切相关。

2. 离子吸附法

离子吸附法是将酶与含有离子交换基团的水不溶性载体以静电作用力相结合的固定化方法。此法的载体有多糖类离子交换剂和各种离子交换树脂，包括阴离子交换树脂和阳离子交换树脂。

（1）阴离子交换剂　常见的有 DEAE - 纤维素、DEAE - 葡聚糖凝胶、ECTEOLA - 纤维素、TEAE - 纤维素、Amberlite IRA - 93 等。

（2）阳离子交换剂　常见的有 CM - 纤维素、纤维素 - 柠檬酸盐、IRC - 50、IR - 45、IR - 120、IR - 200、XE - 97、Dowex - 50 等。

离子交换吸附的优点是酶分子的高级结构破坏少，酶的活性中心不易破坏；制备条件温和，操作简便；经反复使用酶失活后，载体可用酸碱处理再生继续使用。但是，载体和酶的结合力比较弱，容易受缓冲液种类或 pH 的影响，在离子强度高的条件下进行反应时，酶往往会从载体上脱落。

离子交换吸附法固定酶的效率主要受 pH 的影响，不同载体在不同 pH 条件下的固定化效率也会有很大的差异，不同介质下结合效率也不同，因此在酶的固定化条件选择时应切实考虑固定化酶的操作条件，在固定化酶的使用过程中应特别注意 pH 及离子强度的控制。

二、包　埋　法

包埋法可分为网格型和微囊型两种。前者是将酶包埋于高分子凝胶细微网格内；而后者将酶包埋在高分子半透膜中制备成微囊型。包埋法一般不需要与酶蛋白的氨基酸残基进行结合反应，很少改变酶的空间构象，酶活回收率较高。因此，可以应用于许多酶的固定化，但是，在发生化学反应时，酶容易失活，必须应该严格控制其反应条件。包埋法只适合作用于小分子底物和产物的酶，对于那些作用于大分子底物和产物的酶是不适合的。因为只有小分子可以通过凝胶的网格，并且这种扩散阻力还会导致固定化酶动力学行为的改变。

1. 网格型

采用此法的固定化载体有聚丙烯酰胺、聚乙烯醇和光敏树脂等高分子化合物，以及淀粉、明胶、角叉菜胶（卡拉胶）、胶原蛋白、大豆蛋白、壳聚糖和海藻酸钠等天然高分子化合物。前一类常被采用合成高分子的单体或预聚物在酶的存在下聚合的方法，后一类则采用溶胶状天然高分子物质在酶存在下凝胶化的方法。

2. 微囊型

用此法制得的微囊型固定化酶其直径通常为几微米到几百微米，颗粒比网格型要小得多，这样有利于底物和产物的扩散。但是，反应条件要求高，制备成本也高。制备方法有如下几种：

（1）界面沉淀法　该法是利用某些高聚物在水相和有机相的界面上形成皮膜将酶包埋的。一般是先将含高浓度血红蛋白的酶溶液在与水不互溶的有机相中乳化，在油溶性的表面活性剂存在下形成油包水的微滴，再将溶于有机溶剂的高聚物加入乳化液中，然后加入一种不溶解高聚物，使高聚物在油－水界面上沉淀析出，形成膜并将酶包埋，最后在乳化剂的帮助下由有机相转入水相。此法条件温和，酶不易失活，但要完全除去膜上残留的有机溶剂很困难。作为膜材料的高聚物有硝酸纤维素、聚苯乙烯和聚甲基丙烯酸甲酯等。此法曾用于固定化天门冬酰胺酶、脲酶等。

（2）界面聚合法　该法是利用界面聚合的原理将亲水性单体和疏水性单体使酶包埋于半渗透性聚合体中。具体方法是将酶的水溶液和亲水单体用一种与水不相溶的有机溶剂制成乳化液，再溶于同一有机溶剂的疏水单体溶液，在搅拌下乳化液中的水相和有机溶剂相之间发生聚合反应，水相中的酶即包埋于聚合体膜内。例如，将含 10% 血红蛋白的酶溶液与 1, 6 - 己二胺的水溶液混合，立即在含 1% 司盘 - 85 的氯仿 - 环己烷中分散乳化，加入溶于有机相的癸二酰氯后，使在油 - 水界面上发生聚合反应，形成尼龙膜而将酶包埋。除尼龙膜外，还有聚酰胺、聚脲等形成的微囊。该法制备的微囊的大小能随乳化剂浓度和乳化时的搅拌速度而控制，制备过程所需时间非常短。但在包埋过程中由于发生化学反应而会引起某些酶失活。此法曾用聚脲制备天冬酰胺酶、脲酶等。

（3）二级乳化法　将一种聚合物溶于一种沸点低于水而且与之不混合的溶剂中，加入酶的水溶液，并用油溶性表面活性剂制成第一个乳化液。此乳化液属于"油包水"型，把它分散于含有保护性胶质如明胶、聚丙烯醇和表面活性剂的水溶液中，形成第二个乳化液。在不断搅拌下，低温出有机溶剂，便得到含酶的微囊。常用的高聚物有乙基纤维素、聚苯乙烯、氯橡皮等。常用的有机溶剂为苯、环己烷和氯仿。此法制备比较容易，酶几乎不失活，但残留的有机溶剂难以完全去除，而且膜也比较厚，会影响底物扩散。此法曾用乙基纤维素和聚苯乙烯制备成过氧化氢酶、脂肪酶等微囊。

（4）液膜法　它是近年来研制成功的一种新型微囊法，基本原理是利用表面活性剂和卵磷脂等形成液膜而将酶包埋。其显著特征是底物或产物的膜透过性不依赖于膜孔径的大小，而只依赖于对膜成分的溶解度，因此可以加快底物透过膜的速度。此法曾用于糖化酶的固定化。

三、 共价结合法

共价结合法是将酶与水不溶性载体以共价键结合的方法。此法研究较为成熟。与载体共价结合的酶功能基团包括：①氨基：赖氨酸的 ε – 氨基和多肽键 N 末端的 α – 氨基；②羧基：天门冬氨酸的 β – 羧基、谷氨酸的 α – 羧基和末端 α – 羧基；③酚基：酪氨酸的酚环；④巯基：半胱氨酸的巯基；⑤羟基：丝氨酸、苏氨酸和酪氨酸的羟基；⑥咪唑基：组氨酸的咪唑基；⑦吲哚基：色氨酸的吲哚基。最常见的共价键结合反应包括氨基、羧基或酪氨酸和组氨酸的芳环。此法的优点是酶与载体结合牢固，不易脱落；但因反应条件较为剧烈，会引起酶蛋白空间构象变化，破坏酶的活性部位。因此，往往不能得到比活高的固定化酶，酶活回收率一般为30%左右，甚至会影响底物的专一性，制备过程也比较繁杂。

共价键结合法可分为如下几种：

1. 重氮化法

此法的原理为，具有芳香族氨基的水不溶性载体先在稀盐酸和亚硝酸钠中进行反应，成为重氮盐化合物。然后再与酶发生偶合反应，得到固定化酶（图 8 – 2）。酶蛋白中的游离氨基、组氨酸的咪唑基、酪氨酸的酚基等参与此反应。特别是酪氨酸含量较高的木瓜蛋白酶、脲酶、葡萄糖氧化酶、碱性磷酸酯酶、β – 葡萄糖苷酶等能与多种重氮化载体连接，获得活性较高的固定化酶。常用的载体有：多糖类的芳族氨基衍生物、氨基酸的共聚体、聚丙烯酰胺、聚苯乙烯、乙烯二马来酸共聚体，多孔玻璃、陶瓷等。

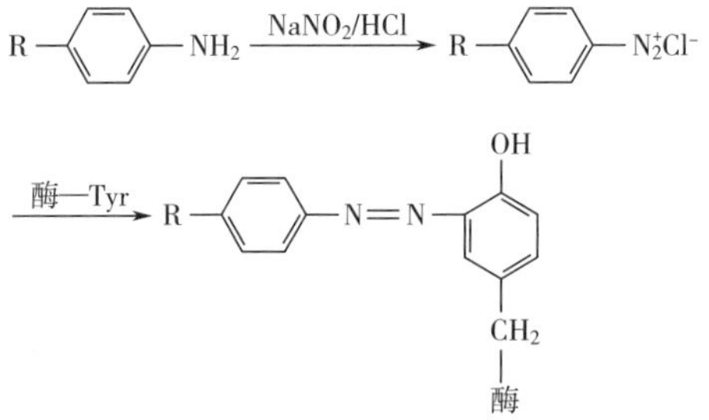

图 8 – 2　重氮化芳香族氨基载体与酶的偶联反应

2. 烷基化和芳基化法

用溴乙酸溴活化的纤维素与酶的偶联反应如下：

$$R—OH \xrightarrow[\text{BrCH}_2\text{COOH/二噁烷}]{\text{BrCH}_2\text{COBr}} R—OCOCH_2Br \xrightarrow{\text{酶}} R—OCOCH_2—酶$$

该法原理是以卤素为功能基团的载体与酶蛋白的氨基或巯基发生烷基化或芳基化反应而形成固定化酶。常用的载体为卤乙酰、三嗪基或卤异丁烯基衍生物。将纤维素在二噁烷 – 溴醋酸中与溴乙酰相反应后，所形成的溴乙酰纤维素可供胰蛋白酶、糜蛋白酶和核糖核酸酶固定化之用。

3. 溴化氰法

该法原理是多糖类载体在碱性条件下用溴化氰活化时，产生少量不活泼的氨基甲酸衍生物和大量的亚氨基碳酸酯衍生物。后者再与酶共价结合为固定化酶，其中异脲型是主要生成物。它不局限于酶，可以广泛应用于机体成分的固定化。由于此法能在非常缓和的条件下与酶蛋白的氨基发生反应，它已成为近年来普遍使用的固定化方法。尤其是溴化氰活化的琼脂糖已在实验室广泛用于固定化酶以及亲和层析的固定化吸附剂。其反应式如图 8 – 3 所示。

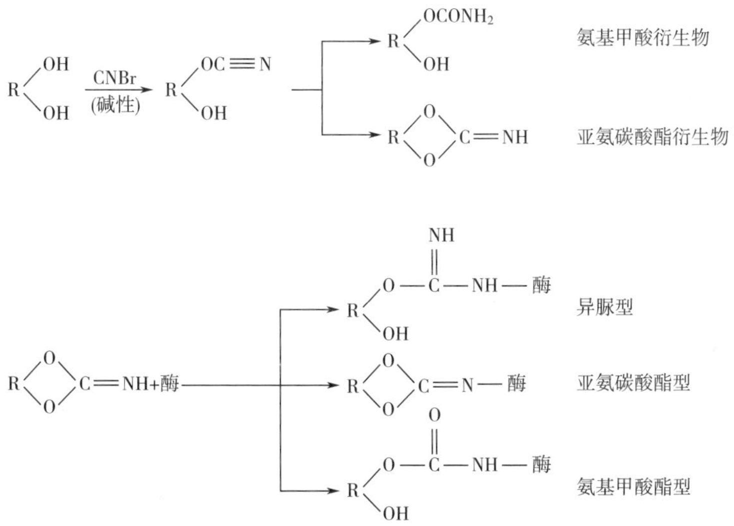

图 8 – 3　溴化氢活化琼脂糖与酶的偶联反应

4. 载体交联法

该法原理为载体与酶蛋白发生共价结合或在双（多）功能试剂存在下载体与酶直接发生交联反应而形成固定化酶。常用的载体有氨基乙基纤维素、DEAE – 纤维素、琼脂糖的氨基衍生物、壳聚糖、氨基乙基聚丙烯酰胺、多孔玻璃的氨基硅烷衍生物等。最常用的双功能试剂为戊二醛，此外还可使用甲苯 – 2，4 – 二异氰酸酯、Tris 等。

5. 其他固定化方法

除上述固定化方法外，还可以采用肽键结合法、钛螯合法、硫醇 – 二硫化物的互换反应、四组分缩合反应等方法来进行酶的固定化。

四、交　联　法

交联法是使用双功能试剂或多功能试剂与酶分子间进行交联的固定化方法。作为交联剂的有形成希夫碱的戊二醛，形成肽键的异氰酸酯，发生重氮偶合反应的双重氮联苯胺或 N，$N'-$ 乙烯双马来亚胺等，其中戊二醛最为常用。参与交联反应的酶蛋白的功能基团有氨基、酚基、巯基和咪唑基等。由于交联反应条件比较激烈，固定化酶活回收率一般比较低（30%左右）。但是尽可能降低交联剂浓度和缩短反应时间使之有利于固定化酶活的提高。

上述各种固定化方法都有其优点和缺点（表 8 - 1）。实际应用时，常将两种或数种固定化方法并用。例如，吸附 - 交联法、包埋—交联法等。对一种酶而言，具体采用何种固定化方法，应作具体分析比较后才能作出选择。

表 8 - 1　　　　　　　　　　　　各种固定化方法的比较

	吸附法		包埋法	共价结合法	交联法
	物理吸附法	离子吸附法			
制备	易	易	较难	难	较难
结合程度	弱	中等	强	强	强
活力回收率	易流失	高	高	低	中等
再生	可能	可能	不可能	不可能	不可能
费用	低	低	低	高	中等
底物专一性	不变	不变	不变	可变	可变

五、 新型固定化酶技术

1. 单酶纳米颗粒

单酶纳米颗粒（single enzyme nanoparticles，SENs）是指每个酶分子均被一种纳米级的有机或无机多孔网状聚合物所包围而形成的纳米固定化酶颗粒。由于包埋层非常薄，具有多孔性结构，且有纳米级尺寸的特性，可以很好地分散在溶剂中，因而形成的单酶纳米颗粒与反应底物之间的传质阻力十分小，有效提升了固定化酶的催化活性。单酶纳米颗粒具有良好的催化稳定性和环境抗逆性，且有多种反应形式，可以单独或混合具有协同效应的多种酶进行催化反应。单酶纳米颗粒单体尺寸较小而不易进行回收分离，在应用中可以与其他多孔性材料联合使用，如用磁性颗粒吸附，使其带有磁性以简化其回收利用操作。

2. 微波辐射辅助固定化技术

由于不同载体和酶自身的亲水性、溶解性等物化性质不同，固定化过程中存在一定的分散与接触性障碍，微波辐射辅助固定化技术指的是在固定化反应原液准备和固定化反应过程中，对溶液进行微波辐射处理以辅助固定化过程的发生。例如木瓜蛋白酶和青霉素酰基转移酶，两者的蛋白结构尺寸均较大而难以被固定化，通过微波辐射辅助，这两种大分子蛋白酶均能成功且迅速地固定于中细胞硅质泡沫上，并且其蛋白活性也得到了较好的保留。微波辐射在一定程度上会影响酶与载体的结合，导致某些吸附固定化酶发生蛋白脱落，因此在固定化酶的制备过程中应有选择性的应用此技术。

3. 无载体固定化技术

无载体固定化是指在没有载体材料存在的情况下，酶分子通过交联或聚集而形成不溶于水的聚合物，使其能够从水溶液中分离实现固定化。即利用含有酶的水溶液与含有表面活性剂的非水相溶液混合，并加入双功能交联剂，通过超声或物理乳化的方法形成微乳化体系。在自固定化的过程中，酶倾向于分布在油水界面上，通过交联剂能使分布在微乳球表面的酶发生聚集而获得疏水性，后除去有机试剂即可获得自固定化的酶颗粒，且由于界面激活效应，得到的固定化酶通常处于激活态而拥有较高的催化活力。该方法在脂肪酶、漆酶以及多种复合酶蛋白等固定化应用中均取得了成功。对比于传统交联固定化技术，新型无载体固定化技术一定程度上克服了固定化酶活性低、易变性、稳定性差的缺点，但相比其他新型固定化酶技术，该方法的性价比无法满足实际工业应用的需求。

4. 酶的定向固定化技术

在固定化技术中，研究者们提出一种新型的固体蛋白制剂，通过酶促反应使标记蛋白与目的蛋白结合，在不使用其他化学交联剂的情况下，实现酶的共价固定化，即生物酶介导的定向固定化技术。

增强的绿色荧光蛋白（EGFP）和谷胱甘肽转移酶（GST）是一类模型蛋白，在其 C 末端用中性谷氨酰胺（Gln）供体底物肽作为标签标记，可通过酶促反应固定在含有酪蛋白涂层的聚苯乙烯表面。另一类则是以自我标记标签蛋白（SNAP）自聚标签为代表的融合标签酶固定化策略，如图 8-4 所示，将目标酶与 SNAP 标签蛋白融合表达，可利用标签与载体表面的特定残基形成稳定的共价结合以实现固定化。

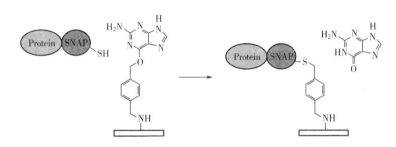

图 8-4 SNAP 自聚标签融合酶蛋白与 O-6-苄基鸟嘌呤定向共价固定化策略

这一类新型固定化技术也被称为酶促固定化酶技术（enzymatic immobilization of enzyme），其本质是通过蛋白融合而实现酶蛋白的定向共价固定化，具有设计性强、选择性高等特点，但技术操作相对复杂，目前主要被应用于生物传感器、生物电极的制备领域，该方法在各类生物酶中的普适性和催化应用性还有待进一步研究。

5. 化学修饰介导的定向固定化技术

化学修饰介导的固定化是指在酶分子表面氨基酸残基上引入特定基团，使修饰后的酶能与载体表面的功能团发生特定的化学结合，实现酶的定向固定化。目前比较常用的修饰功能团有醛基、叠氮、炔烃等，图 8-5 所示为一种常见的点击反应，经炔烃修饰的酶分子能与含有叠氮化物功能团的载体发生 1，3-偶极环加成反应，形成稳定的化学共价键，Cu（I）是这类化学修饰介导的固定化酶反应中常用的催化剂。化学修饰策略的优势在于可应用于固定化表面缺乏相

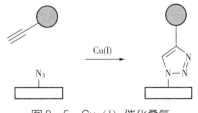

图 8-5 Cu（I）催化叠氮炔环加成反应

应共价结合功能团的酶，但这一方法易造成酶蛋白结构改变而影响其催化活性，通过预测修饰位点以及选取条件较温和的反应方式能有效减少固定化酶催化活性的损失。

6. 界面聚合微囊固定化技术

界面聚合指的是一种反应发生在两种互不相容的界面之间的缩聚反应，该反应具有不可逆性；将目的酶溶解在相应的体系中，通过缩聚能形成微囊或微球颗粒将酶蛋白包裹而实现固定化。界面聚合微囊固定化技术最大的优势在于对固定化酶的激活，但微囊的储存和重复利用稳定性仍需进一步增强。

7. 其他新型固定化技术

随着固定化技术研究的发展创新，除了以上几种公认分类之外，还有一些新提出的固定化技术，策略独特且具有极大的发展应用潜力。以"智能固定化"技术为例，这种固定化技术利用智能高聚物材料为固定化载体，所制备得到的固定化酶继承了载体所拥有的特性。智能高聚物材料也称为高分子智能材料，在其所处环境条件（温度、pH、压力、磁场等）发生变化而产生刺激时，其物理性质和/或化学性质会发生一定的变化，例如，一些聚合物在温度较低是呈液态，而当温度升高则逐渐固化且具有极强的物理抗性。新型固定化技术的研究种类繁多，很难将其进行精准的分类，通常以固定化酶主要展现出的性质或制备过程中的典型工艺为分类依据。目前新型固定化技术的研究目标主要集中进一步提高酶活力，增强固定化酶环境耐受性、操作稳定性，以及实现酶的精准定向固定。但新型固定化技术的研究容易陷入制备过程烦琐、生产投入较高的缺陷之中，需要大量基础研究和优化手段来完善，应当适当选择一些工业应用潜力较大的固定化技术进行小规模或中等规模的制备与应用测试，逐步实现固定化酶的实际生产应用。

六、 新型固定化载体

随着生物技术与材料、化学等学科的不断交叉发展，新的载体修饰方法和新型材料不断涌现，丰富了固定化技术研究的载体来源，涌现一批围绕新型载体展开的固定化策略研究。这一类载体通常具有表面积大、多孔性空间结构、底物/产物亲和性等特征，主要分为新型纳米材料载体、磁性材料载体、传统材料经改造修饰而成的复合新型载体 3 大类。这 3 类基于材料创新组成的固定化酶技术具有催化效果好、固定化率高等特点，其主要优势在于对新兴载体的应用，使该技术具有极大的发展潜力与可塑性。另一方面，由于载体的选择和预处理等过程是必要的，该技术的操作过程一般比较复杂，固定化酶的物理形态和适用环境受载体材料的影响极大。

1. 新型纳米载体

新型纳米载体是指具有纳米级结构的材料，这类材料具有极大的表面积和良好的分散性，能极大地提高固定化率和反应催化效率，主要包含有多孔纳米金颗粒、纳米管、石墨烯等。使用纳米材料载体制备的固定化酶多应用于电极和生物传感器领域，研究结果显示这类生物传感器能产生更强的信号，拥有更大的检测范围和更高的敏感度。其中，碳纳米管是最具代表性的新型纳米材料之一，1991 年被日本学者发现以来，极大地推动了材料制备领域的发展，2010年以来碳纳米管在固定化酶技术中的应用不断涌现，目前在脂肪酶、水解酶、漆酶和多种氧化还原酶的固定化研究中均有大量的应用。

2. 磁性材料

磁性材料利用铁、锰、钴及其氧化物等化合物制备的一类具有磁性的材料，其最大优点在于可通过磁力吸引而迅速分离固定化酶，且固定化方法简单，能有效减少资本和工程投入。单一的磁性颗粒一般不直接用于酶的固定化，通常与其他有机高分子聚合物或多孔性无机材料联合使用，以获得较高的固定化率，同时使固定化酶具有磁性，便于分离回收。在我国固定化酶研究领域内，磁性颗粒早在 20 世纪 80 年代就被应用于固定化酶的研究工作中，本世纪以来得到了大量应用，至今仍是固定化酶制备的常用材料之一。

3. 传统材料经改造修饰而成的复合新型载体

基于传统材料进一步改造修饰的固定化载体通常有较为繁杂的化学修饰，但这种方法具有较强的目的性和方向性，常应用于定向固定化和共固定复合酶的研究中。一些性能优良的传统载体，如多孔硅材料、大孔树脂、分子筛、天然多糖等，经过长期的实验研究已被证明具有较大的固定化潜力，但仍有部分缺陷，如稳定性差、不易回收利用等，通过针对性的改造与修饰克服其应用阻碍，制备出新型的二代载体以促进固定化酶走向工业化应用，是当前固定化领域内的研究热点之一。

第三节　固定化酶的特性及其影响因素

通常情况下，游离酶的性质不稳定，不仅常受环境酸碱度影响而且还对温度较为敏感，在不利条件下活性降低甚至失去活性；并且游离态酶通常不能重复利用，难于自动化，这大大加深了游离态酶在环境污染治理中实际应用的难度。针对以上实际应用中常见问题，20 世纪 60 年代出现了酶固定化技术，并迅速发展。酶的固定化技术不仅增加酶对极端条件的耐受性，并且增大可回收性和重复使用概率，这些优势使得固定化酶更适合治理实际生活中的农药污染问题。

一、　固定化酶的特性

1. 固定化酶的性状

固定化酶的形式多样，依不同用途有颗粒、线条、薄膜和酶管等形状。其中颗粒占绝大多数，它和线条这两种形式主要用于工业发酵生产，如装成酶柱用于连续生产，或在反应器中进行批式搅拌反应；薄膜主要用于酶电极，应用于分析化学中；酶管机械强度较大，宜用于工业生产。

2. 酶活力

酶活力是指酶催化一定化学反应的能力。酶活力的大小可以用在一定条件下，它所催化的某一化学反应的转化速率来表示，即酶催化的转化速率越快，酶的活力就越高；反之，速率越慢，酶的活力就越低。所以，测定酶的活力就是测定酶促转化速率。酶转化速率可以用单位时间内单位体积中底物的减少量或产物的增加量来表示。酶活力的测定既可以通过定量测定酶反应的产物或底物数量随反应时间的变化，也可以通过定量测定酶反应底物中某一性质的变化，如黏度变化来测定。通常是在酶的最适 pH 和离子强度以及指定的温度下测定酶活力。固定化对酶活性的影响：酶活性下降，反应速度下降。固定化酶由于与反应底物接触面减小，所以催化效率有所降低。

固定化酶在一定空间内呈闭锁状态存在的酶，能连续的进行反应，反应后的酶可以回收反复利用。与游离酶相比，固定化酶可以在较长时间内反复利用，反应过程可以严格控制，有助于提高酶的稳定性，酶易于与底物和产物分开，增加产物的收率，提高产物的质量，使酶的使用效率提高，成本降低。

一般采用测定酶促反应初速度的方法来测定活力，因为此时干扰因素较少，速度保持恒定。反应速度的单位是浓度/单位时间，可用底物减少或产物增加的量来表示。因为产物浓度从无到有，变化较大，而底物往往过量，其变化不易测准，所以多用产物来测定。

3. 固定化酶稳定性

（1）操作稳定性提高　固定化后酶稳定性提高的原因：①固定化后酶分子与载体多点连接；②酶活力的释放是缓慢的；③抑制自降解，提高了酶稳定性。

（2）贮藏稳定性比游离酶大多数提高。

（3）对热稳定性，多数升高，有些反而降低。

（4）对分解酶如蛋白酶的稳定性提高。

（5）对变性剂的耐受力升高。

（6）酸碱稳定性　固定化酶 pH 的变化：①载体的形质对固定化酶作用的最适 pH 有明显的影响：载体带负电荷，最适 pH 比游离酶的最适 pH 高（向碱性方向移动）；载体带正电荷，最适 pH 比游离酶的最适 pH 低（向酸性方向移动）；载体带不带电荷，最适 pH 一般不改变（有时也会有所改变，但不是由于载体的带电性质所引起的）。

②产物性质对 pH 的影响：催化反应的产物为酸性时，固定化酶的最适 pH 比游离酶的 pH 高；催化反应的产物为碱性时，固定化酶的最适 pH 比游离酶的 pH 低；催化反应的产物为中性时，固定化酶的最适 pH 比游离酶的 pH 不变。

4. 固定化酶反应特性

固定化酶的底物专一性、反应的最适 pH、反应的最适温度、动力学参数、最大反应速度等均与游离酶有所不同。

（1）底物专一性　游离酶经固定化，由于空间位阻的影响，酶对高分子底物的活性显著减小。

（2）反应的最适 pH　最适 pH 和 pH 曲线的变动取决于酶蛋白和水不溶性载体的电荷性质。有些酶在固定化后最适 pH 发生变化，而 pH 曲线不变。

（3）反应的最适温度　固定化酶的最适反应温度多数较游离酶高，但也有不变甚至降低的。

（4）米氏常数 K_m　米氏常数 K_m 表明了酶与底物的亲和力。固定化酶的 K_m 与游离酶的 K_m 有差异。使用载体结合法制成的固定化酶的 K_m 有时发生变化，主要是由于载体与底物间的静电相互作用。

（5）最大反应速度 v_{max}　固定化酶的最大反应速度 v_{max} 与游离酶多数是相同的。

举例：固定化蔗果寡糖酶的特性

蔗果低寡糖是一种由 2~4 个果糖和 1 个葡萄糖由 $\alpha-1$，2 糖苷键结合而成的低聚糖，在洋葱、香蕉、大蒜、西红柿和牛蒡等食品中含量丰富，现在已经采用微生物发酵法首先生产果糖苷转移酶（Fructosyltransferase）或呋喃果糖苷酶（Fructofuranosidase），然后以蔗糖为原料（底物）利用该酶催化生成混合糖浆。1984 年日本明治制果公司首先推出含蔗果寡糖 55% 的液状制品和含95%蔗果寡糖粉状颗粒制品，由于这些新型糖类不被人体唾液酶以及小肠消化酶所水解，正常人摄取该糖后，检测其血糖值，胰岛素均未上升，高血脂患者连续2～4周每天摄取该糖8g的食品，胆固醇、中性脂肪和血糖值降低，故适于糖尿病患者食用。医学界研究指出，每天摄入8g蔗果寡糖，大肠内有益菌双歧杆菌可增殖10倍，有益于健康，因此，蔗果寡糖是一种重要的"双歧因子"。

华南理工大学生物科学与工程研究中心对蔗果寡糖酶的特性及固定化作过系统研究，对该酶固定化特性研究结果如下。

（1）最佳pH 反应体系：磷酸氢二钠－柠檬酸缓冲液，在pH为3.0、4.0、5.0、5.5、6.0、7.0、8.0时分别取这些缓冲液9.2mL，0.6g/mL蔗糖溶液30mL，酶珠2.5g，在55℃反应1h。

从图8－6可知酶活力下降，这是因为当酶与载体相结合时，它的结构起了变化，另外酶被结合后，虽不失活，但酶与底物的相互作用受到空间位阻和扩散限制的影响。最适pH在5.0～5.5。从两者比较还可以看出，固定化酶pH曲线比较平缓，也就是固定化酶受缓冲液的影响较小，载体对酶起保护作用。

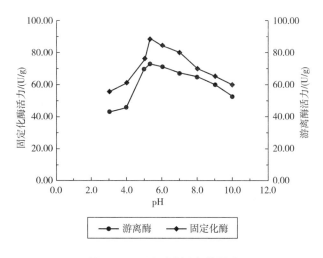

图8－6 pH对酶活力的影响

（2）pH的稳定性 将酶液与不同pH的缓冲液（pH3～8磷酸氢二钠－柠檬酸缓冲液，pH8.6～10.6甘氨酸－氢氧化钠缓冲液），45℃水浴保温1h后，测其酶活力，以未保温处理的酶活力为100%，在最适条件下，测定残余酶活，然后折合成剩余酶活力的百分数，以此对pH作图，图8－7是pH稳定性曲线，温度为30℃，保温时间是1h。

由此可见该酶在pH4.6～8.0范围内比较稳定。氢离子在溶液和固定化酶之间的分配效应，对反应速度具有重要影响，如果酶反应产生或消耗酸，又会出现另一些反应。在低底物浓度下，速度随pH改变取决于游离酶的pK值；在高底物浓度下，则取决于酶－底物络合物的电离作用。

（3）温度对酶活的影响 在pH5.5条件下，取酶液分别在30℃、35℃、40℃、45℃、50℃、55℃、60℃、65℃和70℃水浴中测酶活力，与游离酶相比，其最适温度有一定程度的提高，约为58℃，适宜范围在40～70℃，这是载体对酶有保护作用的实验证据之一（图8－8）。

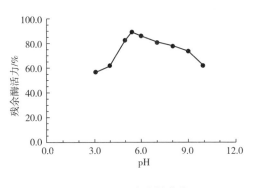

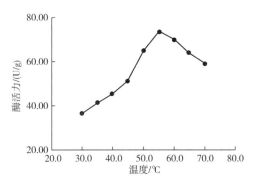

图8-7　pH稳定性曲线　　　　　　　　　图8-8　温度对酶活力的影响

（4）米氏常数　采用 Lineweaver-Burk 法测定固定化酶活力的表观动力学常数，在最适条件下（海藻酸钠：酶液 = 2.5：1、55℃、pH5.5），配制不同浓度的蔗糖溶液，在最适条件反应 1h 后，测定产物含量，计算反应速度。

$$\frac{1}{v} = \frac{K_m}{v_{max} \cdot [S]} + \frac{1}{v_{max}}$$

其中 v 为反应速度，在单位时间内因转移反应生成葡萄糖，单位为 mg/（L·min）。v_{max} 为最大反应速度，[S] 为底物浓度，单位为 mg/L。以每一个 $1/v$ 对应 $1/[S]$ 作图，由此求取 v_{max} 和 K_m。y 轴截距为 $1/v_{max}$，x 轴截距为 $-1/K_m$，求得 K_m、最大反应速度 v_{max}。固定化酶的回归方程为：

$$y = 5.690x + 0.5134$$

相关系数 $r = 0.9999$

当 $x = 0$，$y = -1/v_{max}$，因此 $v_{max} = 1/0.5134 = 1.950$ [mg/（L·min）]，

$1/K_m = 0.5134/5.690$，因此，$K_m = 11.08$（mg/L）。

液体酶的回归方程为：

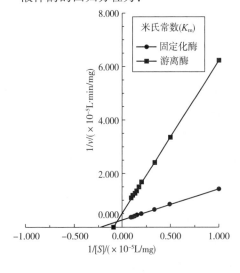

图8-9　固定化酶与液体酶的米氏常数测定

$$y = 1.172x + 0.2727$$

相关系数 $r = 0.9999$

当 $x = 0$，$y = 1/v_{max}$，$v_{max} = 3.670$ [mg/（L·min）]，$K_m = 4.297$（mg/L）。

由图 8-9 表明，固定化酶米氏常数上升是由于固定化酶附近微环境的溶液浓度小于主体溶液浓度，另外，扩散阻力也会使 K_m 增大，K_m 倒数表示酶和底物的亲和力的大小，由于固定化酶载体扩散阻力使得亲和力减小，不利于反应的进行。

（5）稳定性　载体的结构会影响到基团的分布状况和微环境。同样，载体的活性基团也可能使固定化酶在构象上有所差异。酶经固定化后，在一般情况下，稳定性问题是关系到固定化酶能

否实际应用的问题。

①热稳定性：固定化酶在不同温度下保温1h，在55℃测其酶活，将适量固定化酶加入35℃、40℃、45℃、50℃、55℃、60℃和70℃的不含底物的6个试管中，保温，迅速冷却后加入底物，在55℃测残余酶活力，游离酶按同一方法保温，测定残余酶活力，结果如图8-10所示。试验结果表明固定化酶的热稳定性较游离酶有很大提高，这是由于载体为酶蛋白提供的微环境，更近似于酶的天然条件，起保护作用，并且固定化酶的构象比游离酶稳定。

55℃下保温不同时间进行酶活力测定，55℃下，将固定化酶加入不含底物的反应体系中，加热不同时间，取出迅速冷却，加入蔗糖底物，在55℃下测残余酶活力，和最初未加热处理的酶活力相比，得出相对残余酶活力比率（％）（图8-10）。

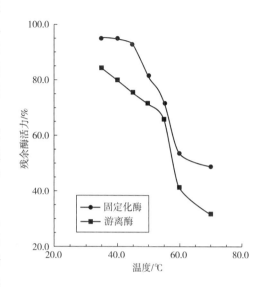

图8-10 固定化酶的热稳定性

从图8-10可知，固定化酶在55℃保温不同时间，酶活力有一些下降，当保温48h后残存酶活为原来的67%。

②贮藏稳定性：固定化酶在操作中可以长时间保存活力，半衰期在一个月以上，有工业应用价值。

固定化酶制成后，最好立即使用，如长期贮藏，活力不免下降，但贮藏得法，也可较长时间保持活力。

半衰期原本指放射性原子核数衰减到原来数目一半时所需的时间，这里指酶活下降一半所需时间。固定化酶2~3℃下保存半衰期可以用来说明其储藏。

$$N = N_0 \cdot e^{-\lambda t} \tag{8-1}$$

$$\lambda = \frac{\ln\left(\dfrac{N_0}{N}\right)}{t} \tag{8-2}$$

其中 N_0 可作为 t 时间前的酶活力（即 E_0），N 可作为经过 t 时间后的酶活力（即 E_t），而半衰期 $t_{\frac{1}{2}}$ 可用式（8-3）计算：

$$t_{\frac{1}{2}} = \frac{0.693}{\lambda} \tag{8-3}$$

例如，对于固定化酶：刚制备时酶活 $E_0 = 73.6$，一个月后酶活 $E_t = 66.16$，则：

$$\lambda = \frac{\ln\left(\dfrac{73.6}{66.16}\right)}{1} = 0.1067, \quad t_{\frac{1}{2}} = \frac{0.693}{0.1067} = 6.47 \approx 6.5（月）$$

而对于游离酶：刚制备时酶活 $E_0 = 94.78$，一个月后酶活 $E_t = 70.12$，则：

$$\lambda = \frac{\ln\left(\dfrac{94.78}{70.12}\right)}{1} = 0.3014, \qquad t_{\frac{1}{2}} = \frac{0.693}{0.3014} = 2.29 \approx 2.3（月）$$

可见，固定化酶的贮藏稳定性比液体酶好，可以长时间贮藏。但尽管如此，制好的固定化酶在不用时，最好放入冰箱保存。

③操作稳定性：操作稳定性除了和本身特性有关外，还受其他一些条件的影响，如批式搅拌反应有机械损伤和器壁效应，所以操作稳定性不如柱反应器。

用制备好的固定化酶，反应生产 12 批蔗果低聚糖，每批固定化酶 10g，0.6g/mL 蔗糖溶液 30mL，pH5.5 马尔文缓冲液（Mallvain buffer）缓冲液 9.2mL，在 55℃反应 24h。结果如图 8-11 所示。葡萄糖浓度保持在 40.10% ~ 44.20%，果糖在 20.90% ~ 22.30%，蔗糖在 18.00% ~ 24.00%，蔗果三糖 11.24% ~ 13.20%，蔗果四糖在 2.36% ~ 3.40%。随着反应时间的延长，蔗糖和果糖在逐渐增加，这和蔗果糖酶的酶活力减少有关，蔗果糖酶的转移酶活力减少，所以果糖的量在增加。葡萄糖、蔗果三糖和蔗果四糖的产量在下降，这是因为蔗果糖酶的水解酶活力和转移酶活力均下降所致。

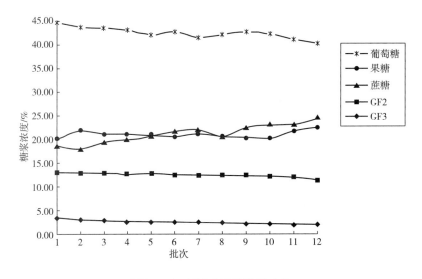

图 8-11 固定化酶操作稳定性

从图 8-11 可以看出，固定化酶连续生产 12 批产物，历时 24d，产量减少不多，这进一步说明固定化酶的操作稳定性较高。

④对蛋白酶的稳定性：游离酶经固定化后，对蛋白酶的抵抗力提高了，这可能因为蛋白酶是大分子，受到空间位阻，不能进入固定化酶中。

二、 影响固定化酶性质的因素

1. 酶本身

酶本身的变化，主要是由于活性中心的氨基酸残基、高级结构和电荷状态等发生了变化，分子构象的改变会影响固定化酶的性质。

2. 载体

载体可分为以下 3 类：

（1）天然有机物　许多天然有机物都可作为固定化酶的载体，主要是一些不溶于水的多糖类载体，如纤维素、淀粉、琼脂糖、壳聚糖和海藻酸等。这些载体最大的优点是无毒性、性能温和、亲水性能强、容易改性、材料来源广、成本低等。

（2）合成有机物　合成高分子材料是固定化酶技术中具有发展前景的材料之一，它们的结构和性能可以人为的调节和控制，从而满足不同酶的固定化以及酶催化反应的需求。合成高分子材料相比于天然有机物，它们自身抗微生物的防腐性能更佳，机械强度也得到了提升。

（3）无机固体　无机载体相比于有机载体机械强度更高，热稳定性好，不易分解。常用的无机载体主要有玻璃、金属、氧化铝、膨润土、二氧化硅等。

第四节　固定化酶的催化机理探讨

从反应工程方面分析，固定化酶反应系统属非均一催化反应。通常，底物溶于连续相水溶液中，固定化酶悬浮于其中。如图 8-12 所示，以单底物反应为例（S→P），底物 S 从反应液主体传递到酶固体颗粒外表面，然后扩散到酶分子上，而生成物 P 则刚好与此途径相反。由于只有反应液主体中底物和生成物的浓度是可以分析的。这样建立起来反应速度称为表观反应速度。要弄清底物和产物在固液界面附近和粒子内的传递关系，才能掌握反应机理。

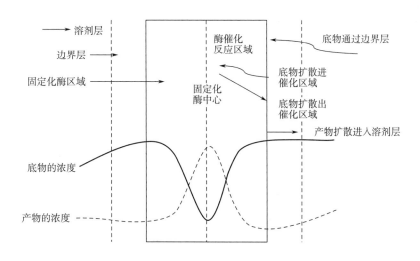

图 8-12　底物和产物的传递过程

一、　固定化酶对反应体系的影响

底物（S）和酶（E）用海藻酸钠凝胶包埋制作的固定化酶在反应前的分布，模拟如图 8-13 所示。对液体酶反应，当酶浓度为 10^{-2} mol/L 时，酶与底物间最大平均距离为 20nm，对于固定化酶反应，若固定化酶颗粒直径为 0.1mm（100μm）时，则距离固定化酶粒子最近的底物与颗粒中心酶的距离为 20μm，为液体酶的 1000 倍。因此，固定化酶反应的物质传递对反应速度的影响变得更重要了。

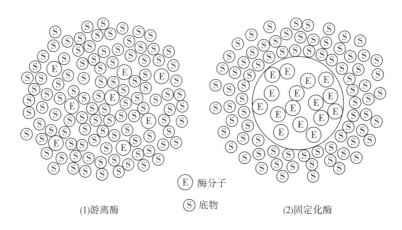

Ⓔ 酶分子
Ⓢ 底物

(1)游离酶   (2)固定化酶

图 8－13 游离酶与固定化酶反应体系对比

二、 影响固定化酶的动力学因素

游离酶经固定化后所引起的酶性质改变，归纳起来有下列几种原因：

（1）酶分子构象的改变和载体的屏蔽效应 前一种影响是酶分子在固定化过程中发生了某种扭曲，使酶分子拉长，改变酶活性部位的三维结构，从而改变酶的活性，如图 8－14 所示。这种效应被称为构象效应，一般出现在吸附法和有共价键参与的固定化中；后一种是指酶在固定化以后，酶的活性部位受到载体的空间障碍，使酶分子活性基团不易与底物接触，从而改变酶活力。这两种原因都直接导致了酶与底物结合能力或酶催化转化能力的改变，从而影响酶活力。

图 8－14 固定化引起的构象改变和屏蔽效应示意图

（1）酶活中心构象未改变，可以结合底物 （2）酶活中心结合底物

（3）载体形成屏蔽效应 （4）固定化引起的构象效应

（2）微环境效应 微环境是指固定化酶附近的环境区域，而主体溶液则称为大环境，反

应系统中由于载体和底物的疏水性、亲水性以及静电作用引起微环境和大环境之间不同的性质，这样就形成了分配效应，如图8－15所示。分配效应使得底物或其他各种效应物在微环境与大环境之间的不均匀分布，从而影响酶反应速度，实验测定的是大环境浓度，而反应本质行为是微环境中浓度。用超声波处理，可促使微环境中的浓度梯度大大降低，从而加速反应速度，提高固定化酶活力。

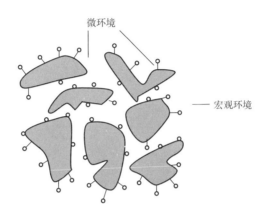

图8－15 固定化酶的微环境与宏观环境

（3）扩散阻力 固定化酶的反应系统和液体酶不同，即底物必须从主体溶液传递到固定化酶内部活性部位。反应产物又从固定化酶活性部位扩散到主体溶液。因此，存在扩散限制，固定化酶不可能得到大环境相同水平的产物。这在扩散速率很低，而酶活力又很高时特别明显。扩散限制效应可分为外扩散效应和内扩散效应。外扩散是发生在固定化酶表面周围的能斯特层（Nernst 层），其底物从大环境主体溶液中向固定化酶表面传递使得底物在固定化酶周围形成浓度梯度，随着搅拌速度增加而减少；内扩散发生在多孔固定化酶载体的内部，是底物或其他效应物在载体颗粒表面与载体内的酶活性部位间运转过程中的扩散限制。由于微环境内的化学效应，造成底物的消耗和产物的积累，形成浓度的不均匀性，从而影响固定化酶的一系列性质。

游离酶是在溶液中进行，E 和 S 是以随机方式自由运动，其反应式为：

$$E + S \underset{K_2}{\overset{K_1}{\rightleftharpoons}} ES \underset{K_2}{\overset{K_2}{\rightleftharpoons}} E + P$$

ES 形成速度是被扩散所限制的，K_1 是大的，一般 $K_1 = 10^6 \sim 10^9 L/mol \cdot s$，而固定化酶不在溶液中进行，而是在固液界面上进行，底物必须达到界面上才能转变成产物。假定载体是不溶于水的，载体被 Nernst 层或扩散层所包围。由于存在一个穿过扩散层的浓度差（梯度）。因此，在邻近不带电的载体部位，其底物浓度低于在溶液整体部位底物的浓度。因而，固定化酶具有较低的酶活力和较高的表观 K_m 值。而降低表观 K_m 值方法很多，主要有：①减小酶载体的体积，降低扩散厚度；②提高搅拌器搅拌速度或流动速度；③以静电效应减少或消除 Nernst 层。

这三种效应的产生都是由于酶和固定化载体发生了相互作用，如图8－16所示。因此，主要取决于固定化条件和方法，但部分也取决于载体的性质。这三种效应通常总是相互关联地存在的，它们综合在一起决定着固定化酶的动力学性质，其中构象改变是直接影响酶的因素；分配效应和扩散限制则是通过底物或效应物在微环境和大环境的不等分布来影响固定化酶反应的。

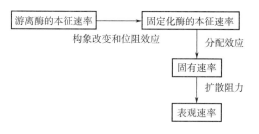

图 8-16 不同酶反应速率之间的关系

酶固定化反应系统与游离酶不同，其反应方式、动力学特性等均有差异，可分为以下三种模式（图 8-17）并进行比较。

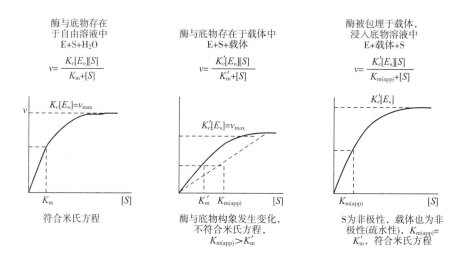

图 8-17 固定化酶反应系统三种模式比较

（4）pH 的影响　pH 会影响动力学参数。酶固定化后，因载体电荷性质的影响造成酶催化的微环境的变化。一般当载体带负电荷时，其最适 pH 较游离酶偏高，这是由于多聚阴离子载体会吸引溶液中的阳离子使其附着于载体表面，结果使固定化酶扩展层氢离子浓度比周围的外部溶液高，即偏酸，因此外部溶液中的 pH 必须向碱性方向偏移，才能抵消微环境作用。反之载体带正电荷时其最适 pH 向酸性一侧偏移。此外，如果考虑到扩散限制效应，情况则更为复杂。若酶反应产生或消耗氢离子，对固定化酶的最适 pH 也有明显影响。一般来说，当反应产物为酸性时由于扩散受到限制而积累在固定化酶所处的催化区域内，使得区域 pH 降低，必须提高周围反应液的 pH，才能达到酶所要求的最适 pH。为此固定化酶的 pH 要比游离酶高一些。反之，产物为碱性时，固定化酶的最适 pH 要比游离酶低一些。

第五节　固定化细胞

在固定化酶的研究基础上，为了缩短生产流程，降低成本，从 20 世纪 70 年代初起开展了固定化细胞（死细胞）和固定化活细胞的研究。前者经过固定化载体固定化后，虽然整个细胞活性消失，但是，需要利用的"目的酶"仍保持催化活性。而后者经载体在温和条件下固定化后，整个细胞仍保留细胞增殖活性和系列酶的活性，称为固定化活细胞。这种固定化技术为酶催化作用的连续化和科学化建立了基础，这是酶工程领域研究的最新进展。

固定化细胞技术，是利用物理或化学手段将具有一定生理功能的生物细胞（微生物细胞、植物细胞或动物细胞等）限制在一定的空间区域，利用其作为可重复使用的生物催化剂进行生物转化的一门技术。

微生物表面带有一定的静电荷，在一定条件下可以和载体的离子交换基团构成络合物制成固定化细胞。

例如，7.8g 载体 CM – 纤维素悬浮于 0.05mol/L pH5.8 的磷酸缓冲液中平衡后，直接加入 3000 个米曲霉孢子于悬浮液中。用此悬浮液装柱（16mm×15mm）并用 200～300mL 缓冲液冲洗，即制得具有蔗糖酶活力的固定化活细胞。吸附法简单，载体可再生，但载体结合力较弱，细胞易脱落。采用包埋法较为优越，在温和条件下，制成固定化活细胞已应用于工业化生产。

一、 固定化细胞载体

细胞固定化技术的关键在于所采用的固定化载体材料的性能，理想的固定化细胞载体应具有以下特点：

（1）对微生物无毒，传质性能良好，具有高细胞容量；

（2）性质稳定，强度高、寿命长，材料价廉易得，操作容易的特点。

按材料的化学结构固定化细胞载体可分为有机高分子载体、无机载体及复合载体三种。

①有机高分子载体：分为天然高分子材料和合成高分子材料两大类。天然高分子凝胶载体包括琼脂、角叉菜胶、海藻酸钙等，这些材料一般无毒，有较好的传质性，但机械强度不高，易被微生物分解。几种常见有机载体的性能比较，列举在表 8 – 2 中。合成高分子凝胶载体包括聚丙烯酰胺凝胶、聚乙烯醇凝胶等。聚乙烯醇是一种新型包埋载体，它机械强度高、化学稳定性好、抗微生物生物分解性能强、对微生物无毒且价格低廉。如 Jiang 等将聚乙烯醇凝胶固定的鲍曼不动杆菌 BS8Y 用于苯酚的生物降解，结果表明固定化细胞比游离细胞具有更好的性能。

表 8 –2　　　　　　　　　　　　几种常见有机载体材料的性能比较

载体材料	压缩强度	耐生物分解性	固定化难易	生物毒性
聚乙烯醇 – 硼酸	2.75	好	较易	一般
海藻酸钙	0.8	较好	易	无
卡拉胶	0.8	较差	易	无
聚丙烯酰胺	1.4	好	难	较强
明胶	0.4	差	易	无
琼脂	0.5	差	易	无

②无机载体：多具有多孔结构，通过物理吸附作用和点和效应进行细胞的固定，包括硅藻土、活性炭、陶珠和氧化铝等。具有机械强度大、无毒、不易降解的优点，但与细胞的结合不牢固，易发生细胞脱落现象。

③复合载体：是有机材料和无机材料相结合而成的固定化载体。它有效利用了两种材料的

优点，将各种材料的缺点尽可能弥补，制备的固定化细胞在机械强度、稳定性等方面的性能有较大的提高。

二、 固定化细胞特点

固定化活细胞更接近于天然细胞酶系统的催化作用，但从其反应机理来看比固定化酶更复杂：

（1）固定化对酶产生的某些影响对细胞同样表现出增加其稳定性，其稳定性还可因两价离子存在和因抗菌素存在而增加；

（2）细胞内环境的相对恒定和细胞的缓冲作用，固定化对胞内酶产生的影响不像固定化酶那样明显；

（3）固定化细胞除了受固定化因素影响外，还受细胞结构及细胞膜透性影响，如果经一定条件保温或表面活性剂处理，其酶活力相应增加；

（4）固定化细胞还要考虑菌体生长、生理生化及它们在颗粒内的分布等问题。

固定化活细胞又称增殖性固定化细胞。细胞经固定化后，在培养基中仍可使细胞生长繁殖。例如，采用琼脂包埋的酵母菌，在培养基中培养 2d，其酵母细胞数由 10^6 个/cm^3 增殖至 $10^9 \sim 10^{10}$ 个/cm^3。

细胞经固定化后酶不会受外界环境影响，在细胞中比较稳定，特别对于需要辅酶的酶类再生辅酶或其他辅助因子就显得更为容易。

三、 固定化细胞制备方法

固定化活细胞的制备条件比固定化酶更要温和，其制备方法主要有物理吸附法、包埋法、共价法和交联法。

（一）物理吸附法

物理吸附法是利用载体和细胞表面所带电荷的静电引力，使细胞吸附于载体上。载体对微生物的吸附主要是细胞表面与载体表面间的范德华力和离子型氢键的静电相互作用的结果，两者间的 γ 电位与细胞壁组成和带电性质，载体性质一同影响吸附作用的强弱。吸附法条件温和，操作简单，对细胞活性影响小，但操作稳定性不高。

例如，酿酒酵母在 pH4 条件下带负电，选择带正电陶瓷作为载体，通过其间的静电作用，可把 70% 以上酵母牢固地吸附住。

又如利用 α - 甘露聚糖和伴刀豆球蛋白 A 的专一亲和力，也可将酿酒酵母连接到伴刀豆球蛋白 A 上而达到固定化的目的。因为酿酒酵母的细胞壁含有 α - 甘露聚糖。

（二）包埋法

包埋法是将细胞包埋在多孔载体内部而制成固定化细胞的方法。根据载体材料和方法的不同，分为凝胶包埋法和半透膜包埋法。包埋法条件温和，细胞容量高但成本低，是细胞固定化最常用的方法。一般采用的载体为琼脂、海藻酸钙、角叉莱聚糖、明胶、壳聚糖等。

（1）琼脂包埋法　配置一定浓度琼脂，加热熔化，冷却至 50℃ 时与细胞悬浮液混匀，在四氯乙烯溶液中形成珠状或冷却后切成块状。

（2）海藻酸钙包埋法　在室温条件下配制一定浓度的海藻酸钠，与细胞悬浮液混匀，然后滴加到氯化钙溶液中形成珠状。一般 10g 凝胶可以包埋 200g 细胞（干重）。

（3）κ-角叉莱聚糖包埋法　配制一定浓度κ-角叉莱聚糖，加热溶化后，冷却至35℃，与细胞混匀，然后滴加带氯化钾溶液或其他二价或三价金属离子溶液变成凝胶。可制成珠状、膜状或切成块。为了提高其颗粒强度，用戊二醛进行交联。

（4）明胶包埋法　配制成10%明胶，加热溶化后，冷却至32℃，与细胞混匀，然后制成一定形状，用戊二醛交联，以提高其稳定性。

（5）壳聚糖包埋法　粉末状或片状壳聚糖先用醋酸或盐酸溶解，再用注射器滴入凝结液制成球状颗粒，蒸馏水洗至中性，丙酮洗涂脱水，50℃真空干燥制成微球形多孔壳聚糖载体，然后与细胞混匀并用戊二醛交联，制成固定化活细胞。

（三）交联法

交联法是利用双功能或多功能试剂与细胞表面的反应基团反应达到固定细胞的作用。该法可提高单位体积中的细胞浓度，但由于细胞机械强度低，无法再生，且试剂毒性强，使其应用受到限制，实际中常与其他方法联合使用。

（四）共价法

共价法是利用细胞表面的反应基团与活化的无机或有机载体反应，形成共价键将细胞固定。该固定法稳定性高，但由于其反应激烈，条件难控，试剂毒性强，一般只能用于死细胞的固定化上。

固定化活细胞在食品、化工生产中已得到有效应用。20世纪70年代末，法国研究成功固定化细胞生产啤酒；80年代初我国居乃琥等用固定化细胞批量生产啤酒和酒精。目前批量应用于生产啤酒、酒精、氨基酸、有机酸、酶制剂、果葡糖等。其中用于固定化微生物细胞生产葡萄糖异构酶，在制造高果糖浆发挥着巨大作用。例如，美国Miles公司采用海藻酸钠为载体，并用戊二醛交联的木立黄杆菌（*Flavobacterium arborescers*）细胞生产固定化葡萄糖异构酶"Takasweet"，其生产能力比游离葡萄糖异构酶提高2~3倍，丹麦Novozyme公司采用固定化鼠灰链霉菌（*S. murinus*）突变株制成固定化异构酶"SweetzymeT"，生产能力比游离酶提高3~5倍，其固定化酶的技术已发展到第三代的水平。

我国学者王思新采用酿酒酵母（*Saccharomyces cerevisiae*），以海藻酸钠为载体固定化，在培养液中增殖，应用于苹果鲜榨汁及浓缩汁为原料的果酒发酵，其研究结果，固定化活细胞半衰期达到48d，可批量生产周期比分批发酵生产周期缩短一半。我国水果资源极为丰富，该研究成果为传统果酒发酵生产的革新提供科学依据。

第六节　酶反应器

一、酶反应器

酶催化反应是指在均相或非均相系统中由酶参与的将底物转变为产物过程。酶和固定化酶在体外进行催化反应时，都必须在一定的反应容器中进行，以便控制酶催化反应的各种条件和催化反应的速度。用于酶进行催化反应的容器及其附属设备称为酶反应器。酶反应器是用于完成酶促反应的核心装置。它为酶催化反应提供合适的场所和最佳的反应条件，以便在酶的催化下，使底物（原料）最大限度地转化成产物。它处于酶催化应过程的中心地位，是连接原料和产物的桥梁（图 8 - 18）。

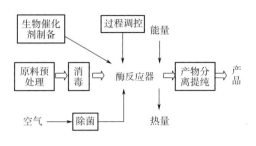

选择酶反应器的选择需要考虑的因素：①酶适宜的应用形式选择；②适宜的反应器的选择；③适宜的反应器操作条件的选择。

图 8 - 18　酶催化反应示意图

二、　酶反应器类型

（1）按结构区分　搅拌罐式反应器（stirred tank reactor，STR）；填充床式反应器（packed bed reactor，PBR）；流化床式反应器（fluidized bed reactor，FBR）；膜反应器（membrane reactor，MR）；鼓泡式反应器（bubble column reactor，BCR）；喷射式反应器（projectional reactor，PR）。

（2）按操作方式区分　分批式反应（Batch - reaction）；连续式反应（Continuous - reaction）；流加分批式反应（Feeding - batch - reaction）。

（3）混合形式　连续搅拌罐反应器（continuous stirred tank reactor，CSTR）；分批搅拌罐反应器（batch stirred tank reactor，BSTR）。

三、　酶反应器特点

1. 分批搅拌罐反应器（BSTR）

分批搅拌罐反应器又称为批量反应器（Batch reactor，BSTR）、间歇式搅拌罐、搅拌式反应罐。其特点是：底物与酶一次性投入反应器内，产物一次性取出；反应完成之后，固定化酶（细胞）用过滤法或超滤法回收，再转入下一批反应。该装置较简单，造价较低，传质阻力很小，反应能很迅速达到稳态。但是操作麻烦，固定化酶经反复回收使用时，易失去活性，故在工业生产中，分批搅拌罐反应器很少用于固定化酶，但常用于游离酶（图 8 - 19）。

2. 连续式酶反应器（CSTR）

连续式酶反应器又称为连续搅拌釜式反应器（continuous stirred tank reactor，CSTR）、连续式搅拌罐。向反应器投入固定化酶和底物溶液，不断搅拌，反应达到平衡之后，再以恒定的流速连续流入底物溶液，同时，以相同流速输出反应液（含产物）。在理想状况下，混合良好，各部分组成相同，并与输出成分一致。该装置缺点是搅拌浆剪切力大，易打碎磨损固定化酶颗粒（图 8 - 20）。

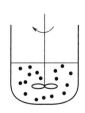

图 8 - 19　分批搅拌罐反应器（BSTR）

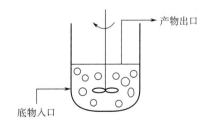

图 8 - 20　连续式酶反应器（CSTR）

3. 填充床反应器（PBR）

填充床反应器可填充多向异性半透性中空纤维制成管状，内部填充酶膜、酶片等。运转时底物按照一定方向，以恒定速度通过反应床。柱的横截面积上液体流动速度相等，不考虑流动方向上的速度梯度与温度梯度，以及轴向上的底物扩散因素时，整个反应器可以看作是处于活塞式流动状态，称为活塞式流动反应器或填充床反应器。该装置优点是高效率、易操作、结构简单等，因而，填充床反应器是目前工业生产及研究中应用最为普遍的反应器。它适用于各种形状的固定化酶和不含固体颗粒、黏度不大的底物溶液，以及有产物抑制的转化反应。缺点是温度和 pH 难以控制；清洗和更换部分固定化酶较麻烦；床内有自压缩倾向，易堵塞；床内压力降大，底物必须在加压下才能进入。装置如图 8 – 21 所示。

4. 流化床反应器（FBR）

固定化酶颗粒装进反应桶中，反应时，固定化酶颗粒在反应器中呈动态，而反应底物与产物则可以连续进与出，其结构如图 8 – 22 所示。

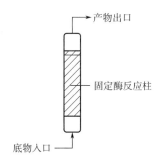

图 8 –21 填充床式反应器（PBR）

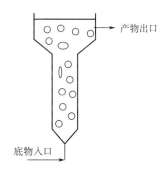

图 8 –22 流化床反应器（FBR）

底物溶液以足够大的流速，从反应器底部向上通过固定化酶流化床时，便能使固定化酶颗粒始终处于流化状态。其流动方式使反应液的混合程度介于 CSTR 的全混型和 PBR 的平推流型之间。FBR 可用于处理黏度较大和含有固体颗粒的底物溶液，同时，也可用于需要供气体或排放气体的酶反应（即固、液、气三相反应）。但因 FBR 混合均匀，故不适用于有产物抑制的酶反应。

5. 连续搅拌罐 – 超滤膜反应器（CSTR – UF）

CSTR – UR 结构是 CSTR 与超滤装置联用的酶膜反应器，通过超滤装置，酶可以循环使用，液体酶与固定化酶均可使用，其结构如图 8 – 23 所示。

6. 鼓泡式反应器（BCR）

鼓泡式反应器（bubble column reactor, BCR）是利用从反应器底部通入的气体产生的大量气泡，在上升过程中起到提供反应底物和混合两种作用的一类反应器。也是一种无搅拌装置的反应器。鼓泡式反应器可以用

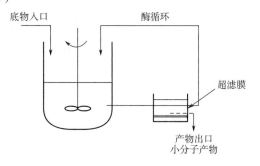

图 8 –23 连续搅拌罐 –超滤膜反应器

于游离酶和固定化酶的催化反应。在使用鼓泡式反应器进行固定化酶的催化反应时，反应系统中存在固、液、气三相，又称为三相流化床式反应器。鼓泡式反应器的结构简单，操作容易，

剪切力小，物质与热量的传递效率高，是有气体参与的酶催化反应中常用的一种反应器。例如氧化酶催化反应需要供给氧气，羧化酶的催化反应需要供给二氧化碳等。鼓泡式反应器结构与流化床反应器类似，底部有气体分散板或其他形式的气体分散装置。固定化酶放入反应器内，底物与气体从底部通入（图 8 - 24）。

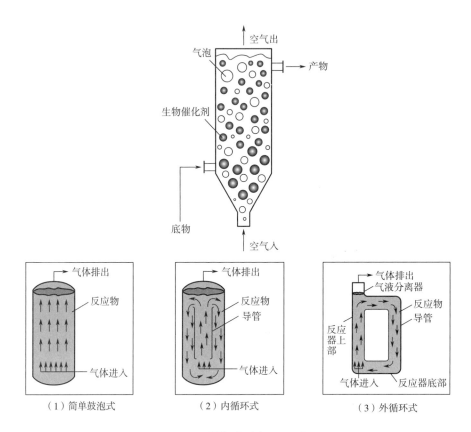

图 8 - 24　鼓泡式反应器（BCR）

7. 膜反应器（MR）

使用膜式反应器能使酶反应连续进行，酶得到反复的高效利用，产率提高，操作成本下降。与填充式、流化床式反应器相比，膜的选择性透过作用可使产物透过膜，而底物却被截留在膜的另一侧，反应平衡时生成产物的方向一侧。而且，对那些产物阻遏的酶反应，产物透过膜孔不断分离去除而解除了阻遏，使反应向正方向进行。

膜反应器可以制成平板型、螺旋型、管型、中空纤维型、转盘型等多种形状。常用的是中空纤维反应器。

中空纤维膜反应器由数千根醋酸纤维制成的中空纤维管，固定在反应器中。内径 200 ～ 500μm，外径 300 ～ 900μm；内层紧密光滑，多微孔，具一定分子质量截留值（截留酶/细胞）；外层为多孔海绵状支持层，酶固定于此（或内外相反），如图 8 - 25 所示。

中空纤维膜的工作原理：培养基和空气从中空纤维膜的内腔流入，底物透过纤维内壁上的微孔进入固定化催化剂层，经酶或细胞催化生成产物，再经微孔，流入中空纤维。固定化酶或细胞因体积大，无法透过纤维膜孔而被截留（图 8 - 26）。

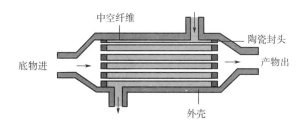

图 8 -25　中空纤维膜反应器（MR）

　　膜反应器的优点：游离酶和固定化酶均适用；催化剂（酶、细胞）与底物、产物分离容易；可作用于产物对酶有抑制作用的情况。缺点：酶易在膜上吸附损失；膜会因为污染或微孔堵塞而导致工作能力下降；放大成本高昂。

　　8. 喷射式反应器（PR）

　　喷射式反应器（projectional reactor，PR）是利用高压蒸汽喷射作用，实现酶与底物混合，进行高温瞬时反应的一种反应器。喷射式反应器结构简单、体积小、混合均匀、反应快（图 8 -27）。只适用于耐高温游离酶的连续催化反应，如高温淀粉酶。

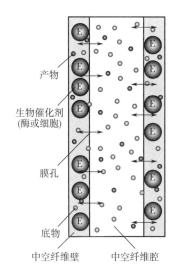

图 8 -26　中空纤维膜的工作原理

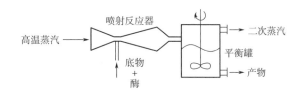

图 8 -27　喷射式反应器

四、酶反应器的特点比较

　　不同酶反应器的特点如表 8 -3 所示。

表 8 -3　　　　　　　　　　　　　不同酶反应器的特点

反应器类型	操作方式	适用的酶	主要特点
搅拌罐	分批、流加、连续式	游离酶固定化酶	设备简单，操作方便；酶与底物混合较均匀；传质阻力小；反应条件易控制

续表

反应器类型	操作方式	适用的酶	主要特点
填充床	连续式	固定化酶	设备简单，操作方便；单位体积内催化剂密度高；床层有压降；最普遍
流化床	连续式	固定化酶	混合均匀，传热传质效果好；不易堵塞，可处理黏度较大的料液
鼓泡式	分批、流加、连续式	游离酶 固定化酶	剪切力小；混合效果好，传热传质效率高；适用于有气体参与的反应
膜反应器	连续式	游离酶 固定化酶	集反应和分离于一体，效率高；膜孔容易堵塞；存在浓差极化现象；放大成本高
喷射式	连续式	游离酶	瞬时催化，仅适用于耐高温游离酶

第九章

CHAPTER

酶分子改造和修饰

酶的化学本质是蛋白质和某些核糖核酸，这些生命大分子物质之所以能显示其催化功能和其他活性，是由其一定的天然空间构象所决定的。而维持其空间结构的化学键包括氢键、二硫键、盐键及其他金属键等。这些键易受外界条件影响而断裂。天然生物酶分子最大的缺点是不稳定性。因此，对酶分子进行修饰和改造具有重要学术价值和实践意义。

酶分子修饰传统方法是采用物理、化学方法和酶法，随着固定化技术和基因工程技术的发展，已能采用定位突变和定向进化技术对酶分子进行改造。

第一节　酶的化学修饰

酶的化学修饰（chemical modification）是指利用化学手段将某些化学物质或基团结合到酶分子上，或将酶分子的某部分删除或置换，改变酶的理化性质，最终达到改变酶的催化性质的目的。酶的化学修饰主要方法有以下几种。

（一）大分子结合修饰

大分子结合修饰是酶分子修饰中重要修饰方法之一。经过修饰后的酶可显著提高酶活力。例如，每分子胰凝乳蛋白酶与 11 分子右旋糖酐结合，酶活力比原来酶活力提高 5.1 倍；大分子物质可在酶分子外围形成保护层，从而保护酶的空间构象，使酶稳定性大大提高。如超氧化物歧化酶（SOD）在血浆中的半衰期仅为 6~30min，经过大分子结合修饰后，半衰期延长 70~350 倍（表 9-1）。经过大分子结合修饰后，可大大降低或消除酶蛋白的抗原性。例如，用聚乙二醇修饰精氨酸酶及 SOD 后，可使其抗原性显著降低；对白血病有显著疗效的 L-天冬酰胺酶经右旋糖酐或聚乙二醇结合修饰后，都可使抗原性显著降低甚至消除。

表 9-1　　　　　　　　　　天然及经修饰的 SOD 在人血浆中的半衰期

酶	半衰期	酶	半衰期
天然 SOD	6min	高分子质量 SOD	24h
右旋糖苷 SOD	7h	聚乙二醇 SOD	35h
低分子质量 SOD	14h		

目前，通常采用的水溶性大分子修饰剂有：右旋糖苷、聚乙二醇（PEG）、聚蔗糖、β-环糊精、琼脂糖、壳聚糖、聚丙氨酸、白蛋白、明胶、淀粉、硬脂酸等。

（二）肽链有限水解修饰

将酶蛋白中的肽链进行有限水解，使酶的空间结构发生某些改变，从而改变酶的特性和功能的方法，称为肽链有限水解修饰。这种修饰通常使用某些专一性较高的蛋白酶或肽酶作为修饰剂。

肽链有限水解既可保持酶活力，又可降低其抗原性。有此法修饰的酶有木瓜蛋白酶、真菌蛋白酶、胰酶和胃蛋白酶等。例如，木瓜蛋白酶由 180 个氨基酸连接而成，若用蛋白酶有限水解，除去其肽链的 2/3，即除去 120 个氨基酸组成的多肽段，仍可保持其酶活力，但是，其抗原性大大降低；又如，酵母的烯醇化酶水解除去 150 个氨基酸组成的肽段后，酶活力仍可保持，抗原性也可显著降低。

除用蛋白酶对酶进行有限水解外，也可用化学方法进行修饰。例如，枯草杆菌中性蛋白酶，先用乙二胺四乙酸（EDTA）等金属螯合剂处理，再经纯水或稀盐溶液透析，可使蛋白酶部分水解，得到仍有酶活力的小分子肽段。用作消炎剂时，不产生抗原性，仍可表现良好的疗效。但是化学方法水解修饰，往往作用条件剧烈，易导致蛋白质功能特性及生物活性降低或丧失。

（三）侧链基团修饰

酶分子的侧链基团修饰，可采用荧光剂作为修饰剂，可通过荧光光谱分析了解酶分子的构象；可研究各种基团在酶分子中的作用、结构、特性和功能。如 α-胰凝乳蛋白酶侧链的氨基修饰形成亲水性更强的—NH—COOH，酶的热稳定性在 60℃时提高 1000 倍，这种酶能在极端条件而不失活，具有很高的应用价值。经过这种方法修饰后的酶制剂，特别是蛋白酶和脂肪酶，在食品行业和洗涤剂行业中显示出巨大的应用潜力。

（四）分子内或分子间交联

某些含有双功能基团的化合物如戊二醛、己二胺、葡聚糖二乙醛等，它们可使酶分子内或分子间肽链的两个游离氨基酸侧链基团之间形成共价交联，这种修饰方法称为分子内或分子间交联。

通过分子内交联修饰，可以使酶分子的空间构象更稳定，从而提高酶分子的稳定性。例如，采用葡聚糖二乙醛对青霉素酰化酶进行分子内交联修饰，可使该酶在 55℃时半衰期延长 9 倍，而最大反应速度不变。

分子间修饰主要产生杂合酶，如有人用戊二醛将胰蛋白酶和胰凝乳蛋白酶交联在一起，可将生理功能不同的两种药用酶交联在一起，便可在体内将它们输送到同一个部位从而提高药效。

（五）氨基酸置换修饰

将酶分子肽链上的某一个氨基酸置换成另一个氨基酸的修饰方法，称为氨基酸置换修饰。例如，利用化学修饰法将枯草杆菌蛋白酶活性部位的丝氨酸转换为半胱氨酸，但是化学修饰法专一性差，而且要对酶分子进行逐个修饰，难以工业化生产。

（六）金属离子置换修饰

通过金属离子置换修饰，可以了解各种金属离子在酶催化过程中的作用。例如，酰基化氨基酸水解的活性部位含有 Zn^{2+}，用 Co^{2+} 置换后，其催化 N – 氯 – 乙酰丙氨酸水解的最适 pH 从 8.5 降低为 7.0。该酶对 N – 氯 – 乙酰丙氨酸的米氏常数 K_m 增大，亲和力降低；同时，Co^{2+} 对 N – 氯 – 乙酰丙氨酸等六种底物的水解活力增加，而对 N – 氯 – 乙酰蛋氨酸等三种底物活力降低。在实际应用中可对不同底物选用不同的酶。

第二节　酶法有限水解

若采用适当的方法将酶蛋白的肽链进行有限水解，既可保持酶活力，又可降低其抗原性，有些酶蛋白原来没有活性或者酶活力不高，利用蛋白酶对这些蛋白质进行有限水解后，除去一部分氨基酸或肽段，可使酶的空间构型发生某些精细的改变从而提高酶的催化能力。体内酶原的激活作用实质上便是一种自发的有限水解修饰。X 射线衍射结果表明（分辨率 2.0nm），α – 胰凝乳蛋白酶具有球形的三维结构，5 个氨基酸残基即 N – 末端的 Ile16、Asp194、Asp102、Ser195 和 His57 对该酶的活性来说是重要的，酶的活性部位之所以具有催化反应的活性就是这 5 个氨基酸残基协同作用的结果。这些氨基酸残基在酶蛋白的一级结构中排列序数相距很远。生物体内首先合成的胰蛋白酶原 A 和 B 是没有活性的。胰凝乳蛋白酶原 A 是由 245 个氨基酸残基构成的一条多肽链，当连接 Arg15 和 Ile16 的肽键被胰蛋白酶裂开时，酶原转变成有活性的酶。π – 胰凝乳蛋白酶原经自我消化作用除去两个肽后产生 α – 胰凝乳蛋白酶。在体外，也可以利用这一方法来提高酶蛋白的催化活性。例如，胰蛋白酶原用蛋白酶修饰，除去一个六肽，即可显示出胰蛋白酶的催化活性。

第三节　亲和标记修饰

亲和标记是一种特殊的化学修饰方法。早期人们利用底物或过渡态类似物作为竞争性抑制剂来探索酶的活性部位结构。如果某一试剂使酶失活，那么可以推断能与该试剂反应的氨基酸是酶活力所必需的。利用此技术对研究酶的活性部位结构已经取得许多有价值的结果。但是一般的化学修饰技术最突出的局限性是专一性不高，它们与酶分子反应时，不仅能作用于活性部位的必需基团，而且也能作用于活性部位以外的同类基团，这种局限性虽然可以通过底物保护的方法进行差示标记（differential labeling），但操作较繁杂。因此，为了提高修饰反应的专一性，将上述两种方法结合起来，在底物类似物上结合化学反应基团，使它们与酶有较高的亲和力而引入酶的活性部位，因而抑制剂在活性部位的浓度远高于活性部位以外的区域，从而与酶共价结合使酶失活。这类试剂称为导向活性部位的抑制剂，又称亲和标记试剂。例如，胰凝乳蛋白酶的共价抑制剂对 – 甲苯磺酰 – L – 苯丙氨酰氯甲酮（TPCK）就是这类抑制剂。

亲和标记试剂有两种形式：K_s 型和 K_{cat} 型。K_s 型抑制剂是底物类似物上结合有化学活性基团。它的专一性，仅取决于它与酶结合的亲和力。K_{cat} 型抑制剂的专一性不仅取决于抑制剂与酶结合的亲和力，而且取决于它作为酶底物的有效性。这种底物具有潜在的化学反应基团，当它被酶作用后转变成有高度化学反应性能的基团，从而与酶的活性部位共价结合，因此这类化合物又称为"自杀底物"（suicide substrate）。

用 E 和 S_i 分别代表酶和自杀底物，I 为 S_i 被催化后的抑制物，反应式表示如下：

$$E + S_i \xrightleftharpoons{K_s} ES_i \xrightarrow{K_{cat}} E \cdot I \xrightarrow{K_i} E - I$$

式中，K_s 为 ES_i 的解离常数，K_{cat} 为 ES_i 转化为 EI 的催化常数，K_i 是 E 和 I 形成共价结合的速度常数。抑制剂作用的有效性和专一性不但与 K_s 有关，同时还取决于 K_{cat}。因为 S_i 单独与 E 结合还不能形成抑制剂，只有生成产物 I 以后才有抑制作用。K_{cat} 越大，生成产物的速度越快，抑制作用越强。K_{cat} 比 K_s 有更高的专一性，因为它需要酶的催化才能形成酶的抑制剂。因此，即使几种酶的底物有相同的空间结构，都能与 S_i 结合，但不同的酶催化底物的反应性能不同。只有能使 ES_i 生成 I 的酶才受 S_i 的抑制。而且生成 I 的场所就在活性部位。"I"能够集中地"攻击"活性部位必需基团，因此 K_{cat} 型抑制剂是专一性极高的试剂，已广泛地应用于探索酶的活性部位结构和研究酶的作用机制，在医疗上也有极大的应用价值。

一个不可逆抑制剂是否引入酶的活性部位，可以利用下列几点来判断：

（1）与抑制剂作用后，酶完全失活，酶和抑制剂的反应以化学计量进行，即 1mol 抑制剂与 1mol 酶作用引起 100% 的失活。

（2）酶活力的丧失程度依赖于反应时间，与抑制剂的浓度有化学计量关系，抑制反应动力学表现为一级反应。

（3）真正的底物或竞争性抑制剂能阻止抑制作用。

这类抑制剂有 3，5/4，6 - 环己烯四醇 B 环氧合物、3，5/4，6 - 四羟基环氧乙烷等。肌醇（inositol）具有葡萄糖吡喃环相似的结构，引入一个化学活性基团——环氧基团到肌醇分子中，得到它的衍生物——3，5/4，6 - 环己烯四醇 B 环氧合物（conduritol B epoxide）。该化合物对糖苷酶有很高的亲和力，分子内潜在的化学活性基团——环氧环在酶的催化作用下，发生类似底物质子化的变化而受到活化，变成对酶有高度反应活性的基团，能专一地不可逆地作用于不同来源的 β - 葡萄糖苷酶，包括曲霉属、酵母、苦杏仁、蜗牛和哺乳动物等。对酵母的 α - 葡萄糖苷酶、果糖苷酶，对兔小肠蔗糖酶和异麦芽糖酶能够共价抑制，属于 K_{cat} 型抑制剂。

第四节　酶的基因修饰技术

在蛋白质工程出现以前，人们改造蛋白质分子的手段有诱发突变、蛋白质化学修饰等。诱发突变随机性大，是否能获得预期性的突变体，只有等待自然界的恩赐。蛋白质化学修饰在一定程度上可按照我们的意愿对分子局部实施手术，但由于化学修饰反应的不专一性以及由此而带来相应的副反应就很难对修饰结果作出结论性判断。同时，对分子内部一些疏水侧链氨基酸生物学作用的研究有局限性。在基因工程取得巨大成就的今天，由于限制性内切酶、DNA 聚合酶、末端转移酶、DNA 连接酶等工具酶以及各种载体的运用和发现，完全有可能克隆自然界所发现的任何一种已知蛋白质基因，并且通过发酵或细胞培养可生产足够量的这种蛋白质。

因此，人们设想通过对编码蛋白质基因的定位突变和定向进化技术，人为地形成蛋白质突变体，为蛋白质工程修饰酶分子奠定了基础。

（一）定位突变技术

氨基酸是由一个三联密码所决定，其中第一或第二碱基决定了氨基酸的性质。因此，只需改变第一或第二碱基，就可以改变蛋白质分子中一种氨基酸残基为另一种氨基酸残基所取代，称作定位突变（Site - directed mutagenesis）。定位突变需借助噬菌体 M_{13} 的帮助，M_{13} 的生长周期有两个阶段，当处于细胞外发酵液中时，质粒中的基因组以单链 DNA 形式存在。当侵入寄主细胞后，单链 DNA 基因组复制时以双链复制型存在。利用它生活周期的这一特点，可制备单链 DNA 模板分子，经过改造后的 M_{13} 分子含多个限制性内切酶位点，可用来插入所要研究的基因。位点需要一段寡聚核苷酸，其碱基顺序与模板分子中插入的基因顺序互补，但在欲改变的一个或几个碱基位点用别的非互补的碱基代替，这样因碱基不互补不能配对，所以当引物与模板形成杂交分子（退火）时，它们与相应碱基不能形成氢键，称为错配对碱基，在适当条件下，含错配对碱基引物分子与模板杂交，在 DNA 聚合酶 I 大片段作用下从引物的 3′端沿模板合成相应互补链，在 T_4 连接酶作用下形成闭环双链分子。经转染大肠杆菌，双链分子进入细胞后将分开并各自复制自己的互补分子。因此，可得到含两种噬菌体的噬菌斑，一种由原来链复制产生，称为野生型。另一种由错配碱基链产生，称为突变型。应用 DNA 顺序测定方法或生物学方法筛选，可以从大量野生型背景中找到突变体，从而分离出突变型基因，经转入表达系统可得突变型蛋白质。图 9 - 1 所示为酪氨酸 tRNA 合成酶 Cys - 35 定点突变示意图，其基本程序是：①先将其基因克隆于 PBR322，它可以在 *E. coli* 中高效表达然后再克隆到 $M_{13}mp_{93}$ 上；②合成引物 5′ - CAAACCCGCT GTAGAG - 3′，pBR_{322} 这个引物只有与 Cys - 35 密码子 TGC 中的 T 不能配对外，其余均能与模板互补；③借助 Klenow 酶和连接酶作用使引物延伸合成闭合环，通过蔗糖密度梯度离心分出共价闭环 DNA，转入 *E. coli* 让 M_{13} 扩增；④从 *E. coli* 培养物中分出噬菌体，点到硝酸纤维滤纸上，并用 5′ - 32P 标记的引物进行印迹杂交，同时通过升高温度选择性地将标记引物从野生型基因上洗下，筛选出突变株。

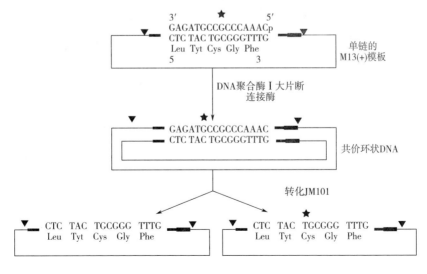

图 9 - 1 定点突变过程示意图

（二）盒式突变技术

盒式突变（Cassette mutagenesis）又称片段取代法（Fragment replacement），这是 1985 年由 Wells 提出的一种基因修饰技术，它可经过一次修饰，在一个位点上产生 20 种不同氨基酸的突变体，从而可以对蛋白质分子中某些重要氨基酸进行"饱和性"分析，大大缩短了"误试"分析的时间，加快了蛋白质工程的研究速度。

加酶洗涤剂中使用的蛋白酶主要是枯草杆菌蛋白酶，由于它易遭氧化失活，因此洗涤剂中添加的漂白剂大大降低了该酶的酶效。氧化失活可以归因于活性 Ser 邻近第 222 位甲硫氨酸的氧化，尽管这个酶的空间结构已被测定，但我们无法从分子模型预示何种氨基酸替换甲硫氨酸能维持酶的活性并同时改善对氧化的稳定性。为此 Wells 提出盒式突变方法，其要点是：首先应用定位突变技术，在拟改造的氨基酸密码两侧造成两个原质粒和基因上没有新的限制性内切酶位点，然后将改造过的基因用于新位点的限制性内切酶消化，并随后将 5 种双链的 25 聚寡核苷酸在连接酶的作用下插入切口，每种双链寡聚核苷酸包含有一个三联密码的改变，形成 5 种不同质粒，经筛选并转入蛋白质水解酶缺陷型枯草杆菌突变株 BG2036。从发酵液中可分离得到不同突变的枯草杆菌蛋白酶。从 4 组 25 聚寡核苷酸混合物分别可以得到在 222 位甲硫氨酸为 19 种氨基酸替换的枯草杆菌蛋白酶突变体。结果表明，突变酶对合成底物的活力除 C - 222 突变体比原酶有所提高（138%）外，其余突变酶活力都有不同程度的下降，这些都很难从模型上预测。重要的是 Ala - 222、Ser - 222、Leu - 222 突变体保留有 50% 酶活力，并可在 1mol/L 过氧化氢存在下 1h 不丧失酶活力，因此现在有可能生产出加酶漂白洗涤剂。

（三）蛋白质工程修饰酶分子

迄今人们已发现并鉴定了数千种酶，但真正有商业价值的不多，这是因为酶的生产成本高，同时由于自然界来源的酶的性质尚存在不稳定性问题，半衰期短，在实际应用上有其一定的局限性。20 世纪 80 年代美国 Genex 公司 K. ulmer 第一次提出蛋白质工程概念，并建立了专门研究实体，制订了相应研究的开发计划。蛋白质工程程序如图 9 - 2 所示。

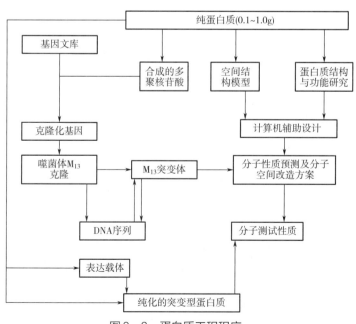

图 9 - 2　蛋白质工程程序

溶菌酶是一个广泛应用于食品、医药工业的酶，由于其催化速率随温度升高而升高，因此，如何解决酶的热稳定性是一个关键性问题。T_4 溶菌酶的晶体结构研究表明，其分子含一条肽链，并折叠形成两个在空间上相对独立的单元（结构域）。活性部位位于两个结构域之间，该分子含 97 位和 54 位两个未形成二硫键的半胱氨酸。二硫键是稳定蛋白质分子的空间结构重要的化学键，能将分子牢固地联结在一起。因此，提高酶热稳定性最通常的办法是在分子中增加一对或数对二硫键。Perry 基于对空间结构模型的仔细分析，选择通过突变溶菌酶第三位 Ile 为 Cys 来构建一对二硫键，结果与预想的一样，67℃时突变酶的半衰期由原来的 11min 提高到 6h。如果同时用碘乙酸封闭余下的第 54 位的 Cys 或将其突变为 Thr 或 Val，则同时提高了酶的抗氧化活力，新引入的"二硫键"稳定了两个结构域之间的相对位置，从而稳定了由两个结构域所形成的活性部位。引入二硫键时必须避免由于二硫键的引入带来的分子构象的改变所产生的失活效应。

改变工业用酶的最适 pH 是蛋白质工程的另一重要目标，葡萄糖异构酶是一个很好的例子。以淀粉为原料，经淀粉酶和糖化酶的作用生成葡萄糖浆，再以葡萄糖异构酶作用生成高果糖浆，这是一种新型的食品饮料甜味剂。糖化酶的反应 pH 为酸性，但葡萄糖异构酶的最适作用 pH 为碱性。虽然一些细菌来源的葡萄糖异构酶在 80℃稳定，但在碱性 pH 下 80℃将使糖浆"焦化"并产生有害物质，因此反应仅能在 60℃下进行。如果能将酶作用的最适 pH 改在酸性，则不仅可使反应在高温下进行，也会避免反复调节 pH 过程中所产生的盐离子，从而省去最后离子交换一步，其经济效益显而易见。

（四）体外定向进化技术

近几年，出现所谓酶的体外定向进化技术（Direction evolution in vitro），它是模拟自然进化过程，在体外进行基因的人工随机突变，建立突变基因文库，在人工控制条件下，定向选择获得具有优良特性酶的突变体的技术过程。例如，1993 年 K. Q. Chen 等通过容错 PCR 技术进行定向进化，促使枯草杆菌蛋白酶在非水相催化活性提高 157 倍；2000 年 L. Z. Wang 等用容错 PCR 技术进行定向进化，使天冬氨酸酶的 K_m 值降低到 46%，酶活力提高 28 倍。

1. DNA 体外定向进化过程

蛋白质的定向进化技术开始于随机 DNA 片段库的建立与基因多样性文库的产生，然后通过高通量筛选选择，鉴别蛋白质的特性发生改善的基因，并将上述基因再诱变、筛选、积累有益的突变。通过 DNA 定向进化，可大大加快不同品种或不同基因型之间的重组进化速度，DNA 体外进化的过程主要包括：

（1）通过随机突变或基因重组创造基因多样性，建立突变文库；

（2）突变体在适当生物体内建立表达与分析蛋白库；

（3）高通量筛选检出由一个氨基酸置换而引起的预期性状改善，精确选取阳性结果，供进一步进化；

（4）此过程的不断循环直至获得预期性状的新型蛋白质。

目前，已发展的定向进化常见的有容错 PCR（Error－prone PCR）、交错延伸（Stagger extension process）和体外随机定位突变（Random site directed mutagenesis in vitro）等技术。

2. 容错 PCR（Error－prone PCR）技术

容错 PCR 是指在利用 Taq 酶进行目的基因的 PCR 扩增的同时引入碱基错配，导致目的基因随机突变的一种 DNA 体外进化技术。容错 PCR 是通过控制适当的反应条件，改变二阶段离子浓度和 pH，使 Taq 聚合酶在基因扩增过程中，以可控制的比率使碱基发生错掺。例如，以每代每序列有 2~3 个碱基置换或一个氨基酸替代。一般而言，较高的错掺率将产生中性突变或有害突变。存在于许多突变体当中的有益突变可以用重组 PCR 的方法将它们组合，通过重组可以去除中性突变和有害突变。其他 PCR 改组方法包括：交错延伸（Stagger extension process，SEP）是在 PCR 反应中把常规的退火和延伸合并为一步，大大缩短其反应时间，从而只能合成出非常短的新生链。经变性的新生链再作为引物与体系内同时存在的不同模板退火而继续延伸。此过程反复进行，直到产生完整的基因长度，结果产生间隔的含不同模板序列的新生 DNA 分子。

3. 体外定向进化技术在酶制剂改造中的应用

提高酶的催化活性和稳定性是人们对酶蛋白进行改造的两个最基本愿望。例如，L–天冬氨酸酶是一个重要的工业用酶，主要用于合成 L–天冬氨酸。然而由于该酶不太稳定，在工业条件下活性不高，实际应用受到限制。Wang 等通过定向进化的方法来改良 L–天冬氨酸酶，经过四轮容错 PCR 和三轮 DNA 重组，得到 L–天冬氨酸酶优化突变体，其活性提高了 28 倍，热稳定性也相应得到提高。此外，工业酶制剂在应用于化工工业中时，必须适应人为创造的恶劣环境，即使在高浓度的有机溶剂中也要保持较高的活性。有人利用随机突变和重组的方法，筛选得到三株磷脂酶 A1 突变体，该突变可以在有机溶剂存在的条件下有效发挥作用。还有人利用定向进化重组的方法（容错 PCR 和交错延伸法），大大增加了嗜冷枯草杆菌蛋白酶 S41 的热稳定性和催化活性，其中最佳的 S41，突变在 61℃时半衰期比野生型高出 500 倍。

运用定向进化的方法还可以提高酶的对映体选择性。比较成功的例子是 Arnold 等运用容错 PCR 和饱和诱变的方法，成功使一株倾向于 D–型底物的乙内酰脲酶发生转变，使之变得倾向于 L–型底物，大大增加了 L–甲硫氨酸的产量，降低了不必要的产物积累。研究发现，突变酶与野生型酶相比只有一个氨基酸的替换。

第三篇 食品酶学应用

第十章

CHAPTER

食品酶学应用的基础研究

以酶学基础理论为指导，酶制剂在食品工业的工程技术领域的应用相当广泛。一直以来，我国酶制剂的生产水平与发达国家有很大的差距，这使得食品工业所使用的酶制剂为国外发达国家所垄断；然而，基于我国在现代育种技术的长足发展，最近十年国内酶制剂的生产技术水平有了突飞猛进的进步，大量国外酶制剂逐步国产化，例如葡萄糖氧化酶、α - 淀粉酶等。尽管如此，当前国内整体水平与发达国家仍有一定的差距，存在着产率低、原料利用率低、成品得率低等问题；一些关键性酶制剂，如寡糖基转移酶、葡萄糖异构酶、特种脂肪酶、磷脂酶以及蛋白酶等，依然需要从丹麦、荷兰、美国、日本等国家进口。

第一节　再生资源转化的酶源研究

食品酶学发展旨在丰富食品科学理论和推动食品工业发展。迄今为止，在自然界发现酶有5000 多种。但是，已得到广泛应用的酶仅有数百种，形成工业化规模应用的酶仅有几十种。因此，酶源的研究开发潜力巨大。根据再生资源利用情况，尚有许多资源未得到充分利用，开发新酶源具有重大的科学价值和经济价值。

一、　纤维素酶（Cellulase）

纤维素酶是催化降解纤维素高分子的一类酶的总称。早在 1906 年在蜗牛的消化液中发现纤维素酶以来，人们对纤维素酶进行过大量的研究。已知纤维素酶包括葡萄糖内切酶（Endo - 1，4 - β - D - gluanase，EC 3.2.1.4）、葡萄糖外切酶（Exo - 1，4 - β - D - gluanase，EC 3.2.1.91）和葡萄糖苷酶（β - Glucosidase，EC 3.2.1.21）。纤维素酶的来源广泛，昆虫、软体动物、原生动物、细菌、放线菌和真菌等都能产生纤维素酶。从微生物来源的纤维素酶，研究较多的是木霉属的里斯木霉、绿色木霉、康氏木霉。美国的 Natick 研究所利用高能电子、紫外线、亚硝基胍对里斯木霉（$T.\ reesei$）进行诱变育种，其酶活力最高达 15IU/mL，目前酶活力已达 33.5IU/mL。由于纤维素在植物细胞结构中的复杂性，还未研究出其作用机制。目前，国内所用的纤维素酶其产酶微生物为绿色木霉或里氏木霉，最适 pH4.8 属酸性纤维素酶，中性纤维素酶尚未转化为商品。国外公司已纷纷推出中性纤维素酶，主要应用于牛仔服的棉布处理。如丹麦 Novozyme 的 Deni Max；美国 Genemecor 的 Indi Age Neutra L；以色列的 Celliunat COMFORT—L，—ML；印度的 BIOFINASE NC400，Palkowash N 等，而该技术在国内的应用仍然是空白。

纤维素是自然界存在的第一再生有机资源，而纤维素酶是一组具有催化纤维素降解为可溶性糖的作用的酶，它将食品加工"下脚料"，包括蔗渣、糠醛渣、豆粕、菠萝渣等转化为可利用的糖，便可"变废为宝"。因此，纤维素酶是急需继续深入研究开发的酶种。

二、 脱乙酰酶（Deacetylase）

甲壳素，又称几丁质（Chitin），广泛存在于甲壳类动物（虾、蟹等）及昆虫的外壳。真菌的细胞壁中也有大量存在，是自然界产量仅次于纤维素的第二大再生有机资源。它是由 N – 乙酰氨基 – D – 葡萄糖单体（D – GlcNAc）通过 β – 1，4 – 糖苷键连接而成的直链高分子化合物。当分子中的乙酰基被部分或全部脱除后，生成所谓壳聚糖（chitosan）。壳聚糖分子中有大量的游离氨基，分子带正电荷，化学性质活泼，易于进行各种化学修饰，并且易溶于中性及酸性水溶液中，因而有广泛应用价值。例如，用于污水处理、饮用水及饮料的澄清、食品的防腐剂、增稠剂、稳定剂、可降解包装材料、化妆品保湿剂、人造皮肤、手术缝合线、反渗透膜和超滤膜、酶的固定化载体、层析材料、药物缓释剂和赋形剂等，另外据报道，壳聚糖还可以降血脂、抗肿瘤、促进伤口愈合、促进骨骼生长等。

甲壳素脱乙酰酶（Chitin deacetylase，CDA，EC 3.5.1.41）最初由 Yoshio Araki 等于 1974 年在鲁氏毛霉（*Mucor rouxii*）中发现并初步分离纯化。该酶催化的反应如下：

甲壳素   CDA →   壳聚糖   +nHAc

现在，该酶已逐渐引起世界各国科学家们的关注。因为该酶能催化水解甲壳素分子上的乙酰基，可以利用它代替现有的浓碱热解法生产高质量的壳聚糖。这不仅可以解决目前壳聚糖生产中的环境污染问题，而且可以生产出用化学法不能解决的壳聚糖产品质量问题。

自从 1974 年 Yoshio Araki 等在接合菌纲（Zygomycetes）的 *Mucor rouxii* 中发现 CDA 以来，H. Kauss 等于 1982 年又从半知菌纲（Deuteromycetes）的 *Colletotrichum lindemuthianum* 中发现该酶存在。这是首次从非接合菌中发现该酶。以后又陆续发现许多真菌可以生产 CDA，包括：*Mucor racemosus*，*M. Miehei*，*Rhizopus nigricans*，*Absidia coerulae*，*A. glauca*，*Aspergillus nidulans*，*Colletotrichum lagenarium*，*Fusarium solani*，*F. oxysporum Puccinia striformis* 等。另外，在酿酒酵母（*Saccharomyces cerevisiae*）中以及无脊椎动物中也有存在；甚至在感染了 *C. lagenaruim* 的黄瓜叶中也检出了 CDA 的活力；最近还有一篇美国专利报道了一株产碱杆菌属的细菌 *Alcaligenes sp.* ATCC 55938 也可以产生 CDA，这是迄今为止所发现的唯一一株能长 CDA 的细菌。

2003 年 5 月，段杉、彭志英等通过观察培养基上透明圈的方法，对各地 27 个土壤样品进行筛选，获得一株活力较高的脱乙酰酶。经鉴定为无花果沙雷菌（*Serratia ficaria*），命名为

CH - 0203，以壳聚糖为诱导剂，发酵液酶活力可达到 5.4U/mL，经分离纯化 6.22 倍，其为 69.7U/mg，经 SDS - PAGE 电泳检查，该酶已达到电泳纯水平。目前，脱乙酰酶的开发仍处于研究阶段，有着重要研究空间。

第二节 蛋白质资源活性成分的酶法转化研究

动植物及微生物资源极为丰富，其中有效成分及生理活性物质的转化和利用，属当今生物技术和酶技术的一个前沿研究领域内容。

近年来，为了能充分利用蛋白质资源以及寻找具有生理活性的活性肽，对各种大宗蛋白质资源，特别是一些未被开发利用而作为低值品或者作为废物处理的蛋白质，开展了酶学的应用基础研究，如血液蛋白、向日葵籽蛋白、谷物蛋白、油菜籽蛋白、豌豆蛋白、海产生物蛋白资源等。Hamada 探讨了利用商品化内、外切肽酶水解米糠蛋白酶解液的性质和功能特性研究。当水解度达到 8% ~9% 时，其酶解物具有良好的溶解性、乳化性和稳定性。Javier Vogue 等应用酶解方法提高了油菜籽分离蛋白的功能特性。Juan Bautista 和 Alvaro Villanueva 等研究了向日葵蛋白水解物中肽的功能特性，并为开发肝功能缺陷病人保健食品提供了依据。Kazuya Nakagomi 等从人血浆蛋白酶水解液中以及从牛血浆蛋白酶水解液中分离出血管紧张素转化酶（ACE）抑制因子。这种生理活性因子，可以从动物蛋白（乳蛋白、血蛋白、鱼蛋白等）获得，也可从植物蛋白（大豆蛋白、谷物蛋白）中制备出来。

人们对动物蛋白来源的活性肽研究得比较深入，并已有不少成果转化为商业化生产。现在，日本每年来自乳的生物活性肽消费量有 200 ~300t，包括含有生物活性肽的婴幼儿乳粉、液态制品和饮品等产品上市。如森永公司的乳清活性肽 W2010，其平均分子质量为 1220u，游离氨基酸含量在 5% 以下。该公司的另一种 C3500 则是由乳酪蛋白开发的生物肽，氨基酸含量达 40%，是一种风味好的活性肽。这两类生物活性肽制品因具有良好的消化吸收功能和低抗原性，在配制婴幼儿乳粉、运动食品和临床营养食品等方面均有应用前景。此外，Deltown Specialties 公司生产的乳肽 "Pepton" 也已上市，年生产能力达到 5000t，是美国和欧洲生物肽市场的主要生产供应公司，该公司生产的生物活性主要包括营养口服液、低过敏食品、运动型饮料、微生物生长促进剂及化妆品功能性添加物等。血制品生物肽主要有两类，包括血清蛋白肽和珠蛋白肽。大和化成公司生产的血清蛋白肽是由牛血清制备的二肽、三肽的混合产品，其肽含量达 80% 以上，而游离氨基酸则在 5% 以下，在欧洲已被广泛应用于婴幼儿乳制品和保健食品。珠蛋白肽应用于强化食品和疗效食品中。由于它具有良好的乳化特性，在火腿、香肠等肉制品的制造过程中也得到广泛的应用。

植物蛋白肽的研究开发相对滞后，但大豆蛋白肽的研究开发较早。日本不二公司开发出分子质量为 2400 ~5000u 的大豆活性肽制品，具有易消化吸收、促进细胞生长等作用，现在正研究它的抗疲劳功效和抗过敏性等问题。昭利产业公司利用蛋白酶降解生产出具有降血压功能的蛋白肽。

我国利用蛋白酶解制备生物活性肽研究起步较晚，目前，国内已经能够实现工业化生产的乳蛋白肽主要是酪蛋白磷酸肽（CPP）。生产厂家有 3 ~5 家，其产品 CPP 含量介于 25% ~

90%，分子质量介于2000~3000u，其中广州市轻工业研究所最早实现CPP的工业化生产，并同时生产降血压肽（ACE抑制因子）。近几年，国内开展了对淡水鱼和海洋蛋白资源活性肽的研究。实际上，我国蛋白资源极为丰富，但对蛋白生物活性肽的研究及应用，仍属研究起步阶段，食品酶学在此领域的研究开发尚有极大的发展潜力。

第三节 酶的固定化及其产业化应用研究

鉴于游离酶在工业生产应用时存在的弱点，把游离酶固定化便可重复利用并使催化过程连续化，可大大缩短酶促反应的周期，提高其生产效率。例如，在美国以玉米淀粉为原料经 α-淀粉酶液化和糖化酶糖化而得到的葡萄糖溶液再采用固定化葡萄糖异构酶或其固定化菌体则可连续地控制转化为果糖而制备成高果糖浆，这是一个很成功的将固定化酶应用于食品生产的实例。从理论上而言，酶的催化底物及产物均为液态，酶的固定化及其反应成为可能。酶的固定化还取决于固定化载体的选择及酶经固定化后其稳定性要好，酶的半衰期要长。因此，酶的固定化及其产业化应用研究属于应用基础研究，也属于酶工程研究前沿领域。

α-葡萄糖苷酶主要应用于异麦芽低聚糖的生产。商品化的异麦芽低聚糖的主要成分为异麦芽糖、潘糖、异麦芽三糖以及四糖以上分支低聚糖，此类低聚糖具有预防龋齿和促进双歧杆菌增殖等作用。日本市场上销售的产品型号多达10多种，产量超过2万t。目前，异麦芽低聚糖的生产以淀粉为原料，经 α-淀粉酶水解为麦芽糊精后，再由真菌 β-淀粉酶和 α-葡萄糖苷酶共同作用而成为异麦芽低聚糖。因此，α-葡萄糖苷酶作为异麦芽低聚糖生产的关键酶制剂大有发展前途。但其价格昂贵，在一定程度上阻碍了异麦芽低聚糖的市场推广。如果将该酶固定化便可重复利用，降低生产成本。

2001年彭志英、岳振峰等对 α-葡萄糖苷酶（ITGL）进行的固定化研究采用微形壳聚糖为固定化载体，以吸附-交联方法使 α-葡萄糖苷酶固定化。研究结果表明 α-葡萄糖苷酶的操作半衰期可达到24d，以麦芽糖为底物时，α-葡萄糖苷酶的反应动力学参数无明显变化。

根据酶促反应动力学米氏方程，平行取5mg固定化酶和50U游离酶，以麦芽糖为底物，在0.0008~0.02mol/L浓度范围内，分别测定其在40℃、pH5.0条件下反应5min所生成葡萄糖的量，计算反应初速度，并以反应初速度的倒数（$1/v$）对底物浓度的倒数（$1/[S]$）作图，结果如图10-1所示。

由图10-1求得游离酶的米氏常数 K_m 为 2.30×10^{-2}mol/L，最大反应初速度 V_{max} 为 7.73×10^{-2} mol/（L·min）；固定化酶的表观米氏常数 K_m 为 1.38×10^{-2}mol/L，表观最大反应初速度 V_{max} 为 2.40×10^{-2} mol/（L·min）。可见，固定化酶的表观米氏常数 K_m，略小于游离 K_m 值。这是由于壳聚载体对麦芽

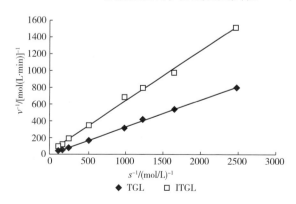

图10-1 ITGL 的 Lineweaver-burk 作图

糖有亲和吸附作用，使载体周围微环境内底物浓度高于整个反应体系的平均底物浓度。

低聚半乳糖也是功能低聚糖的一种，它是一种重要的双歧杆菌增殖因子，有益于健康，同时具有降血脂、软化血管等作用。

低聚半乳糖是以乳糖为原料，经 β – 半乳糖苷酶转移半乳糖而得到的由葡萄糖和半乳糖组成的杂低聚糖。β – 半乳糖苷酶（EC 3.2.1.23）在动植物和微生物体中分布广泛，但实际应用时一般以黑曲霉（*A. niger*）、米曲霉（*A. oryzae*）、乳酸克鲁维酵母（*K. lactis*）等作为酶源。美国 FDA 在 1996 年已认定拟热带假丝酵母（*Candida pseudotropicalis*）的 β – 半乳糖苷酶是安全的。目前，工业上生产低聚糖一般采用米曲霉和黑曲霉中 β – 半乳糖苷酶。它们存在的主要问题是：①产酶菌株的转移糖苷活力不高；②转移酶稳定性较差。采用菌种选育和酶的修饰固定化能改善这一状况。但从长远角度看，可通过基因手段来解决这一问题。即将控制 β – 半乳糖苷酶蛋白合成的有关基因克隆至其他系统中再扩大发酵培养，如将编码 *Lactococcus lactis* subsp. *Lactis* ATCC7962 β – 半乳糖苷酶的基因克隆至大肠杆菌（*E. coli*）中并表达，转化子在含 X – gal 的 LB 培养基上呈蓝色，其 β – 半乳糖苷酶活力比原 *L. lactis* 要提高 30%。分析表明，活性部位中有 Glu429 和 Try475。因为酶耐热则不易失活，并在较高温度能减少其他微生物的生长机会，对固定化酶提高酶活力和使用率很重要。

随着膜技术在酶固定化中的反应，用各种膜将酶分子与生成的反应产物分开，制成了各种固定化酶生物反应器。与常规固定化方法相比，其初始反应速率提高 1 ~ 3 个数量级，扩散阻力低，传质效率高，短暂的反应时间即能达到相当的乳糖转化率。Miguel 用多微孔 PVC 膜将米曲霉的乳糖酶固定，使乳清超滤浓缩液连续流过反应器，当乳糖转化率为 25% ~ 40% 时，即 5 ~ 15s 的反应停留时间，可得到最高的低聚糖得率。

刘晨光、陈微等以戊二醛交联和壳聚糖为载体固定化脲酶的研究，结果认为选择凝胶状的壳聚糖为载体其固定化聚酶效果较好，为脲酶固定化提供了依据。

第四节　新酶的开发及其应用研究

20 世纪末开始，生物化学家从生产实践出发，对极端环境微生物产酶（简称极端酶）进行了研究。已经发现嗜热微生物（thermophiles）能够在 250 ~ 350℃ 条件下生长，嗜冷微生物（phychophiles）能够在 – 10 ~ 10℃ 条件下生长；嗜酸微生物（acidophiles）和嗜碱微生物（alkalophiles）分别在 pH2.5、pH11 条件下生长，以及在高温（105℃）和高压（400 个大气压）条件下生长的嗜热、嗜压微生物（barophiles）等均可开发出相应极端条件下起催化作用的新酶种。例如，从液化地衣芽孢杆菌中分离提取的耐高温 α – 淀粉酶已在食品加工中得到应用。为了适应食品加工工艺技术要求，尚有大量极端环境条件下生产的微生物酶种有待于研究开发。

端粒酶也是近几年研究发现的一种新酶，应用于保健医药等方面。端粒酶（telomerase）是真核细胞内染色体完全复制的关键酶。它是由端粒酶蛋白和端粒酶 RNA 两部分组成，是一种自身携带模板的催化反向转录端粒 DNA 的合成，能够在缺少 DNA 模板的情况下延伸端粒寡核苷酸片段。近年来研究认为，端粒长度控制着人和生物体细胞衰老和癌病等问题，具有重要学术价值和应用价值。

酶在微生物细胞中特别丰富，不仅存在于某些土壤、营养丰富的环境中，而且存在于传统营养健康的发酵食品中。例如，从日本传统发酵食品纳豆中提取出一种能溶解血栓的纳豆激酶。纳豆是经过固态发酵形成具有特殊风味的传统食品，受到日本和国际市场欢迎。1970 年经过分离鉴定，认为制造纳豆的主要菌种为枯草芽孢杆菌（*Bacitlas subtilis*），因而便可从该菌株或纳豆的发酵产品中分离提取纳豆激酶，从而对纳豆激酶开展结构、特性及其应用的研究，也将有重要的学术价值和应用价值。

第五节　酶在蛋白质分子修饰的应用研究

早在 20 世纪 80 年代，日本的 Motoki 等研究组深入探讨了采用豚鼠转谷酰胺酶用于蛋白质修饰，包括乳蛋白和大豆球蛋白的修饰等，结果该酶很有效地用于构建具有新型独特功能的蛋白。然而，由于酶来源以及价格的限制，该酶用于食品蛋白质的修饰一直进展不大。直至 1989 年，Nonaka 等从土壤中分离到一种产生胞外转谷氨酰胺酶的放线菌菌株（命名为 *Streptoverticillum* S – 8112），现已大量生成食品用的转谷氨酰胺酶。1993 年，日本味之素公司首次上市以转谷氨酰胺酶为主食品用酶制剂，包括 TG – K、TG – S 和 TG – B 三个系列。采用转谷氨酰胺酶应用于食品蛋白质的改性，已成为目前的研究热点。

近几年来，植物蛋白（特别是大豆球蛋白）的转谷氨酰胺酶（transglutaminase，Tgase）改性普遍受到人们的关注。1989 年 Nonaka 等最早报道了 MTGase 能催化大豆球蛋白聚合以及胶凝，之后相继有很多学者研究了 TGase 催化植物蛋白的交联反应。1994 年 Chanyongvorakul 等研究了大豆以及蚕豆来源的 11S 球蛋白受 Tgase 催化的交联反应以及凝胶作用，凝胶电泳结果显示，TGase 仅催化此两种 11S 球蛋白的酸性亚基（acidic subunits）通过形成分子间的交联聚合，此两种蛋白的反应产物分子质量没有多大的区别。另一方面，流变学分析显示 TGaser 催化大豆 11S 球蛋白（glycinin）反应的速度以及形成的凝胶强度要高于蚕豆 11S 球蛋白（legumin），而且其凝胶的持水力也要高于后者。1995 年 Chanyongvorakul 等进一步研究了大豆以及蚕豆 11S 球蛋白凝胶的物理特性，与热凝胶相比，MTGase 酶促凝胶的强度以及弹性更高，而且其网络结构更发达。

乳酪蛋白是豚鼠 TGase 的良好底物。但是，TGase 对乳清蛋白的催化活性相对要差一些，因后者的天然状态具有紧密的球形空间四级结构，TGase 不易接近其催化位点。然而，通过一些方法（如化学改性或调节 pH 等）使乳清蛋白打开其空间四级结构，TGase 对此类底物的活力将大为增高。1996 年 Matsumura 等研究了 TGase 催化 α – 乳白蛋白的聚合反应，发现 TGase 很有限地催化天然状态的 α – 乳白蛋白聚合，然而通过去除其空间结构的 Ca^{2+} 后，使其处于"熔化球状态"（molten globule state），TGase 催化该蛋白的活力将大为增强。可见，底物的构象因素在 MTGase 催化反应与底物的主要结构一样也起着重要的作用，另外，1997 年 Faegemand 等研究了 TGase 催化 β – 乳球蛋白的交联反应，β – 乳球蛋白含有分子内的二硫键，从而具有紧密的空间四级结构，使其四级结构解开，可显著地提高 TGase 对 β – 乳球蛋白的催化活性。Faegemand 等后来又进一步研究了 Ca^{2+} 对 TGase 催化 β – 乳球蛋白交联的重要性，结果发

现 Ca^{2+} 存在下形成了非共价键絮凝，而此絮凝会抑制以及延迟共价交联的形成。因此，采用 TGase 催化乳蛋白交联时，务必控制 Ca^{2+} 在较低浓度范围内。

第六节　酶在化学合成与非水相酶学的研究

随着酶在有机合成中研究和应用不断扩大，利用酶和微生物细胞合成有机物质，涉及的化学反应，包括 C—O 键、C—N 键、P—O 键和 C—C 键的断裂和形成氧化还原、异构反应以及分子重排反应等。其中手性化合物的合成和拆分等，均为现代酶学前沿研究领域的内容。酶反应通常在水为介质的系统中进行，但根据实验结果证明，几乎在无水情况下仍可进行各种酶的催化反应。例如，在含有 0.3mol/L 丁酸和 0.3mol/L 庚醇的己烷中，可以进行脂肪酶的脂化反应，经 2h 反应后，其脂化率达 90% 以上。如果在水溶液中进行反应，其脂化率仅为 0.1% 以下。同时，在非水介质中还能进行酰胺水解、酰基交换硫酸根和肟水解等酶催化反应。1984 年以来，以美国 Klibanov 教授为首的研究小组创立了非水酶学（nonaqueous enzymology），其研究成果已引起国内外有关学者的高度关注。根据非水酶学理论，不仅上述反应可在非水系统中进行，而且酶在非水系统中比较稳定，酶容易回收，并且不需要进行固定化等。

非水有机介质中酶的催化反应合成有机酯的研究成果已经有很多报道。特别通过非水有机介质的酯交换反应，生物合成许多重要的保健食品、药品，已经成为食品酶学应用基础研究的热点课题。

第七节　多酶体系协同催化反应的研究

许多研究均认为，酶是在活细胞中合成，并在其细胞内外催化许多化学反应。可以认为，活细胞是酶的加工厂，并具有其产品推广应用的功能。因此，如何针对食品工业中传统发酵食品的加工特点，开展多酶体系协同作用的研究具有重要学术价值和经济意义。例如，酱油是我国具有数千年的传统发酵食品，其加工过程是利用曲作为糖化发酵剂，培养米曲霉，利用米曲霉分泌的多种酶，其中主要是蛋白酶、淀粉酶和糖化酶。蛋白酶催化蛋白质降解为氨基酸，淀粉酶和糖化酶将淀粉转化为糖。酱油中的鲜味，主要是由氨基酸钠盐（以谷氨酸为主）构成的，糖类对酱油色、香、味起到重要作用。近年来，在酱油发酵过程中，添加蛋白酶以补充或替代米曲霉已经起到了一定的作用。如果全部以蛋白酶代替曲，则酶分解产物比较单一，口味比较淡薄。但是，针对如何采用多种酶的协同作用，包括风味酶、酯化酶等的作用，特别是针对酱油加工周期长和设备比较落后的状况，采用多酶固定化系统和生化反应器，使其连续化控制性地生产的应用研究，对改造传统的食品工业具有重要的学术意义和应用价值。

第八节 现代技术改良产酶微生物菌种的研究

利用微生物快速繁殖来为人类生产所需要的物质，这是人类利用自然和改造自然手段之一。微生物菌种需要筛选、保藏和优化，以利于工业生产上应用。微生物菌种的传统选育方法是采用理化因子诱变及筛选。物理诱变因子包括紫外线（UV）、γ-射线、快中子、高能电子流、β-射线等；化学诱变因子包括氮芥（DES）、甲基磺酸乙酯（EMS）、亚硝基胍（NTG）和某些抗生素等。这些诱变因子的作用是扩大细胞中基因突变的频率。因此，在微生物菌种选育时应选择高效率诱变因子，如 NTG、^{60}Co γ-射线、UV 等，当今，食品发酵工业中使用的高产菌株，大部分是通过诱变育种而大大提高了生产应用的性能。筛选育种技术包括营养缺陷型、回复突变型和反馈抑制抗性突变型等应用技术。采用这些理化因子诱变育种具有方法简便、快速和收效显著等特点，所以仍然是目前被广泛应用的主要育种手段之一。

Walsh D. J. 等利用 β-半乳糖苷酶基因 LAC4 表达框调节基因的高表达及乳酸克维酵母杀死毒素 2-亚单位作为分泌信号，使木聚糖酶有效分泌至培养液中，而且没有明显的糖基化。Dxyn A 表达产物占胞外蛋白的 90%，摇瓶培养分泌出的木聚糖最高可达 $130\mu g/mL$，是大肠杆菌表达系统的 300 倍。

2006 年甄东晓、王树英等利用 PCR 技术从耐热梭状芽孢杆菌（*Clostridium stercorarium*）中扩增得到耐热果胶裂解酶的结构基因 *Pealq A*，并将其克隆于表达载体 PET28a 中，最后将比重组质粒转化到受体菌 *E. coli* BL-21 中进行表达。

20 世纪 70 年代初，伴随着基因工程的诞生和发展，现在均已采用重组 DNA 技术构建了重组 DNA 工程菌。基因工程已成为提高和改良微生物产酶菌种最具魅力、最具潜力的核心技术。目前，世界最大的丹麦诺维信（Novozyme）酶制剂公司生产的工业用酶制剂已有 75% 以上是由工程菌生产的。

现将 Novozyme、Gist-Brocades 等公司采用基因工程改良产酶菌种列于表 10-1、表 10-2、表 10-3。

表 10-1　　丹麦 Novozyme 公司利用基因工程改良生产食品酶的微生物菌种

酶的种类	酶生产菌（宿主）	基因来源	用途
α-Acetoacetate decarboxylase	*Bacillus subtilis*	*Bacillus* sp.	饮料（一般饮料、啤酒、酒）
α-Amylase	*Bacillus subtilis*	*Bacillus* sp.	谷物、淀粉、饮料（一般饮料、啤酒、酒）
α-Amylase	*Bacillus licheniformis*	*Bacillus* sp.	谷物、淀粉、水果、蔬菜、饮料（一般饮料、啤酒、酒）、糖、蜂蜜、面包
Catalase	*Aspergillus niger*	*Aspergillus* sp.	牛乳、蛋

续表

酶的种类	酶生产菌（宿主）	基因来源	用途
Chymosin	*Aspergillus niger var. awamori*	calf stomach	干酪
Chymosin	*Kluveromyces lactis*	calf stomach	干酪
Cyclomaltodextrin glycosyltransferase	*Bacillus licheniformis*	*Thermoanaerobacter* sp.	谷物、淀粉
β – Glucanase	*Bacillus subtilis*	*Bacillus* sp.	谷物、淀粉、饮料（一般饮料、啤酒、酒）
β – Glucanase	*Trichoderma reesei*	*Trichoderma* sp.	谷物、淀粉、减肥食品
Glucose isomerase	*Streptomyces lividans*	*Actinoplanes* sp.	谷物、淀粉
Glucose isomerase	*Streptomyces rubigonosus*	*Streptomyces* sp.	谷物、淀粉
Glucose isomerase	*Aspergillus niger*	*Aspergillus* sp.	蛋、饮料（啤酒、酒）、面包、沙拉
Lipase	*Aspergillus oryzae*	*Candida* sp.	油脂
Lipase	*Aspergillus oryzae*	*Rhizomucor* sp.	油脂
Lipase	*Aspergillus oryzae*	*Thermomyces* sp.	油脂、面包
Maltogenic α – amylase	*Bacillus subtilis*	*Bacillusstearothermophilus*	谷物、淀粉、饮料（一般饮料、啤酒、酒）
Protease	*Aspergillus oryzae*	*Rhizomucor* sp.	干酪
Protease	*Bacillus subtilis*	*Bacillus* sp.	肉、鱼、谷物、淀粉、饮料（一般饮料、啤酒、酒）、面包
Protease	*Bacillus licheniformis*	*Bacillus* sp.	肉、鱼
Pullulanase	*Bacillus licheniformis*	*Bacillus* sp.	谷物、淀粉
Pullulanase	*Klebsiella planicola*	*Klebsiella* sp.	谷物、淀粉、饮料（一般饮料、啤酒、酒）
Xylanase	*Aspergillus oryzae*	*Aspergillus* sp.	谷物、淀粉
Xylanase	*Aspergillus oryzae*	*Thermomyces* sp.	面包、谷物、淀粉
Xylanase	*Aspergillus niger var. awamori*	*Aspergillus* sp.	面包
Xylanase	*Aspergillus niger*	*Aspergillus* sp.	谷物、淀粉、饮料（一般饮料、啤酒、酒）、面包
Xylanase	*Bacillus subtilis*	*Bacillus* sp.	谷物、淀粉、饮料（一般饮料、啤酒、酒）、面包
Xylanase	*Trichoderma reesei*	*Trichoderma* sp.	谷物、淀粉、饮料（一般饮料、啤酒、酒）

表 10 – 2　　荷兰 Gist – Brocade 公司利用基因工程改良生产食品酶的微生物菌种

酶名称	酶生产菌（宿主）	用途	商品名
Chymosin	*Kluveromyces lactis*	乳制品	Maxiren
α – Amylase	*Bacillus amyloliquefaciens*	酒精饮料	Dex – Lo
α – Amylase	*Bacillus licheniformis*	酒精饮料	Maxamyl，Maxaliq
α – Amylase	*Bacillus amyloliquefaciens*	啤酒	Brewers Amyliq
α – Amylase	*Bacillus licheniformis*	啤酒	Brewers Amyliq TS
Protease	*Bacillus amyloliquefaciens*	啤酒	Brewers Protease
β – Glucanase	*Bacillus amyloliquefaciens*	啤酒	Filtrase，Brewers Flow
Endoxylanase	*Aspergillus niger*	面包	Fermizyme HSP 2000
Protease	*Bacillus amyloliquefaciens*	面包	Bakezyme MBSR

表 10 – 3　　其他公司利用基因工程改良生产食品酶的微生物菌种

酶名称	酶生产菌（宿主）	基因来源	公司
Lipase	*Pseudomonas* sp.	*Pseudomonas* sp.	Genencor
Lipase	*Aspergillus orzyae*	NA*	Unilver
Subtilisin	*Bacillus* sp.	*Bacillus* sp.	Genencor
Chymosin	*Aspergillus* sp.	Calf stomach	Genencor
Chymosin	*Escherichia coli*	Calf stomach	Pfizer
Xylanase	*Aspergillus oryzae*	NA	NA
Hemicellulas	*Aspergillus niger* var. *awamori*	*Aspergillus niger* var. *awamori*	Quest International
Hemicellulas	*Bacillus subtilis*	*Bacillus subtilis*	Rohm GmBh

注：＊NA，not awailable.

第十一章

酶在食品工业中的应用

当今，科学技术的发展日新月异、飞速发展，并渗透到各个工业领域，极大推动工业发展。其中，以酶学为理论基础的酶工程技术在诸如食品工业、制药工业、饲料工业、造纸业、制衣与皮革工业、环保行业等工业领域已经得到广泛的应用，尤以与食品产业关联紧密、应用最为广泛，而且对食品产业化渗透性强，对改造传统食品工业，对我国农副产品深加工具有重大的经济价值。我国改革开放四十年来，酶工程及其在食品工业的应用技术发展极其迅猛，几乎从零开始，迄今已经渗入到涵盖食品工业领域的几乎所有行业，并大大地推动和革新了各个食品行业的生产加工技术水平。

第一节　酶法生产淀粉糖

淀粉糖是以来自谷物类、薯类的淀粉或者淀粉质为原料，通过酸法、酸酶结合法和酶法技术加工而成的液态或固态产品，依据其主体有效成分分类，包括葡萄糖粉和葡萄糖浆、果葡糖浆、麦芽糊精、结晶麦芽糖和麦芽糖浆、结晶果糖高果糖糖浆等产品。从生产工艺角度区分，淀粉糖的生产大致分为三个阶段：酸法水解阶段、酸酶结合法水解阶段和酶法水解阶段。

（1）酸法水解　就是利用无机酸或有机酸把淀粉链上的糖苷键进行水解生成葡萄糖、糊精等，但是必须经过中和酸处理，结果产生较多的灰分（盐分），需要进行脱盐处理，给产品的精制带来一定难度；而且，酸法水解技术所得到的淀粉糖品质比较差、品类少、成本偏高并存在一定的食品安全隐患，并且该工艺对环境造成较大的污染，是目前基本被淘汰的技术工艺。

（2）酸酶结合法水解　就是把酸水解与酶水解结合起来的生产工艺，主要基于淀粉酶对淀粉的催化水解作用初露尖角，两者的结合生产淀粉糖，可以减少酸液用量，减轻能量消耗、精制难度和环境污染状况，而且淀粉糖的品质也有所提升；然而，该工艺依然存在需要脱盐处理、酸水解带来食品安全隐患以及产品种类少等弊端，目前使用该工艺生产淀粉糖的企业很少。

（3）酶法水解　就是利用不同催化作用机制的淀粉酶，水解淀粉链上的各种糖苷键，并能实现可控调节水解程度，通过精准催化水解，可极大提高产品的品质，并且通过异构化催化作用，生产出新类型的淀粉糖。因为该工艺采用纯酶催化技术，而且可控，并容易实现全自动化和环境友好生产，是当前各大淀粉糖生产企业普遍采用的工艺技术。

酶法水解生产淀粉糖工艺技术起步于 20 世纪 80 年代初，我国在酶法生产淀粉糖具有重要标志性意义的，是由华南理工大学、广州第一制药厂和广东省微生物研究所承担的中央石化部和国家医药总局下达的"葡萄糖双酶法新工艺的研究"攻关项目，该项目在 1980 年 10 月 6 ～10 日通过了国家部委级技术鉴定，专家委员会的鉴定意见认为：该项目的研究采用连云港酶制剂厂生产的 BF - 7658 细菌淀粉酶和无锡酶制剂厂生产的黑曲霉生产的糖化酶，以木薯淀粉和玉米淀粉为原料经过 30 多批次试验，糖化液 DE 值达到 97% 以上；注射用结晶葡萄糖达到1977 年版《中华人民共和国药典》及行业优级品标准；注射葡萄糖产率比酸法提高 20%，每 t成品原料成本可降低 14% 左右；母液可继续回收利用，有利于环保；这是我国淀粉糖工业一项重大革新。自此，我国酶法生产淀粉糖有了可靠工艺技术，淀粉糖生产进入快速发展阶段，从当初的年产量 20 万 t 左右，发展到现今年产量 1200 万 t 以上。目前，我国有多家年产量超过 100 万 t 的淀粉糖企业，例如中粮集团有限公司、广州双桥股份有限公司、西王集团、焕发生物科技有限公司等。

一、淀粉概述

淀粉为淀粉糖的生产原料，淀粉的分子结构与特性、淀粉的原料来源均会极大地影响淀粉糖的品质、生产成本以及加工的难易程度等，例如相对分子质量比较小、直链淀粉含量高一些、糊化温度低一些、淀粉颗粒结构相对松散一些等，均可有效提高淀粉糖的加工效能，降低生产过程成本。

1. 淀粉的结构与特性

淀粉为植物贮存养分，通常存在于植物的种子（如谷物、豆类）和根茎部位（如薯类、芋头、马蹄和藕等）。淀粉的天然状态为颗粒状，由直链淀粉和支链淀粉所组成，一般情况下，直链淀粉占 10% ~25%，而支链淀粉约占 75% ~90%。直链淀粉是以葡萄糖为单元并以 $\alpha - 1$，4 - 糖苷键方式连接而成，连接的葡萄糖单元多寡决定其分子量的高低，一般其分子质量为4000 ~400 000u；而支链淀粉则由多个较短的、葡萄糖为单元并以 $\alpha - 1$，4 - 糖苷键方式连接而成的分支链，再以 $\alpha - 1$，6 - 糖苷键方式连接于主链所形成的大分子，其分子质量较大，为500 000 ~1 000 000u；淀粉的相对分子质量大小因其来源不同而异，相对分子质量小，则其淀粉糊丝相对短一些。因此，直链淀粉则只有 $\alpha - 1$，4 - 糖苷键，而支链淀粉则包括 $\alpha - 1$，4 - 糖苷键和 $\alpha - 1$，6 - 糖苷键，前者催化水解，只需断裂 $\alpha - 1$，4 - 糖苷键的酶类，后者则还需断裂 $\alpha - 1$，6 - 糖苷键的酶类。支链淀粉和直链淀粉的分子结构如图 11 - 1 所示。

淀粉分子的空间构象为卷曲成螺旋，直链淀粉和支链淀粉构成淀粉颗粒，并由结晶区和非结晶区交替组成，结晶区主要为支链淀粉分支的螺旋结构堆积在一起而形成的致密层。淀粉颗粒的这种结构导致其在冷水中不能溶解，只能轻微吸收水分；一旦在水中加热处理，淀粉颗粒的结构被打散，螺旋结构被破坏，其中的直链淀粉和支链淀粉大量吸水溶胀，最终形成黏稠的淀粉糊——淀粉糊化。淀粉糊化是催化水解淀粉分子的 $\alpha - 1$，4 - 糖苷键和 $\alpha - 1$，6 - 糖苷键之前必须进行的，否则严谨的淀粉颗粒会妨碍水解，使得水解效果很差。

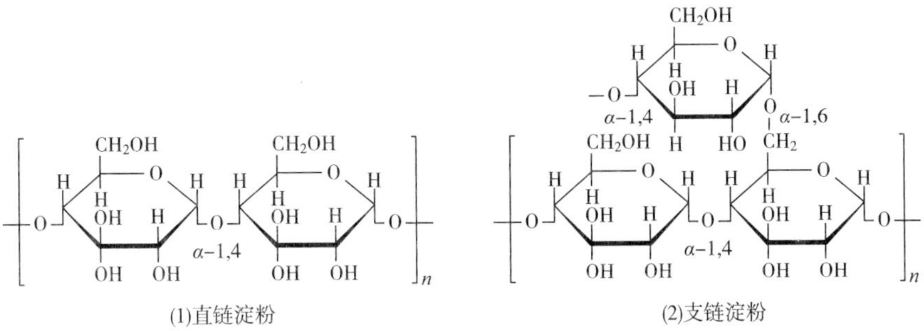

(1)直链淀粉　　　　　　　　(2)支链淀粉

图 11 - 1　直链淀粉和支链淀粉的分子结构

2. 淀粉的来源

含有淀粉的植物非常多，但并非所有含淀粉的植物都可以作为淀粉糖生产的淀粉原料来源，可作为淀粉的来源应符合以下条件：一是淀粉含量高，而蛋白质和脂肪含量低；二是种植面积广且产量大；三是不可影响日常口粮供应；四是其他高分子黏性多糖含量低；五是尽量不含颜色物质或含量很低；六是价格相对便宜等。基于这些条件要求，玉米和木薯是淀粉糖生产所需淀粉的最佳来源。

玉米和木薯均是世界大宗种植的农作物，两者相比，玉米的种植适应范围更广，而木薯主要为热带和亚热带地区种植。目前在世界范围内玉米是第三大种植作物，种植面积和产量仅次于水稻和小麦；而且，玉米淀粉与木薯淀粉相比，其淀粉中支链淀粉含量相对低、淀粉相对分子质量相对小、价格更为便宜，尤为适合用于生产淀粉糖。

二、 淀粉糖生产关键酶类概述

从淀粉的分子结构看到，淀粉水解制备淀粉糖，需要切断其 $\alpha-1,4$ - 糖苷键和 $\alpha-1$，6 - 糖苷键，最终释放出葡萄糖；而且，若要获得麦芽糖，则对切断位点有要求——需要以两个葡萄糖为单元切断释放；再者，要制备出果糖，则必须将葡萄糖进行异构化。淀粉糖生产所发生这一系列化学变化，则需要系列酶类进行催化实现，这些主要包括：α - 淀粉酶、β - 淀粉酶、葡萄糖淀粉酶、脱支酶和葡萄糖异构酶等。下面就这些酶的特性和来源，进行一一介绍。

1. α - 淀粉酶 （EC 3.2.1.1）

（1） α - 淀粉酶的特点　　α - 淀粉酶 （1，4 - α - D - glucan Glucanohyrolase 或 α - Amylase）作用于淀粉和糖原时，从底物分子内部随机内切 $\alpha-1,4$ - 糖苷键生成一系列相对分子质量不等的糊精和少量低聚糖、麦芽糖和葡萄糖。它一般不水解支链淀粉的 $\alpha-1,6$ - 糖苷键，也不水解紧靠分支点 $\alpha-1,6$ - 糖苷键外的 $\alpha-1,4$ - 糖苷键。α - 淀粉酶水解淀粉分子的最初阶段速度很快，将庞大的淀粉分子内切成较小分子的糊精，淀粉浆黏度急剧降低，因此，工业上将 α - 淀粉酶称为液化型淀粉酶，其催化反应所对应的工艺也称为液化。随着淀粉分子相对分子质量变小，水解速度变慢，而且底物相对分子质量越小，水解速度越慢。因此，工业生产上一般只利用 α - 淀粉酶对淀粉分子进行前阶段的液化处理。

α - 淀粉酶是一种金属酶类，钙离子为其辅基，可使酶分子保持稳定而适当的构象，从而可以维持其最大的活力与稳定性。钙与酶蛋白结合的牢固程度因来源不同而有差异，其结合牢固程度依次为：霉菌＞细菌＞哺乳动物＞植物。用 EDTA 螯合并进行透析处理，可将钙离子与酶蛋白分开，重新加入钙后可恢复其稳定性。

（2）α-淀粉酶的来源及性质

α-淀粉酶广泛存在于动物、植物和微生物中，目前，工业上应用的α-淀粉酶主要来自细菌和曲霉，因而商业上有细菌α-淀粉酶和真菌α-淀粉酶之分；其中，来源于细菌的α-淀粉酶耐热性强，最适温度高，例如来源于芽孢杆菌的α-淀粉酶，其耐热性尤其强最适温度特别高，这是常用于淀粉糖生产的液化工艺。相比较而言，来自动植物和真菌的α-淀粉酶，其耐热性相对弱而且最适温度低很多。不同来源α-淀粉酶的性质差异，如表11-1所示。

表11-1　　　　　　　　　　各种α-淀粉酶的性质

来源	淀粉水解限度/%	主要水解产物	碘反应消失时的水解度/%	最适pH	pH稳定范围（30℃,24h）	最适作用温度/℃	热稳定性（15min）	钙离子保护作用	淀粉的吸附性
麦芽	40	G_2	13	5.3	4.8~8.0	60~65	<70	+	-
淀粉液化芽孢杆菌	35	G_5, G_2（13%）, G_3, G_6	13	5.4~6.4	4.8~10.6	70	65~80	+	+
地衣芽孢杆菌	35	G_6, G_7 G_2, G_5	13	5.5~7.0	5.0~11.0	90	95~110	+	+
米曲霉	48	G_2（50%）, G_3	16	4.9~5.2	4.7~9.5	50	55~70	+	-
黑曲霉	48	G_2（50%）, G_3	16	4.0	1.8~6.5	50	55~70	+	-

注：G_1，G_2，G_3……表示葡萄糖的聚合度；+表示正反应，-表示负反应。

工业生产的耐热性α-淀粉酶通常指最适反应温度为90~95℃，热稳定性在90℃以上的α-淀粉酶，比中等耐热性α-淀粉酶高10~20℃。与一般α-淀粉酶相比，耐热性α-淀粉酶具有反应快、液化彻底、可避免淀粉分子胶束形成难溶性的团粒等优点，而且液化后的淀粉浆易过滤，节省能源；并且液化时不需添加Ca^{2+}，减少精制费用，降低成本。因此，在淀粉糖生产及发酵工业中，普通不耐热的淀粉酶逐步被耐热性淀粉酶取代。各种耐热性的α-淀粉酶特性如表11-2所示。一些耐热的α-淀粉酶商品名、厂商名及国别如表11-3所示。

表11-2　　　　　　　　　　各种耐热性α-淀粉酶的特性

来源	最适温度/℃	最适pH	pH稳定性	相对分子质量/u
脂肪嗜热芽孢杆菌	65~73	5~6	6~11	48000*
地衣芽孢杆菌	90	7~9	7~11	62650**
枯草芽孢杆菌	95~98	6~8	5~11	—
酸热芽孢杆菌	70	3.5	4~5.5	66000**
梭状芽孢杆菌	80	4.0	2~7	—

注：*超速离心法；**SDS-PAGE法。

表 11 - 3　　　　　　　　　　　　一些耐热 α - 淀粉酶商品名、厂名及国别

商品名	厂商名	国别
Nervanase T	A. B. M. C. Food division	英国
MKC Amylase LT	Mile Kali - chemic GmbH	德国
Opitherm - L	Mile Kali - chemic GmbH	德国
Opitherm - pH	Mile Kali - chemic GmbH	德国
Take Therm	Miles Laboratories Inc.	美国
Termamyl	Novo Industri A/S	丹麦

近十多年来，耐热性 α - 淀粉酶的研究进展较快。枯草芽孢杆菌 α - 淀粉酶耐热性比霉菌要高，而地衣芽孢杆菌 α - 淀粉酶耐热性更高，它可以在高达 105～110℃ 温度下使用，有底物存在时其耐热性更强。目前，地衣芽孢杆菌（*Bacillus icheniformis*）已成为许多国家酶制剂生产厂商普遍采用的菌种。该菌株经各种方法诱变和采用现代生物技术改造得到了许多新的变异株，产酶量比亲株提高了几十倍到几百倍，发酵液中酶活力达到 7000U/mL 以上。

例如，丹麦 Novozyme 公司的液化型淀粉酶，其商品名"Termamyl[R]，LS 型"，是一种液体酶制剂，是由地衣芽孢杆菌经基因工程诱变而成的特别耐热的 α - 淀粉酶制剂，在 105℃ 的温度下仍具有很高的活力。该酶能任意水解直链淀粉和支链淀粉中的 α - 1，4 - 糖苷键，导致糊化淀粉的黏度迅速下降，其水解的产物是不同链长的糊精和低聚糖，现广泛应用于淀粉质原料制造葡萄糖、高浓度麦芽糖浆及高果糖浆等淀粉糖的工业生产。

2. β - 淀粉酶（EC 3.2.1.2）

β - 淀粉酶（1，4 - α - D - Glucan maltohydrolase 或 β - amylase）作用于淀粉分子，每次从淀粉分子的非还原端切下两个葡萄糖单位，并且将其原来的 α - 构型转变为 β - 构型。β - 淀粉酶只能水解 α - 1，4 - 糖苷键，不能作用于 α - 1，6 - 糖苷键，故对支链淀粉的水解是不完全的，水解至分支前 2～3 个葡萄糖残基时停止作用，而残留分子的相对分子质量比麦芽糖高，即所谓极限糊精，同时水解转化生成大约 50%～60% 的麦芽糖，因此，β - 淀粉酶常用于麦芽糖的生产。

β - 淀粉酶广泛存在于植物（大麦、小麦、山芋、大豆类等）和微生物中，生产 β - 淀粉酶的微生物主要有芽孢杆菌、假单胞杆菌、放线菌等。

植物来源 β - 淀粉酶的最适 pH5～6，最适作用温度在 60～65℃。一般不能为生淀粉所吸附，也不能水解生淀粉。工业上，植物 β - 淀粉酶主要从麸皮、山芋淀粉的废水以及大豆提取蛋白后的废水中提取。常见的植物 β - 淀粉酶的性质如表 11 - 4 所示。

表 11 - 4　　　　　　　　　　　　植物 β - 淀粉酶的性质

	大豆	小麦	大麦	山芋
最适 pH	5.3	5.2	5.0～6.0	5.5～6.0
稳定 pH	5.0～8.0	4.9～9.2	4.5～8.0	
等电点（p*I*）	5.1	6.0	6.0	4.8
淀粉水解率/%	63	67	65	62

由于植物来源的 β – 淀粉酶生产成本较高，所以微生物来源的 β – 淀粉酶逐步受到重视。1964 年 Robyt 首先报道了多黏芽孢杆菌产 β – 淀粉酶，随后从巨大芽孢杆菌、芽孢杆菌 BQ、环状芽孢杆菌以及蜡状芽孢杆菌中发现 β – 淀粉酶。高崎等发现蜡状芽孢杆菌 β – 淀粉酶也同时具有水解 α – 1，6 – 糖苷键的能力，因此，水解淀粉可生成 92% 的麦芽糖。虽然芽孢杆菌 β – 淀粉酶来源丰富，但因其最适 pH 偏碱性，热稳定性不及植物 β – 淀粉酶，工业上仍以植物 β – 淀粉酶为主生产麦芽糖。不同微生物来源的 β – 淀粉酶性质比较如表 11 – 5 所示。

表 11 – 5　　　　　　　　　不同微生物来源的 β – 淀粉酶性质比较

酶来源	作用方式	最适温度/℃	最适 pH
多黏芽孢杆菌			
ATCC8523	对淀粉作用产生糊精；能分解沙尔丁格糊精（schandingerelextin）产生麦芽糖和麦芽三糖；对麦芽八糖作用产生麦芽糖、麦芽三糖和麦芽四糖。	40	7.0
NCIB8158	对支链淀粉作用分解率 50%，产物为麦芽糖；不能作用于沙丁格糊精；对氯汞苯甲酸盐、铜离子和氢化物对该酶有抑制作用。	37	6.8
AS1. 546	对可溶性淀粉作用生成麦芽糖可达 96%。该菌不仅产生 β – 淀粉酶，也可能产生一些 α – 淀粉酶和异淀粉酶。	45	6.5
巨大芽孢杆菌	对麦芽低聚糖作用，从非还原性末端切下麦芽糖；能为对氯汞苯甲酸盐所抑制，也能为半胱氨酸所复活。	50	6.5
蜡状芽孢杆菌	通过 Bernfeld 测定法，具典型 β – 淀粉酶活力；分解产物为麦芽糖。	40 ~ 60	6.0 ~ 7.0
环状芽孢杆菌	对糖原作用亲和力较淀粉为强；对氯汞苯甲酸或对汞苯磺酸盐对该酶无抑制作用。	60	6.5 ~ 7.5
假单孢菌	通过 Bernfeld 测定法，具典型 β – 淀粉酶活力；分解产物为麦芽糖。	45 ~ 55	6.5 ~ 7.5
土佐链霉菌	对淀粉分解率为 74%，生成葡萄糖为 32%，麦芽糖 58.2%，麦芽低聚糖 38.6%；对直链淀粉分解率为 78.6%，生成麦芽糖为 62.8%，麦芽低聚糖为 34.9%；产物麦芽糖不是 β – 麦芽糖，而是 α – 麦芽糖。	50 ~ 60	4.5 ~ 5.0

注：沙丁格糊精是由浸订芽孢菌淀粉酶对淀粉作用而形成的一类低聚糖。

3. 葡萄糖淀粉酶（EC 3.2.1.3）

葡萄糖淀粉酶（α – D – glucoside glucohydrolase）对淀粉的水解作用也是从淀粉分子非还原端开始依次水解一个葡萄糖分子，并把构型转变为 β – 型，因此，产物为 β – 葡萄糖。葡萄糖淀粉酶不仅能水解淀粉分子的 α – 1，4 – 糖苷键，而且能水解 α – 1，3 – 糖苷键、α – 1，6 – 糖苷键，但水解速度是不同的（表 11 – 6）。

表 11 - 6　　　　　　　　　　　黑曲霉葡萄糖淀粉酶水解双糖的速度

双糖	糖苷键	水解速度/[mg/(U·h)]	相对速度/%
麦芽糖	$\alpha-1,4$	2.3×10^{-1}	100
黑曲霉糖	$\alpha-1,3$	1.52×10^{-2}	6.6
异麦芽糖	$\alpha-1,6$	0.83×10^{-2}	3.6

葡萄糖淀粉酶即为糖化酶，其最基本的催化反应是水解淀粉生成 β - 葡萄糖，但在一定条件下也能催化葡萄糖合成麦芽糖或异麦芽糖。目前，通过对葡萄糖淀粉酶催化淀粉糊精降解各种键的速度和平衡值的研究表明，当葡萄糖浓度增加和温度提高时，这种逆反应速度也随水解速率的增加而增加。此外，葡萄糖淀粉酶水解速度与底物分子大小有关，如图 11 - 2 所示，底物分子越大，反应速度越快。

目前，葡萄糖淀粉酶主要生产菌的基因已被分离出来，并克隆到噬菌体和酿酒酵母

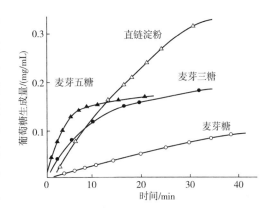

图 11 - 2　根霉结晶糖化酶水解
各种底物的反应曲线

中表达，测定其碱基顺序和酶蛋白的氨基酸序列，并对其产生同工酶的原因进行了分析。葡萄糖淀粉酶的基因在酵母中表达所形成的菌株可利用淀粉同时进行糖化和发酵。这种酵母可转化非发酵性糖，从而可缩短或取消糖化工艺，提高发酵转化率和效能。

4. 脱支酶（EC 3.2.1.9）

脱支酶（Debranching enzymes）对支链淀粉、糖原等分支点的 $\alpha-1,6$ - 糖苷键具有专一性。这种酶与 β - 淀粉酶一起使用以制造麦芽糖，可使麦芽糖的得率由 50% ~ 60% 提高到 90% 以上，与糖化酶一起使用可将淀粉转化为葡萄糖得率提高到 98%。

脱支酶广泛存在于植物和微生物中。与淀粉加工有关的微生物脱支酶有两类，一类为普鲁兰酶（Pullulanase），又称为茁霉多糖酶。其代表菌株为肺炎克雷伯菌（*Klebsiella pneumoniae*），传统名为产气荚膜菌，这类酶能水解普鲁兰糖（聚麦芽三糖）。另一类脱支酶又称异淀粉酶（isoamylase），它只对支链淀粉和糖原的 $\alpha-1,6$ - 键有专一性，而对普鲁兰糖无作用，代表菌株是假单胞杆菌。两类脱支酶水解支链淀粉及糖原的比较如表 11 - 7 所示。

表 11 - 7　　　　　　　　　　两类脱支酶水解支链淀粉及糖原的比较

底物	β - 淀粉酶	切支后再糖化		切支与糖化同时进行	
		异淀粉酶	普鲁兰酶	异淀粉酶	普鲁兰酶
糯玉米支链淀粉	50	99	95	95	103
支链淀粉 β - 极限糊精	0	80	97	72	97
山芋支链淀粉	47	96	98	97	97
牡蛎糖原	38	102	46	100	99
兔肝糖原	42	100	51	99	98

一般微生物的脱支酶因热稳定性太低（<50℃）或最适 pH 太高，一般不宜与 β - 淀粉酶或葡萄糖淀粉酶合用。Novozyme 公司在 1982 年开发出一种酸性普鲁兰糖芽孢杆菌（*B. acidpullulyticus*）生产的脱支酶（商品名 Promozyme 200），它具有较好的耐热、耐酸性，更适合于淀粉糖化应用。各种微生物脱支酶的性质如表 11 - 8 所示。

表 11 - 8　　　　　　　　　　　　微生物脱支酶的性质

性质	产气杆菌 普鲁兰酶	酸性孢杆菌 普鲁兰酶	假单胞菌 异淀粉酶	诺卡菌 异淀粉酶	蜡状杆菌突变株 普鲁兰酶
最适反应温度/℃	50 ~ 65	60	52	40 ~ 45	50
最适反应 pH	5.5 ~ 6	4.5 ~ 5.5	3 ~ 5.5	6 ~ 7	6 ~ 6.5
热稳定性/℃	<45	50 ~ 60	<55	<45	—
pH 稳定范围	<pH5 失活	<pH4.3 失活	pH3 以下失活	pH5 以下失活	6 ~ 9

5. 葡萄糖异构酶（EC 5.3.1.5）

葡萄糖异构酶（Glucose isomerase）是一种可催化醛糖转化为酮糖的酶，其所催化转化的醛糖主要为 D - 木糖、D - 葡萄糖、D - 核糖和 L - 阿拉伯糖等，因此，其更确切的名称为木糖异构酶（Xylose isomerase），但是，由于把葡萄糖异构化为果糖，对国民工业经济更具重要性，因而工业上还是将其称为葡萄糖异构酶。该酶异构反应过程包括三个阶段：一是开环阶段，醛糖从环状结构转为链状结构；二是分子结构异构化阶段，分子通过氢迁移而从醛转为酮；三是闭环阶段，链状酮结构通过闭环转为环状酮结构。

葡萄糖异构酶大多来源于细菌、放线菌，少部分来源于真菌。不同来源的葡萄糖异构酶的热稳定性和最适 pH 有些差异，来源于细菌的葡萄糖异构酶的热稳定性略差于来源于放线菌和真菌，来源于细菌的葡萄糖异构酶最适 pH 一般介于 6.5 ~ 7.0，而来源于放线菌的葡萄糖异构酶最适 pH 则介于 7.0 ~ 7.5，霉菌的葡萄糖异构酶的最适 pH 比较宽泛，一般介于 7.0 ~ 9.0。

葡萄糖异构酶的活性和耐热性与二价阳离子关联性很强，其中 Mg^{2+}、Mn^{2+} 及 Co^{2+} 等二价阳离子可显著提高其催化活性和稳定性，但 Hg^{2+}、Ag^{2+}、Cu^{2+}、Zn^{2+}、Ba^{2+}、Fe^{2+}、Ni^{2+} 和 Ca^{2+} 等二价阳离子对其催化活性有抑制作用。

三、 淀粉糖生产的总工艺路线

淀粉糖生产的总工艺路线主要是基于各种淀粉糖的生产有其共性工序，均是以淀粉为原料，经过调整淀粉乳、在耐高温 α - 淀粉酶催化作用下喷射蒸汽液化处理，得到低黏度液化淀粉乳（其构成主体为糊精），然后依据终产品不同分为两条线路走向：一是采用脱支酶 + β - 淀粉酶催化水解成麦芽糖，终产品为麦芽糖浆；二是通过脱支酶 + β - 淀粉酶 + 葡萄糖淀粉酶水解成葡萄糖，其终产品为葡萄糖浆。葡萄糖浆在葡萄糖异构酶催化作用下可逆转化为果糖糖浆，生产出果葡糖浆，并以此为原料通过分离技术处理，得到高果糖糖浆。

淀粉糖生产的总工艺路线，如图 11 - 3 所示。

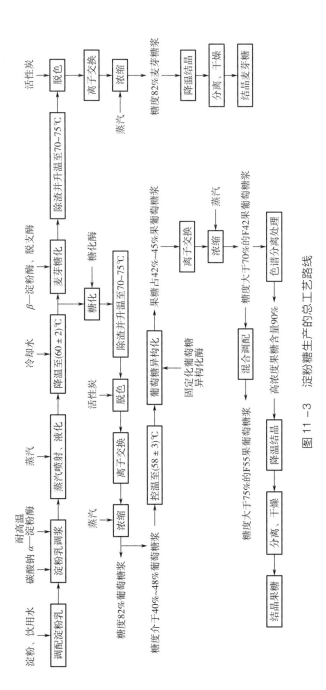

图 11-3 淀粉糖生产的总工艺路线

四、 各种淀粉糖的产业化

尽管各种各种淀粉糖均以淀粉为原料，但其终产品的组成成分、形态、含量不同，这使得其产业化技术各具特点，下面将分述各种淀粉糖的酶法产业化的内容。

（一）葡萄糖浆及葡萄糖粉的产业化

以淀粉原料生产葡萄糖，过往多采用酸法水解或者酸酶结合法水解生产，目前基本上是采用酶法水解生产，即是利用 α - 淀粉酶和糖化酶（由葡萄糖淀粉酶和脱支酶组成）水解淀粉分子而生成葡萄糖，也称为双酶法。其工艺流程（图11 -4）和设备流程（图11 -5）如下。

1. 工艺流程

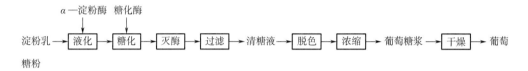

图11 -4　双酶法生产葡萄糖工艺流程

2. 设备流程

双酶法生产葡萄糖设备流程示意图如图11 -5 所示。

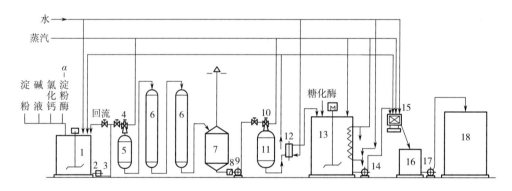

图11 -5　双酶法生产葡萄糖设备流程示意图

1—调浆配料槽　2、8—过滤器　3、9、14、17—泵　4、10—喷射加热器
5—缓冲器　6—液化层流罐　7—液化液贮槽　11—灭酶罐　12—板式换热器
13—糖化罐　15—压滤机　16—糖化暂贮槽　18—贮糖槽

3. 工艺控制

（1）淀粉的糊化与老化　淀粉的糊化是指淀粉受热后，淀粉颗粒膨胀，晶体结构消失，变成糊状液体。发生糊化现象时的温度称为糊化温度。糊化温度有一个范围，不同的淀粉有不同的糊化温度，表11 -9所示为各种淀粉的糊化温度。

淀粉老化是分子间氢键已断裂的糊化淀粉又重新排列形成新的氢键过程。在此情况下，淀粉酶很难使淀粉液化。因此，必须采取相应措施控制糊化淀粉的老化。淀粉糊的老化与淀粉的种类、酸碱度、温度和淀粉糊的浓度等有关。老化程度可以通过冷却时凝结成的凝胶体强度来表示（表11 -10）。

表 11 -9 　　　　　　　　　　　　　　各种淀粉的糊化温度（范围）

淀粉来源	淀粉颗粒大小/μm	糊化温度范围/℃		
		开始	中点	终点
玉米	5 ~ 25	62.0	67.0	72.0
糯玉米	10 ~ 25	63.0	68.0	72.0
高直链玉米（55%）	—	67.0	80.0	
马铃薯	15 ~ 100	50.0	63.0	68.0
木薯	5 ~ 35	52.0	59.0	64.0
小麦	2 ~ 45	58.0	61.0	64.0
大麦	5 ~ 40	51.5	57.0	59.5
黑麦	5 ~ 50	57.0	61.0	70.0
大米	3 ~ 8	68.0	74.5	78.0
豌豆	—	57.0	65.0	70.0
高粱	5 ~ 25	68.0	73.0	78.0
糯高粱	6 ~ 30	67.5	70.5	74.0

表 11 -10 　　　　　　　　　　　　各种淀粉糊的老化程度比较

淀粉糊名称	淀粉糊丝长度	直链淀粉含量/%	冷却时的凝胶体强度
小麦	短	25	很强
玉米	短	26	强
高粱	短	27	强
黏高粱	长	0	不结成凝胶体
木薯	长	17	很弱
马铃薯	长	20	很弱

（2）淀粉液化控制　淀粉液化方法包括酸法、酸酶法和酶法，采用液化喷射式以酶法为优（图 11 -6）。

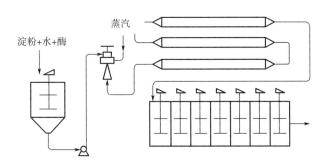

图 11 -6　一次加酶喷射液化工艺

国产 BF－7658 淀粉酶在 30%～35% 淀粉浓度下，85～87℃时活力最高，但当温度达到 100℃时，10min 后，酶活力则全部消失。在淀粉的水解中，应用耐高温的淀粉酶，将使液化速度加快，不溶性微粒减少，糖液 DE 值升高。因此，在淀粉的液化过程中，需要根据酶的不同性质，控制反应条件。目前，发酵工厂按照常用淀粉乳浓度 30%～40%、pH6.0～7.0、85～90℃进行生产。淀粉酶制剂的加入量，随酶活力的高低而定，但一般控制在 5～8U/g 淀粉。

淀粉经液化后，分子质量逐渐减小，黏度下降，流动性增强，给糖化酶的作用提供了有利条件。但是，必须很好控制液化程度，假如让液化继续下去，虽然最终水解产物也是葡萄糖和麦芽糖等，但最终葡萄糖值低，因为液化时间加长，一部分已液化的淀粉又会重新结合成胶束状态，使糖化酶难以作用，从而影响葡萄糖的产率。

液化达到终点后，酶活力逐渐丧失，为避免液化酶对糖化酶的影响，需对液化液进行灭酶处理，一般液化结束，升温至 100℃保持 10min 即可完成。然后降低温度，供糖化作用。

（3）淀粉糖化控制　糖化是利用糖化酶将淀粉液化产物进一步水解成葡萄糖的过程，因为支链淀粉的存在，而且液化工艺是无法水解支链淀粉的 $\alpha-1,6-$糖苷键，因而在糖化工艺中除了使用葡萄糖淀粉酶外，还得添加脱支酶共同作用，以达到彻底水解淀粉，提高葡萄糖转化率的目的。

糖化初期，糖化进行速度快，葡萄糖值不断增加。迅速达到 95%，达到一定时间后，葡萄糖值不再上升。因此，在葡萄糖值达到最高时，应当停止酶反应（可加热至 80℃、20min 灭酶），否则葡萄糖值将由于葡萄糖经 $\alpha-1,6-$糖苷键起复合反应而降低。复合反应的程度与酶的浓度及底物浓度有关。提高酶的浓度，可缩短糖化时间。

糖化温度和 pH 决定于糖化剂的性质。采用曲霉糖化酶，一般温度为 60℃，pH4.0～5.0；根霉糖化酶一般在 55℃，pH5.0。采用较低的 pH 可使糖化酶颜色浅，便于脱色，如应用黑曲霉 3912 生产的酶制剂，糖化在 50～64℃、pH4.3～4.5 下进行；根霉 3092 生产的糖化酶，糖化在 54～58℃、pH4.3～5.0 下进行，糖化时间 24h，一般 DE 值都可以达到 95% 以上。而采用 UV－11 糖化酶，在 pH3.5～4.2、55～60℃下糖化，DE 值可达到 99%。

（二）麦芽糖浆和结晶麦芽糖的产业化

以淀粉为原料经由 $\alpha-$淀粉酶、$\beta-$淀粉酶和脱支酶水解作用产生麦芽糖，其水解产物因麦芽糖含量的不同而有不同的名称，如饴糖、麦芽糖浆、高麦芽糖浆及超高麦芽糖浆等，超高麦芽糖浆通过结晶＋干燥工艺处理，制备出结晶麦芽糖。高麦芽糖浆、超高麦芽糖浆和结晶麦芽糖是新型营养糖品，广泛应用食品、医药等工业部门作为营养甜味剂。

1. 超高麦芽糖浆生产的工艺技术

以大米或红薯为淀粉质原料，用麦芽糖化后，淋出的糖液加以煎熬浓缩而成的传统麦芽糖浆称为饴糖，它已有 2000 多年历史，具有麦芽的特殊香味，其中麦芽糖含量为 45%～50%。

随着酶制剂工业的发展，酶制剂已应用于麦芽糖浆的生产。与传统麦芽糖不同，现在麦芽糖生产原料不再是大米或红薯，而是主要使用玉米淀粉为淀粉质原料，其过程是：先用液化型 $\alpha-$淀粉酶液化，再用植物或微生物 $\beta-$淀粉酶糖化，所制成的糖浆通常称为酶法饴糖；再经脱色精制过的饴糖也称高麦芽糖浆，麦芽糖含量达 50%～60%；而在糖化时添加脱支酶水解支链淀粉分支点的 $\alpha-1,6-$糖苷键，使之产生更多的麦芽糖，麦芽糖含量高达 75%～85% 的麦芽糖浆称为超高麦芽糖浆。各种麦芽糖浆的主要组成成分如表 11－11 所示。

表 11 –11　　　　　　　　　　　各种麦芽糖浆的主要组成成分

糖浆名称	DE	G1	G2	G3	G4	G5	G6	G7	D	糖化方式
麦芽饴糖	47	9	41	14	—	—	—	—	33	麦芽
	48	10.3	45.1	3.2	—	—	—	—	44.6	
酶法饴糖	37	0.1	64.7	3.2	—	—	—	—	32.1	细菌 α – 淀粉酶 +
	39.4	1.1	51.2	17.3	—	—	—	—	30.5	细菌 β – 淀粉酶
酶法饴糖	44	4.5	52.3	20.6	—	—	—	—	22.6	霉菌 α – 淀粉酶
	43.8	5.2	50.3	21.8	—	—	—	—	22.7	
高麦芽糖浆	50	5.5	60	—	—	—	—	—		
高麦芽糖浆	35	<5	65	35	—	—	—	—		细菌 α – 淀粉酶 + 细菌 β – 淀粉酶 + 脱支酶
超高麦芽糖	51.4	0.1	82.7	6.9	—	—	—	—	10.4	细菌 α – 淀粉 + 脱支酶 + β – 淀粉酶
玉米糖浆	95	92	4	1	1	—	—	—	—	酶液化、酶糖化
玉米糖浆	42	20	14	12	9	8	7	10	—	

注：DE 表示水解度；G1，G2，G3……表示葡萄糖的聚合度；D 表示糊精的聚合度。

麦芽糖是由两分子葡萄糖通过 α – 1，4 – 糖苷键构成的双糖，其甜度仅为蔗糖的 30% ~ 40%，入口不留后味，具有良好防腐性和热稳定性，吸湿性低。并且在人体内具有特殊生理功能，不参与胰岛素调节的糖代谢，在食品和医药工业中有着广泛的应用。近年来，国内外对麦芽糖的需求量日益增加。

高麦芽糖浆在食品工业中应用包括糖果制造业，如添加高麦芽糖浆制造硬糖，不仅甜度柔和，且产品不易着色，硬糖透明度高，具有较好的抗砂性和抗龋齿性，可延长产品保质期；高麦芽糖浆代替部分蔗糖应用于制造香口胶、泡泡糖等，可明显改善产品的适口性和香味稳定性，提高这类产品质量；利用高麦芽糖浆抗结晶性好的特点，可应用于调味酱、果酱、果冻等生产；利用其良好的发酵性，大量应用于面包、糕点及啤酒制造。在医药工业上，用纯麦芽糖输液不易引起血糖升高。麦芽糖经氢化后加工成麦芽糖醇，其甜度与蔗糖相当，是一种低热值的甜味剂。

全酶法生产超高麦芽糖浆典型工艺流程图（图 11 – 7）。

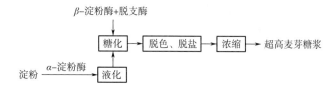

图 11 –7　酶法生产超高麦芽糖浆工艺流程

2. 超高麦芽糖生产工艺控制

（1）液化　淀粉原料的液化也是利用耐热性的 α - 淀粉酶在 95～105℃下高温喷射液化，DE 值一般控制在 5～10。DE 值过低，液化不完全，影响后续工序的糖化速度及精制过滤；DE 值过高，会减少麦芽糖的生成，而葡萄糖生成量增大。

（2）糖化　目前，生产超高麦芽糖糖化的方法主要有：利用糖化型淀粉酶糖化或利用 β - 淀粉酶和脱支酶协同作用糖化。

①利用糖化型淀粉酶糖化：20 世纪 60 年代末 70 年代初发现了一些糖化型淀粉酶，将它们作用于淀粉液能生成 70% 以上的麦芽糖。这些糖化型淀粉酶都是由链霉菌产生的，其性质如表 11 - 12 所示。将液化液调整至酶的最适 pH 和温度，加入糖化酶糖化 40h，精制浓缩可得到 70%～80% 的麦芽糖浆。由该法生产的麦芽糖浆的组成如表 11 - 13 所示。

表 11 - 12　　　　　　　　　几种链霉菌生产的糖化酶性质

产酶菌株	最适 pH	最适温度/℃	水解淀粉极限/%	葡萄糖与麦芽糖比
白色链霉菌（S. albus）	4.5～5.0	50～60	78	0.058:1
金色链霉菌（S. aureofaciens）	4.5～5.0	50～60	76	0.058:1
吸水链霉菌（S. hygroscopicus）	4.5～5.0	50～60	82	0.055:1
吸水链霉菌（S. hygroscopicus）	4.5～5.0	50～60	82	0.053:1
绿色产色链霉菌（S. vioidochromogenes）	4.5～5.0	50～60	79	0.051:1
黄色链霉菌（S. flavus）	4.5～5.0	50～60	76	0.058:1
托氏链霉菌（S. tosaensis nov. sp）	4.5～5.0	50～60	79	0.053:1

表 11 - 13　　　　　　各种制法所生产的麦芽糖浆的组成　　　　单位：%（质量分数）

文献	淀粉浓度	液化 DE	糖化	生成糖浆的组成				
				葡萄糖	麦芽糖	麦芽三糖	糊精	发酵性糖
荷兰专利（Appl）7114799 明治制果（株）	30～40	—	—	3.1	75.4	10.1		—
英国专利	10.9		57.5	微量	76.92	21.25		98.17
1273789（1972）	20.6	15～25	56.9	1.14	77.53	19.22	20 以下	97.89
Stalev 公司	31.4		55.1	1.95	73.16	20.70		59.81
1144950（1969）	30	5	53.4	3.7	74.0	15.0	7.3	92.7
C. P. C 公司	30	—	—	5.3	84.8	5.3	4.7	—
林原精致麦芽糖	20	—	流速	0.5	94.5	4.0	1.0	—
林原高麦芽糖浆	20	3.4	13.8mL/h	0.2	69.7	10.0	20.1	
Mertensson（1974）	pH6.0	7.0	柱高 100cm	0.3	70.0	15.8	13.9	—
	95℃	10.7	直径 20cm	0.4	72.6	25.4	1.6	
美国专利 3804717（1974）	pH6.0 55℃	—	—	4.1	71.3	11.7	12.9	—

②利用 β - 淀粉酶和脱支酶协同作用糖化：应用 β - 淀粉酶和脱支酶协同作用形成的麦芽糖生成率可达 90% 以上。要提高麦芽糖的含量，淀粉液化程度应尽可能降低，DE 值控制在 5 以上。可采用高温（150 ~ 160℃）液化淀粉或用少量 α - 淀粉酶中温液化淀粉。由于这样低的液化程度，冷却后凝沉性强，黏度大，混入酶有困难，需要分步糖化。液化淀粉乳喷入真空中急骤冷却至 50 ~ 60℃，加入耐热性的 β - 淀粉酶或脱支酶作用几小时后，黏度降低，再加入脱支酶和 β - 淀粉酶进行第二次糖化。一般，在酶的最适 pH 下糖化 48h 左右。至于脱支酶与 β - 淀粉酶是同时加入或分开加入，主要取决于所选用的两种酶的最适 pH 和温度是否接近。如两者接近可同时加入进行糖化；如两者相差太远，则应先加脱支酶作用，然后调整条件再加 β - 淀粉酶糖化。这样可得到麦芽糖含量为 90% ~ 95% 的糖浆。糖浆经精制浓缩，加入麦芽糖晶种，在 35℃ 左右可结晶出麦芽糖。如果将糖浆喷雾干燥，可以得到流动性能良好的粉状麦芽糖产品。几种淀粉质原料糖化试验结果如表 11 - 14 所示。

表 11 - 14　　　　　　　　几种淀粉质原料糖化试验结果

淀粉糖化	玉米	甘薯	马铃薯	黏玉米
液化温度/℃	150 ~ 160	150 ~ 160	88 ~ 95	150 ~ 160
酶用量（U/g 淀粉）	—	—	α15	—
pH	5.5	5.0	6.0	5.5
葡萄糖值	1.0	2.0	2.1	2.1
浓度/%	10	20	20	15
第一次糖化				
酶用量（U/g 淀粉）	E20 β20	β25	S25	β20
pH	6.0	6.0	6.0	6.0
温度/℃	45	60	60	60
第二次糖化				
酶用量（U/g 淀粉）	—	P20	β20	P30
pH	6.0	5.5	6.0	5.5
温度/℃	4.5	45	50	45
时间/h	48	45	45	48
麦芽糖产率/%	93	92.5	92	92

注：表中 α 表示 α - 淀粉酶，β 表示 β - 淀粉酶，E 表示大肠杆菌酶，P 表示假单胞杆菌，S 表示放线菌。

（3）麦芽糖的精制方法

①吸附分离法

活性炭柱精制法：利用各种活性炭对糊精和寡糖的吸附能力不同，根据糖浆的成分，适当组合两种活性炭柱，吸附除去糊精和寡糖，得到较纯的麦芽糖。

阴离子交换树脂法：阴离子树脂（Dowexz，AmbeHite IRA - 411 等）OH⁻ 型，吸附麦芽糖，不吸附糊精、寡糖，用水和2%的盐酸可洗脱麦芽糖，纯度可以达97%以上。

②有机溶剂沉淀法：待精制的麦芽糖液中加入丙酮30%～50%（体积分数），可将糊精沉淀而得到纯度为95%～98%的麦芽糖，其得率在50%以上。

③膜分离法：超滤、反渗透均可以分离，得到96%以上纯度的麦芽糖。但处理前糖浆浓度只能为15%～20%，否则影响处理能力。一般处理能力以超滤膜较高，而麦芽糖纯度则以反渗透膜较高。

④结晶法：纯度为94%的麦芽糖溶液，浓缩到70%的固形物，加入0.1%～0.3%的麦芽糖晶种，从40～50℃逐步冷却到27～30℃，保持1.15～1.30的过饱和度，40h结晶完毕，得率约为60%，纯度在97%以下。

（三）果葡糖浆、高果糖糖浆和结晶果糖的产业化

1. 概述

高果糖浆（high fructose glucose syrup，HFGS）是具有高甜度保健功能的一种糖原。其甜度为砂糖的1.2～1.8倍，而且爽口、越冷越甜。其保健功能在于果糖进入人体肝细胞内以及磷酸化作用不会引起糖尿病、低血糖和肥胖等功效。1981年D. J. A. Jenkins等做了"血糖指数"（glyvemie index，GI）实验，证明果糖的GI为15～25，而蔗糖为49～69、葡萄糖为100、麦芽糖为93～117。而且，果糖与蔗糖相比，不易被人体口腔微生物利用，不易造成龋齿。因此，发展高果糖浆行业具有十分重要的学术价值和应用前景。

我国高果糖浆的开发应用较晚，始于20世纪70年代中后期。1976年在安徽省蚌埠市建立第一家年产1000t生产厂。1984年又在该市建立年产1万t高果糖浆生产线并引进了部分设备，随后又在湖北江陵、湖南长沙和江苏淮阴等地引进美国技术与设备。从此，我国拥有模拟移动床分离设备，可年产10万t F90、F55和F42等系列高果糖浆产品。

我国高果糖浆的生产与美国、日本等国比较，在果糖与葡萄糖的分离技术以及酶制剂质量等方面仍有较大差距，严重制约着高果糖浆产业化的发展。随着我国淀粉行业的蓬勃发展，进口酶制剂的广泛应用，生产纯葡萄糖技术日益接近国际先进水平，为高果糖浆工业的发展奠定了基础。目前，国内市场高果糖浆需求不断增加，质量要求也不断提高，应用领域更加广泛。由于高果糖浆具有优良特性和功能特性，尤其是它具有"协同增效、冷甜爽口"等特性，备受饮料厂家及顾客青睐。

2. 果葡糖浆生产的工艺技术

果葡糖浆又称异构糖浆，是以淀粉为原料，先用α-淀粉酶和糖化酶将其水解为葡萄糖，再通过异构酶的作用，使一部分葡萄糖转化为果糖而成的混合糖浆。由于葡萄糖的甜度只有蔗糖的70%，而果糖的甜度是蔗糖的1.5～1.7倍，故当糖浆中的果糖含量达到42%时，其甜度与蔗糖相当，在食品工业中可广泛代替蔗糖，特别是果糖在低温下甜度更为突出，因而最适合于冷饮食品。

生产果葡糖浆也是酶工程在工业生产中最成功、规模最大的应用。在实际生产中，为了提高酶的使用效果，异构酶是制成固定化酶柱后进行连续反应的。固定化酶的制法基本上有两种，一种是将含酶细胞在加热后以壳聚糖处理及戊二醛交联的方法而制成固定化细胞，也可将细胞包埋在醋酸纤维或蛋白质中，再交联而固定；另一种是将细胞中异构酶提取和纯化后，再用多孔氧化铝或阴离子交换树脂吸附，制成活力很高的固定化酶。通常用1000g固定化细胞可生产2000～3000kg果葡糖浆（以干物质计），高活力的酶生产能力可达6000～8000kg。

果葡糖浆的生产工艺流程如图 11 - 8 所示。

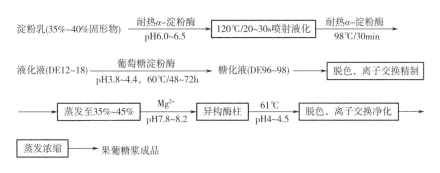

图 11 - 8　果葡糖浆的生产工艺流程

按果葡糖浆的生产工艺过程及控制条件，可分为如下几个工序进行。

（1）淀粉液化　淀粉液化是果葡糖浆及其他淀粉生产中一个重要的工序，有酸法和酶法两种工艺。目前，世界各国基本上用酶法代替了酸法。酶法液化即利用 α - 淀粉酶将淀粉水解成糊精和低聚糖。液化 DE 值的高低，直接影响到糖化 DE 值的高低。一般液化 DE 值控制在 15 ~ 20。

目前，淀粉液化多采用耐热性淀粉酶，温度控制在 95 ~ 105℃，而采用非耐热性 α - 淀粉酶则控制在 90℃。液化过程的关键设备为连续液化喷射器，其工作原理是将加酶的淀粉乳瞬间加热到淀粉酶的耐高温临界温度，在充分分散的条件下，进行液化反应，有利于避免被水解的淀粉链重新聚合。液化喷射器的种类有多孔喷气液化器、高压蒸汽喷射器和连续液化喷射器三种，其结构各有特点。

（2）糖化　经液化处理好的液化液，采用葡萄糖淀粉酶进一步水解成葡萄糖。该生产工序要求糖化 DE 值越高越好。糖化操作比较简单，用稀盐酸调整至 pH4.0 ~ 5.0，加糖化酶量为 100 ~ 200U/g（干物质），糖化温度 60 ± 1℃，最终糖化液 DE 值达到 95 ~ 96 即终止糖化，进入过滤、脱色、离子交换等精制工序，得到精制的葡萄糖液，利用葡萄糖异构酶进行异构化处理。

（3）葡萄糖异构化　随着酶固定化技术的发展，葡萄糖异构酶的固定化技术也不断地得到改进。现在 1kg 固定化酶所生产的果葡糖浆在 6t 以上，其生产能力是 20 世纪 70 年代初期的 10 倍以上。例如，美国 Miles 公司采用戊二醛交联固定化木立黄杆菌（Flavobacterium arborescens）细胞制备出 "TakaSweet®"，生产能力为 1:8000（Miles 公司），且对底物含重金属不敏感，可降低产品纯化成本。Clinton 公司用珠状 DEAE 纤维素吸附赤链霉菌（S. rubiginous）游离异构酶所做成的固定化酶，生产能力达到 1:9000。丹麦 Novo 公司采用鼠灰链霉菌（S. murinus）突变株代替原来使用的凝结芽孢杆菌，制成固定化异构酶 "Sweetzyme T"，其生产能力比凝结芽孢杆菌的产品 "Sweetzyme" 提高了 3 ~ 5 倍，达到 1:10 000。表 11 - 15 所示为 Novozyme 公司三代固定化酶发展的比较。

德国 Miles Kaleieheme 公司将锈赤链霉菌分离异构酶用二氯化硅吸附制成的 "Optisweet22"，生产能力达到 1:22 000；Singal 公司以多孔陶土为载体，经聚乙烯亚胺浸渍处理，再用戊二醛交联链霉菌异构酶，其产品 "KetomaxGI$_{100}$" 在 pH8.0，55℃下操作，酶活力半衰期达 75 ~ 90d，酶活力下降到 1/10 时，生产能力为 1:2400，每生产 1000t（以干物质计）

55%果糖的果葡糖浆所消耗酶量仅为344kg。

表 11 – 15　　　　　　　　　Novozyme 公司三代固定化酶的比较

异构化参数	1976 Sweetzymes	1984 正常	Sweetzyme Q 低温	1987 正常	Sweetzyme T 低温
糖浆浓度（质量分数）/%	40 ~ 45	43 ~ 47	43 ~ 47	43 ~ 47	43 ~ 47
进料 pH	3.4	7.5 ~ 7.8	7.5 ~ 7.8	7.5 ~ 7.8	—
温度/℃	65	60	55 ~ 57	60	55 ~ 57
酶活力/（U/g）	175 ~ 225	225 ~ 275	225 ~ 275	275 ~ 325	275 ~ 325
酶活力降到1/10 时的寿命/d	65	165 ~ 215	165 ~ 250	160 ~ 210	235 ~ 300
酶活力半衰期/d	20	50 ~ 65	50 ~ 75	90 ~ 115	130 ~ 165
糖浆流速/（kg/kg 酶）	2.9	2.5	1.7	4.5	3.0
生产能力（总）活力降到1/10 时/（kg 糖浆干物质/kg 酶）	1750	3000 ~ 4000	5000 ~ 6000	8000 ~ 9000	10 000 ~ 11 000

为了提高酶对底物葡萄糖的转化效率，脱氧工序是十分重要的。此外，对酶作用的底物葡萄糖液有一定的要求。葡萄糖浓度（干物）45%，电导率 $< 4 \times 10^{-3}$ s/m，Ca^{2+} ≤ 1.5mg/kg，同时无需溶解氧。在异构化糖液中添加 Mg^{2+} 1.5mmol/L，HSO_3^- 2mmol/L，pH7.6 ~ 7.8，反应温度 55 ~ 60℃，可活化酶和避免氧失活。

异构化生产果葡糖浆工艺有分批法、连续搅拌法、酶层过滤法和固定化酶床反应器法。现在普遍采用固定化酶床反应器法，即将纯的异构酶或细胞固定化于载体上，装于直立的保温反应柱中，经精制、脱氧的葡萄糖液由柱顶流经酶柱，发生异构化反应，由柱底流出异构化糖浆，整个生产过程连续操作。在连续反应过程中，酶活力逐渐降低，需要相应降低进料速度以保持一定的转化率。酶柱可连续使用800h左右。

20 世纪 80 年代末研究开发出一种新型的异构化系统即"柱上负载"系统，这个系统是由两个单元组成：一个是具有惰性的可以再生的载体，它能有效地结合蛋白质；另一个是纯异构酶溶液。该系统首先像常规的异构化一样，载体使溶性酶完全负载，进行批量固定化。同时其载体可负载的使用，可逐步加酶固定化，这样可连续或半连续地往异构化柱中添加酶的技术称作"柱上负载"。柱上负载的原理是通过定期添加酶使生产线上酶的总活力保持稳定。因而在整个生产期间，可通过柱系统来调整葡萄糖异构化的生产能力。"柱上负载"系统有许多优点：①生产能力可根据市场情况灵活而迅速地调整；②异构酶的利用率大大提高；③对稳定和均匀生产操作需要的异构化柱数量少；④操作简单；⑤连续操作可达两年以上；⑥异构化成本低。因此，这种操作系统较为先进、科学，是一种具有推广价值的固定化工艺技术。

（4）果糖与葡萄糖分离技术　从含42%果糖的果葡糖浆中，将果糖分离得到含果糖90%以上的糖浆，再按1∶2 ~ 3 的比例将其与42%果葡糖浆混合，便可以得到含果糖50% ~ 60%的果葡糖浆。一般，含果糖50%以上异构糖浆称为高果糖。从普通果葡糖浆中分离果糖是制造55%以上果糖含量的高果糖浆的先决条件。曾经研究过多种分离果糖的方法，例如冷冻结晶法，利用果糖较葡萄糖不易结晶的原理，从42%果葡糖浆中除去葡萄糖而浓缩果糖，或将果糖制成钙盐，使之与葡萄糖相分离，也可将葡萄糖在碱性条件下氧化成葡萄糖酸钙后与果糖分离。也有采用离子交换树脂作吸附分离和无机分子筛吸附分离及新发展的色层吸附分离。目前，工业上使用的主要有离子交换、分子筛和色层吸附三种方法。美国环球石油（UOP）公司开发的以分子筛作吸附剂，用旋转阀模拟流动床连续分离果糖工艺（Sarex 工艺），具有分离效果好，洗脱用水量少等优点。这种方法是根据色谱原理，果糖与葡萄糖和载体结合牢固程度不同，从分离柱先后被分离出来而达到目的。果糖提取率 92%，果糖纯度可达 94% 以上，糖液中固形物浓度达 18% ~ 24%。

（四）啤酒糖浆的产业化

我国是啤酒大国和淀粉生产大国。随着啤酒产量的增长，从 2002 年开始，我国啤酒产量超过美国，位居世界第一。2013 年，我国啤酒产量超过 5000 万 kL，之后几年有所下降，到 2017 年，我国啤酒产量仍有 4400 万 kL。啤酒酿造主要原材料大麦在我国多年来已不能满足需求，而以小麦淀粉和玉米淀粉为原材料生产的糖浆所含有的氮源、维生素、矿物质等酵母营养素与啤酒酿造的麦芽汁糖化液相当。因此，它可代替部分麦芽和大米辅料，既可降低啤酒生产成本，又可提高和稳定啤酒质量。我国啤酒专用淀粉糖浆需要量将达到 100 万 t 以上。国外也早已有应用，美国的一些玉米深加工企业均生产啤酒专用淀粉糖浆，欧洲的绝大部分啤酒企业的辅料均添加玉米或小麦淀粉制成的淀粉糖浆，日本等国添加的比例则更大。而我国啤酒工业使用淀粉糖浆起步较晚。1994 年江南大学开始研究啤酒专用糖浆并在上海正广和葡萄糖厂试产成功。近年来，我国啤酒糖浆的生产及啤酒企业的应用已普及全国。实践证明，采用啤酒专用糖浆作辅料，"以糖代粮"，能简化啤酒酿造工艺，提高发酵度，降低成本，1t 啤酒成本可降低 30 元以上，全国可降低啤酒生产成本接近 10 亿元。同时，也减少污染物的排放。

根据啤酒专用糖浆研究开发情况，可将啤酒专用糖浆分为大麦糖浆、营养型麦芽糖浆和功能性糖浆三大类。

（1）大麦糖浆　大麦糖浆以大麦和麦芽为原料，经 α-淀粉酶液化和复合糖化酶糖化，再经脱色、过滤和浓缩等工序而成为麦芽糖含量高达 45% ~ 55%，而葡萄糖含量小于 10%，α-氨基氮 ≥ 1400mg/L 的大麦糖浆。其组成与麦芽汁一致，在啤酒生产中可以直接稀释加入煮沸锅作为啤酒专用糖浆进行啤酒酿造生产。其生产工艺流程如图 11-9 所示。

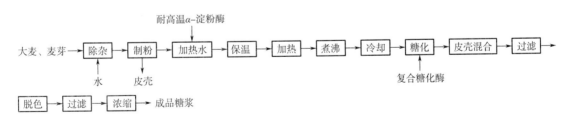

图 11-9　大麦糖浆生产工艺流程

（2）营养型专用麦芽糖浆　营养型专用麦芽糖浆的生产采用玉米或玉米淀粉为原料，按照啤酒生产用麦汁的营养要求进行营养强化的一种啤酒专用糖浆。麦芽糖含量 50% ~ 60%，葡萄糖含量 10%，氨基酸态氮 1100mg/L，特别注意强化酵母所需要 α-氨基氮含量和合理的碳氮比。其组成与啤酒酿造的正常麦汁相似，可以完全替代以大麦或大米作为辅料，同时还能代替部分大麦芽。添加量可高达 30% ~ 50%，并且还可改善过滤速度，容易实现啤酒酿造的高浓度发酵，从而提高设备利用率。目前，此种糖浆在啤酒酿造中应用较多。生产工艺与大麦糖浆相似，核心工艺技术也是采用酶法生产技术。生产工艺流程如图 11 – 10 所示。

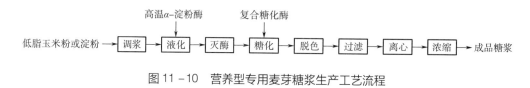

图 11 –10　营养型专用麦芽糖浆生产工艺流程

（3）功能性糖浆　目前，用于啤酒生产的功能性糖浆主要为异麦芽低聚糖浆，此种糖浆特点为：发酵度较低，价格较高，适合于生产醇和酒精含量较低的低醇保健型啤酒。产品的固形物75°Bx，异麦芽低聚糖45%，葡萄糖和麦芽糖小于10%。其生产工艺流程如图 11 – 11 所示。

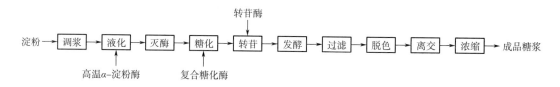

图 11 –11　功能型糖浆生产工艺流程
（注：复合糖化酶包括葡萄糖淀粉酶、β – 淀粉酶及支链淀粉酶等）

啤酒专用淀粉糖浆应用于代替部分大麦和辅料大米，实践证明是成功的。不仅促进淀粉糖工业化和规模经营的发展，也解决了啤酒工业在新形势下所面临的挑战。同时，淀粉糖浆在啤酒过程中实际应用具有以下几个优点：①玉米或小麦糖浆的营养组成与大麦芽汁相似，具有可代替性，又可解决进口大麦短缺和大米价格上涨的难题，大大降低啤酒酿造原材料成本；②糖浆无需再糖化，可直接添加入糖化锅中，工艺简单、使用方便、节约降耗，可相对提高设备利用率；③生产的啤酒色泽浅，口味清爽。④玉米和小麦原料来源广泛。但是，啤酒用淀粉糖浆的应用与生产优质啤酒尚有一定距离，尚需要酿造过程中控制 α – 氨基酸态氮的水平和双乙酰的正常转化等问题。

第二节　酶法生产功能性低聚糖

一、　功能低聚糖概念

低聚糖（oligosaccharide）是指2～10个单糖单位通过糖苷键联结起来，形成直链或分支链的一类寡糖的总称。人们熟悉的蔗糖、麦芽糖、乳糖、环糊精等均属于此类。但过量摄取蔗糖会引起肥胖、糖尿病、心血管疾病等。当今保健食品热潮兴起，大大促进了新型低聚糖的研究及开发，也促进了新酶源的研究及应用。目前，已发现了多种能催化在特定羟基上产生特殊键合的转移糖酶和具有生成特殊低聚糖能力的新型淀粉酶，为新型低聚糖的生产奠定了基础。同时，基因工程的应用、固定化酶和固定化细胞技术的发展，使得工业上大规模生产新型低聚糖成为可能。

近十多年来，一些发达国家，尤其是日本、欧美等国，与新型低聚糖有关的保健食品得到了迅猛的发展。国际市场低聚糖年总产量达 6 万 t，已广泛应用于饮料、糖果、糕点、乳制品、冷饮、调味料、保健食品等食品产品中。新型低聚糖独特的生理功能已引起了世界各国的关注。我国也已重视这一领域的研究，中国食品发酵研究所、江南大学、华南理工大学等单位正积极开展这一领域的研究，并取得大量基础研究成果。目前，国际上已研究开发成功的新型低聚糖有 10 多种，主要有：异麦芽低聚糖、蔗果寡糖、半乳糖基寡糖、半乳糖基转移寡糖、帕拉金糖、大豆低聚糖、异构乳糖等。大量研究表明，低聚糖主要具有促进双歧杆菌增殖，抑制腐败菌的生长繁殖，低热能，防止肥胖和糖尿病，抗龋齿和抗肿瘤等生理功能。现将几种新型低聚糖的生理功能列于表 11 – 16。

表 11 – 16　　　　　　　　　　　几种新型低聚糖的生理功能

名称	制法及结合类型	功能特性
蔗果寡糖	酶法，蔗糖 $+\beta$ – 1，2 –（果糖）	抗龋齿、双歧杆菌增殖、抑制腐败菌、胰岛素不依赖性、血栓和脂质的改善
大豆低聚糖	抽出法，水苏糖、棉籽糖	双歧杆菌增殖、低能量
半乳糖基寡糖	酶法，乳糖 – β – 1，2 –（果糖）	优质甜味、低能量、双歧杆菌增殖、耐热性强、抗龋齿
半乳糖基转移寡糖	酶法，乳糖 – β – 1，2 –（半乳糖）	抗龋齿、双歧杆菌增殖
异构乳糖	催化法，半乳糖 – β – 1，4 – 果糖	抗龋齿、双歧杆菌增殖
帕拉金糖	酶法，葡萄糖 – β – 1，2 – 果糖	抗龋齿、双歧杆菌增殖
耦合糖	（葡萄糖）n – α – 1，4 – 蔗糖	抗龋齿、保湿、防结晶、优质甜味
异麦芽寡糖	酶法，葡萄糖（α – 1，4 或 α – 1，6 结合）	抗龋齿、双歧杆菌增殖、防结晶、滋补营养、抗淀粉老化
海藻糖	酶法，葡萄糖（α – 1，1 – 果糖）	抗龋齿、抗肿瘤、优质甜味
壳质低聚糖	抽出法（乙醇氨基葡萄糖 β – 1，4）	抗肿瘤、提高免疫力
低聚木糖	木糖（β – 1，4 – 糖苷键）	保湿及水分活度调节
蔗糖低聚糖	葡萄糖 – α – 1，6 – 蔗糖	抗龋齿、优质甜味

二、　酶法生产低聚糖工艺技术

新型低聚糖生产过程，一般包括酶的发酵生产、低聚糖的酶法合成和分离精制三个过程。每个过程都与生物技术和化学工程技术密切相关。微生物酶的发酵生产，可运用现代生物技术对菌种进行基因工程改造，以提高酶活力和产量，运用现代发酵技术和新型生物反应器，达到最优化控制来提高发酵酶的产量。在酶法合成过程中，一般采用固定化酶或固定化菌体来连续合成低聚糖，分离精制过程一般包括过滤、脱色、脱盐、分离、纯化、浓缩等操作过程。

（一）**低聚果糖**（Fructooligosaccharides）**的生产**

1. 低聚果糖的构成及酶法合成原理

低聚果糖又称为蔗果寡糖（fructosylsucrose），其分子结构是在蔗糖（GF）分子上结合 1 ~

3 个果糖分子的寡糖的总称。其组成主要是蔗果三糖（GF_2）、蔗果四糖（GF_3）和蔗果五糖（GF_4）。蔗糖与果糖分子以 $\beta - 1，2 -$ 糖苷键连接成为蔗果寡糖。低聚果糖普遍存在于高等植物中，尤其以洋葱、牛蒡、芦笋、香蕉等植物中含量较高。目前，工业生产上是采用 $\beta -$ 果糖转移酶（$\beta -$ fructosyltransferase）或 $\beta -$ 呋喃果糖苷酶（$\beta -$ fructosyltransfidase）催化作用蔗糖，进行分子间果糖转移反应生产低聚果糖。分子间果糖的转移反应分两步进行，如图 11 – 12 所示。

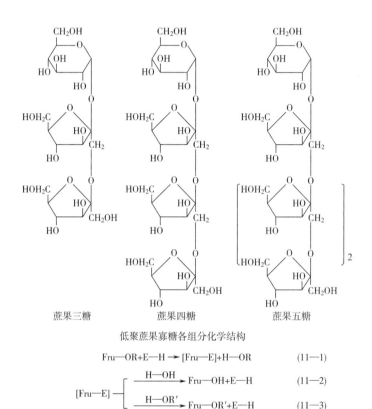

低聚蔗果寡糖各组分化学结构

$$Fru—OR + E—H \longrightarrow [Fru—E] + H—OR \qquad (11—1)$$

$$[Fru—E] \begin{cases} \xrightarrow{\ \ H—OH\ \ } Fru—OH + E—H & (11—2) \\ \xrightarrow{\ \ H—OR'\ \ } Fru—OR' + E—H & (11—3) \end{cases}$$

图 11 –12　分子间果糖转移反应的两步机理

Fru—OR：蔗糖	E—H：酶
Fru—E：果糖基 – 酶复合体	RO—H：葡萄糖
Fru—OH：果糖	Fru—OR'：低聚果糖

在酶法转移合成低聚蔗果寡糖的两步反应中，蔗糖既是供体也是受体。在反应式（11 –1）中，蔗糖在 $\beta -$ 果糖转移酶或 $\beta -$ 呋喃果糖苷酶的作用下分解为果糖基和葡萄糖，为反应式（11 –2）、式（11 –3）两个反应提供果糖基。在反应式（11 –2）中果糖基加水合成果糖，在反应式（11 –3）中蔗糖作为受体和果糖基作用合成蔗果三糖，蔗果三糖作为受体则合成蔗果四糖，蔗果四糖作为受体则合成蔗果五糖。从低聚果糖酶法合成两步反应可知，反应液是由葡萄糖、果糖、蔗果三糖、蔗果四糖、蔗果五糖和剩余蔗糖所组成的混合糖浆。各组分的含量取决于酶的特性和反应条件控制（如蔗糖浓度、反应时间等）。工业生产的目的是希望蔗果寡糖含量越高越好。反应式（11 –1）是低聚果糖生产的必经步骤，因此，葡萄糖的存在是不可避

免的，关键是如何抑制反应式（11－2）的果糖基加水反应，同时促进反应式（11－3）的蔗果寡糖的生成。这主要取决于酶的亲和特性与基料的浓度，若酶偏向于亲和蔗糖、蔗果三糖等，则有利于反应式（11－3）的进行。此外，通过提高底物浓度，可以促进反应式（11－3）的进行，同时也可抑制反应式（11－2），从而达到生产高含量低聚果糖的目的。

2. 果糖基转移酶及其微生物来源

低聚果糖生产中一个关键性的问题是催化果糖转移酶的选择。工业上均采用微生物发酵生产果糖转移酶或 β － 呋喃果糖苷酶，这些微生物包括细菌、霉菌、酵母菌等。一般酵母菌所产的果糖转移酶，在催化果糖转移反应的初期，产生以蔗果三糖为主的数种低聚糖。由于酵母菌所产生的果糖转移酶水解活性较强，反应后期又会水解蔗果寡糖，从而导致最终产物中低聚果糖含量低。因此，工业生产采用的果糖转移酶通常是由霉菌来发酵生产的。

目前，低聚果糖酶的优良菌株有：*Aureobasidiumpullueans*，*Aspergillus niger* ATCC 200611，NRRL4337，ATCC9612，*Aspergillus japonicis* TIT－KJI，*Aspergillus orgzae*，*Aspergillus phoenicis* CBS 294.80 等，以上均为霉菌属。属于细菌类的生产菌有 *Arthrobacter* SPK－1。以上生产菌及其酶的特性和合成低聚果糖的主要成分如表 11－17 所示。表中除了 *Aspergillus phoenicis* 菌株生产的酶为果糖转移酶以外，其他均为 β － 呋喃果糖苷酶。华南理工大学、中国食品发酵工业研究所、江南大学等单位从多种黑曲霉中筛选到了产 β － 呋喃果糖苷酶的菌株，已开展了相关酶学应用的基础研究。

表 11－17　　　　　　　　　β － 呋喃果糖苷酶的特性比较

生产菌种类	最适 pH	相对分子质量/u	主要蔗果糖成分
Asp. niger	5~5.5	340 000	蔗果三糖，蔗果四糖
Aur. Pulludons	5	360 000	蔗果三糖，蔗果四糖
Asp. japonicus	5~6	240 000	蔗果三糖，蔗果四糖
Asp. oryzae	7.8	—	蔗果三糖
Asp. thoenicis	8.0	—	蔗果三糖
Arthrococter	6.7	52 000	蔗果三糖

3. 低聚果糖的工业化生产

低聚果糖生产工艺流程图如图 11－13 所示。

（1）果糖转移酶的发酵生产　选定合适的产酶菌株后，由斜面种子逐级扩大培养，并进行发酵产酶。其发酵培养基：蔗糖 10%～20%，K_2HPO_4 0.1%～0.15%，$MgSO_4 \cdot 7H_2O$ 0.15%～0.20%。在 28~30℃ 条件下通气搅拌培养 3~4d，即可生产出含有果糖转移酶活力的菌体。由于转移酶属于胞内酶，大部分酶在菌体内。一般将菌体分离后，直接对菌体进行固定化，也可以将菌体细胞破碎后，分离纯化出果糖转移酶后再进行固定化处理。

（2）菌体或酶的固定化　固定化方法一般采用海藻酸钠包埋法进行菌体或酶的固定化。将海藻酸钠配成 6%～8% 的溶液，经消毒处理后，将湿菌体或酶按比例和配制好的海藻酸溶液在真空条件下混合均匀，然后用压力喷射的方法把混合液通过孔径为 0.6mm 的喷嘴，均匀喷入 0.5mol/L 的 $CaCl_2$ 溶液中，使其形成凝胶珠（直径介于 2~3mm），硬化 20~30min，过滤分离得到固定化菌体或固定化酶，充填到固定化床柱或流化床生物反应器中。

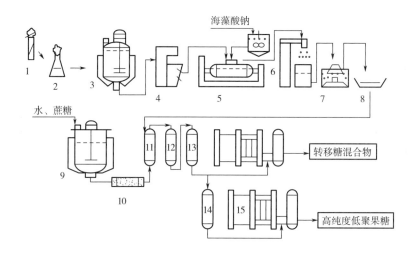

图 11 –13　低聚果糖生产工艺流程简图

1—种子斜面培养　2—种子扩大培养　3—酶的发酵生产　4—酶或菌体分离器
5—真空搅拌混合器　6—造粒机　7—分离器　8—固定化的果糖转移酶或固定化细胞
9—暂贮罐　10—加热器　11—固定化酶或固定化细胞反应器　12—活性炭柱
13—离子交换柱　14—活性炭再生柱　15—浓缩器

（3）酶催化合成低聚果糖　将 50% ~ 60% 的蔗糖溶液流经装有固定化菌株或固定化酶的生物反应器。反应时间控制在 24 ~ 30h，流速应根据酶活力来控制。温度和 pH 应根据所选择的菌株所产酶的特性来确定。在酶法合成低聚果糖的过程中，蔗糖浓度对于低聚果糖转化率有很大的影响，在低浓度条件下，低聚果糖转化率低，在低于 5% 的浓度下几乎不生成低聚果糖，而将蔗糖水解为葡萄糖和果糖。随着蔗糖浓度的提高，低聚果糖转化率提高。我国台湾段国仁将 *Aspergillus japonicus* TIJ – KJI 发酵生产的 β – 呋喃果糖苷酶添加到不同浓度的蔗糖溶液中，研究结果表明，蔗糖溶液浓度低于 30%，有部分水解反应生成果糖；蔗糖溶液浓度达到 50%，几乎全部发生转移反应，而不发生水解反应。工业生产考虑到粘度和渗透压的影响，一般选用的糖液浓度为 50% ~ 60%。该菌产生的酶促合成低聚果糖的过程如图 11 – 14 所示。

用酶法合成的低聚果糖，含量一般仅为 40% ~ 55%，原因在于酶法合成低聚果糖的同时生成了副产物葡萄糖。葡萄糖既是平衡产物，又是酶的抑制物，它阻遏了底物蔗糖的进一步转化，因而产品中仍含有相当数量的葡萄糖和未作用的蔗糖。目前，消除葡萄糖的抑制作用，提高低聚果糖含量的方法主要有：①在反应物中加入葡萄糖氧化酶和 $CaCO_3$，将葡萄糖氧化为葡萄糖酸；②利用酵母同化单糖快于同化低聚果糖，在产物中加入酵母菌，以消除单糖的抑制作用；③将葡萄糖氧化酶和果糖转移酶或含果糖转移酶的活菌体共固定化，来达到消除葡萄糖的抑制作用。这样便可以使低聚果糖的含量由原来的 50% 左右提高到 70% 以上。

（4）纯化工序　从固定化生物反应器流出的混合糖浆先经活性炭柱脱色处理，然后再经阴 – 阳离子交换树脂脱除盐分，再经真空浓缩到固形物含量为 75% 的液体糖浆，其中低聚果糖含量占总含量 50% 左右。也可以根据市场要求进一步除去混合糖浆中的葡萄糖和蔗糖，使低聚果糖含量提高。目前，日本有低聚果糖占总固形物含量 95% 的糖浆，也有粉末状或颗粒状的产品销售。

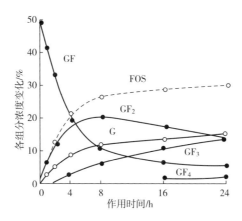

图 11-14 利用 *Aspergillus japonicus* NTU-1249 产生的酶促合成低聚果糖的过程

蔗糖浓度 50%，酶加入量 5.6U/g 蔗糖，pH5.0，温度 50℃。

FOS：总的低聚果糖 GF$_2$：蔗果三糖 GF$_3$：蔗果四糖 GF$_4$：蔗糖五糖 G：葡萄糖

（二）异麦芽寡糖的生产

异麦芽寡糖（Isomaltooligosaccharides）为直链麦芽寡糖分子中具有支状键合的双糖和寡糖，因此又称为分支低聚糖（branching oligosaccharide）。分子中除了 α-1，4-糖苷键以外，尚含有 α-1，6-糖苷键及 α-1，3-糖苷键等分支状结合方式，其结构如图 11-15 所示，其主要成分为异麦芽糖、潘糖和异麦芽三糖。其次还含有异麦芽四糖、具有 α-1，3-糖苷键的黑曲糖及具有 α-1，2-糖苷键的曲二糖等。如日本昭和产业公司生产的异麦芽糖浆 IMO-550 及粉状异麦芽糖 IMO-900P、林原商事的"巴罗莱夫"、日本食品化工的生物糖（biotose）50 和日本资粮工业的异麦芽糖（ISO-G）等产品。

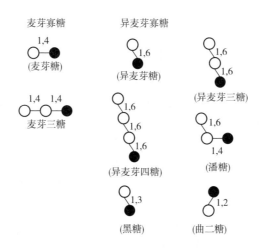

图 11-15 麦芽寡糖与异麦芽寡糖的结构

○—葡萄糖单元 ●—还原端的葡萄糖单元

异麦芽糖生产中最关键的酶是 α-葡萄糖苷酶，许多霉菌生产的 α-葡萄糖苷酶可进行 α-1，6-键葡萄糖苷转移反应。如黑曲霉（*Aspergillus niger*）、米曲霉（*Aspergillus oryzae*）等所产的 α-葡萄糖苷酶作用于 30% 的麦芽糖，可生成含量超过 60% 的异麦芽寡糖。我国目前也

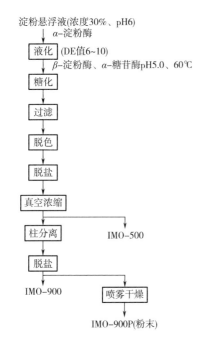

淀粉悬浮液(浓度30%、pH6)
↓ α-淀粉酶
液化 (DE值6~10)
↓ β-淀粉酶、α-糖苷酶pH5.0、60℃
糖化
↓
过滤
↓
脱色
↓
脱盐
↓
真空浓缩
↓
柱分离 → IMO-500
↓
脱盐
↓
IMO-900 → 喷雾干燥
↓
IMO-900P(粉末)

图 11-16　异麦芽寡糖生产工艺流程

正在开展有关的研究，江南大学的金其荣、徐勤等研究报道了从土壤中筛选出一株产 α-葡萄糖苷酶的 *Asperillus* sp. BICo2 菌株，以新鲜麸曲（干基），酶作用最适 pH5.3，最适温度 55℃，Mg^{2+}、Ca^{2+} 能激活该酶。用该酶生产的异麦芽糖浆其成分组成类似日本的 IMO-500。

工业化生产异麦芽寡糖以淀粉为原料，将淀粉调配成 25%~30% 的淀粉浆，添加 α-淀粉酶液化，液化 DE 值控制在 6~10，再加 β-淀粉酶和 α-葡萄糖苷酶，在 pH5~6，温度 55~60℃糖化 10h 左右，然后灭酶、过滤和精制处理。日本生产异麦芽寡糖的工艺流程如图 11-16 所示。此外，异麦芽寡糖生产也可以由淀粉制得高浓度的葡萄糖浆（80% 左右），在较高温度下（70℃左右）利用固定化葡萄糖淀粉酶逆向合成异麦芽寡糖。异麦芽寡糖具有适口的甜味，甜度约为蔗糖的 50%，黏度和蔗糖相近，具有良好的保湿性和抗结晶性，可防止淀粉老化，而且具有一定的双歧杆菌增殖效果和抗龋齿能力，耐热、耐酸性强，因此，异麦芽寡糖具有良好的加工特性和保健生理功能，替代部分蔗糖应用于饮料、冷饮、果糖、乳制品、糕点、焙烤等食品中，是目前世界上生产量最大（约 2000 万 t）、价格最便宜的一种新型低聚糖。

（三）低聚半乳糖（Galatooligosaccharides）的生产

低聚半乳糖是在乳糖分子的半乳糖基以 β-1，4、β-1，6 糖苷键连接 2~3 个半乳糖分子的寡糖类混合物。低聚半乳糖是以乳糖为原料，由 β-半乳糖苷酶（β-galactosidase）进行半乳糖转移反应来生产。乳糖是半乳糖残基供给体，同时也是接受体，其合成原理和低聚果糖酶法合成相类似。这种糖首先是由日本的 Yakult 公司生产的，该公司于 1988 年利用一株米曲霉（*Asp. oryzae*）生产的 β-半乳糖苷酶作用于乳糖工业化生产低聚半乳糖，其后荷兰 Borculo 公司利用大量的乳糖来生产低聚半乳糖，应用于乳制品、婴儿食品、糖果和饮料等食品，该公司生产的低聚半乳糖浆的组成为：低聚半乳糖 58%~65%，乳糖 21%~28%，葡萄糖 20%~23%，半乳糖 1%~4%，固形物≥75%，甜度约为蔗糖的 30%。

β-半乳糖苷酶也称乳糖酶（lactase, EC 3.2.1.23），它能将乳糖水解为葡萄糖及半乳糖，也能将水解下来的半乳糖苷转移到乳糖分子上。细菌、真菌、放线菌等微生物均可产生这种酶，如乳酸菌（*Lactobacillus*）、芽孢杆菌（*Bacillus circulans*）、大肠杆菌（*E. coli*）、米曲霉（*Asp. oryzae*）、黑曲霉（*Asp. niger*）、琉球曲霉（*Asp. luchuensis*）、脆壁克鲁维酵母（*Kluyveromyces fragilis*）、乳酸克鲁维酵母（*Kluyveromyces lactis*）、乳酸酵母（*Saccharomeces lactis*）、产朊假丝酵母（*Cancideautilis*）、天蓝色链霉（*Streptomyces celicolar*）等。但是只有米曲霉和环状芽孢杆菌产的 β-半乳糖苷酶可以合成三聚及三聚以上的低聚半乳糖，而黑曲霉和大肠杆菌产的 β-半乳糖苷酶以合成双糖为主。

目前，工业化生产低聚半乳糖多采用固定化酶的方法连续生产。据报道，利用乙二醛（Glutaldehyde）活化离子交换树脂固定 β-半乳糖苷酶，进行低聚半乳糖的连续化生产，在

pH4.5~5.0，55℃条件下，反应半衰期高达192d。

低聚半乳糖为难消化性低聚糖，据测定其产热能仅为7.1kJ/g，其热值远低于蔗糖，具有良好的双歧杆菌的增殖效果，能改善便秘，抑制肠内腐败菌的生长，此外，还有一定程度的抗龋齿性和改善脂质代谢的效果。一般，每日摄入3~10g低聚半乳糖便能显现以上各种生理功能。低聚半乳糖耐热性强，对酸稳定，在食品加工中得到广泛应用。

20世纪90年代初，日本成功地研究开发出α-低聚半乳糖，它是先将乳糖用β-半乳糖苷酶水解成半乳糖和葡萄糖的混合物，通过添加α-半乳糖苷酶使之进行缩合反应生产的。蜜二糖是α-低聚牛乳糖的主要成分，为半乳糖与葡萄糖以α-1，6键结合的低聚糖。α-半乳糖苷酶是从土壤中分离得到的季也蒙假丝酵母（*Candida guilliermondii*）中获得的。蜜二糖具有很强的双歧杆菌增殖功能，耐热性、耐酸性好。此外，利用α-半乳糖苷转移酶的作用还可将α-低聚半乳糖作为合成各种含有α-半乳糖基的生理活性物质和化学物质及基质使用，因此，有关α-低聚半乳糖和α-半乳糖苷酶的功能及新的应用正在引起科技工作者的重视。

（四）大豆低聚糖的生产

大豆低聚糖是大豆中所含寡糖类化合物的总称，主要成分为水苏糖（Stachyose）、棉籽糖（Saffinose）及蔗糖。水苏糖是在蔗糖分子的葡萄糖基上以α-1，6糖苷键连接2个半乳糖分子，而棉籽糖则以α-1，6糖苷键连接1个半乳糖分子。大豆低聚糖是目前所有新型低聚糖中唯一从植物中提取的新型低聚糖。水苏糖、棉籽糖广泛分布于植物中，特别是以豆科类植物中含量最多。

（五）帕拉金糖（Palatinose）的生产

1. 帕拉金糖的构成及酶法合成

帕拉金糖（α-D-吡喃葡萄糖苷-1，6-呋喃果糖）是蔗糖的一种异构体。最初，在德国的一个甜菜糖厂的糖汁中分离出一株红色精朊杆菌（*Protaminobacter rubrum*），它可将蔗糖合成帕拉金糖。后来研究可采用酶法合成这种糖。发现能合成帕拉金糖的酶为α-葡萄糖基转移酶（α-glucosyltransferase），这种酶可将蔗糖分子与果糖以α-1，2-键结合的葡萄糖切离后，再以α-1，6-键的形式结合到原来的果糖分子上合成帕拉金糖。

2. α-葡萄糖转移酶及其产酶菌种

20世纪50年代中期发现帕拉金糖，70年代后期研究发现帕拉金糖具有很强的抗龋齿作用。后来陆续发现了多种具有强的合成帕拉金糖能力的微生物菌株。目前，能生产合成帕拉金糖的α-葡萄糖基转移酶的菌株主要有：红色精朊杆菌（*Protaminobacter rubrum* CBS57477）、沙雷菌属（*Serratia plymuthica* NCIB8285）、欧文菌属（*Erwiniarhapontici*）、克莱伯菌属（*Klebsiella planticola*）、拉内拉属（*Lanelu*）等。

克莱伯菌属经研究表明，它不仅是性能优良的α-葡萄糖基转移酶生产菌和帕拉金糖合成酶生产菌，如*K. oxytocos*-61（1989，日新制糖）、*K. terrigena* CMl68（1989，名糖产业）、*K. SPNO88*（1989，名糖产业）、*K. planticola* MX-Ⅰ（1989，三井制糖）、*K. planticola* MX-Ⅱ（1989，三井制糖），而且研究表明，克莱伯菌属微生物能高效地将蔗糖转化为帕拉金糖，而且不产或少产副产物葡萄糖和果糖，可以得到无色的反应液，可简化纯化工艺，有利于降低成本，防止微生物的污染。

3. 帕拉金糖的酶法生产

帕拉金糖最早由日本三井制糖公司在1984年首先实现工业化生产，产品有60%以上的糖浆、99% 以上的晶体或粉末。目前，已有包括我国在内的多个国家实现了工业化生产，总产量在 1 万 t 以上。其工业生产方法有如下几种：

（1）发酵法生产帕拉金糖 此法为在含有蔗糖（为主要碳源）并添加有菌种所需的氮源及其他无机盐的培养基中，培养出含 α - 葡萄糖苷酶的菌体，然后将菌体分离后混入已配制好的蔗糖溶液中进行蔗糖转化为帕拉金糖，转化完毕后分离菌体，经过滤、脱色、除盐、浓缩后得到糖浆，或经结晶处理后得到结晶或粉状的帕拉金糖。

（2）固定化菌体生产帕拉金糖 红色精朊杆菌和克莱伯菌所产的 α - 葡萄糖基转移酶，都是被蔗糖诱导产生的胞内酶，因而在应用其制造帕拉金糖时，最适于采用直接将菌体固定化的方法。其操作步骤如下：

①α - 葡萄糖基转移酶菌体的发酵生产：首先根据所选用菌种的特性确定种子培养基和发酵产酶培养基，采用液体通风发酵的方法培养出高酶活力的 α - 葡萄糖基转移酶的菌体，然后离心分离出菌体。

②固定化菌体的制备：通常采用包埋和交联的方法配制，制得高强度的固定化菌体。将湿的菌体和 4% 的海藻酸钠溶液以 1:1 在真空下混合均匀，压力喷入 0.25mol/L 的 $CaCl_2$ 溶液中，钙化 1~2h，水洗得到珠状的固定化细胞。将固定化细胞和等量的 2% 的聚乙烯亚胺（PEI）溶液混合，放置 5min，立即过滤，回收吸附了 PEI 的固定化细胞，投入到 5℃、0.5% 戊二醛溶液中，缓慢搅拌 30min，过滤，充分水洗，得到高强度的固定化菌体。

③蔗糖酶法转化合成帕拉金糖：把固定化菌体填充到柱式生物反应器中，将 50% 左右的蔗糖溶液调整到该固定化菌体中。α - 葡萄糖苷酶的最适 pH 和温度，根据酶活力设计控制好蔗糖溶液的流速，酶法保温合成帕拉金糖。红色精朊杆菌和克莱伯菌属反应液及糖浆的糖分组成对比如表 11 - 18 所示。

表 11 - 18　　　　　　　　　反应液和糖浆的糖分组成对比　　　　单位:% （质量分数）

糖分组成	反应液		糖浆	
	克莱伯菌属	红色精朊杆菌	克莱伯菌属	红色精朊杆菌
果糖	1.1	3.6	2.4	14.8
葡萄糖	1.0	1.8	2.2	13.0
蔗糖	0.5	0	0.5	3.5
帕拉金糖[*]（P）	60.0	78.4	22.0	19.8
L - α - 葡萄糖，L - β - 果糖	37.5	12.6	72.7	39.0
其他	0.1	3.6	0.2	9.9
合计	100.0	100.0	100.0	100.0
P/T	1.6	6.2		

注：* 日本现行帕拉金糖标准。

④帕拉金糖的回收精制：流出的酶反应液经过滤、活性炭脱色、离子交换脱盐、浓缩结晶，可以得到 99% 以上的帕拉金糖晶体，回收率可达到 50% 左右。回收结晶以后的糖浆，进一步精制后得到以葡萄糖 - β - 1,1 - 果糖为主要成分的液状产品帕拉金糖浆。

第三节 酶在干酪生产中的应用

牛乳中约含3%酪蛋白，酪蛋白经凝乳酶催化作用，变成不溶性的副酪蛋白钙，使牛乳凝结，再将凝块进行加工、成型和成熟而制成的一种乳制品即干酪。干酪营养丰富，其中含有丰富的蛋白质、脂肪和钙、磷、硫等盐类和多种维生素。干酪是一种重要的发酵乳制品，在欧美享有盛誉。根据统计，全世界干酪年产量达1 200万t以上，而且每年以约4%的速度递增。改革开放以来，随着国民经济的发展，我国干酪生产也有较大的发展，目前年产量在1 000t以上。随着人民生活水平的提高和饮食结构的变化，对干酪的需求量也逐年增加。

干酪品种可根据它们的含水量和复杂的微生物菌群分为软质和硬质两大类。软质干酪的典型代表是卡门培尔干酪。硬质干酪包括半硬质和硬质干酪。半硬质干酪的含水量在45%左右，如意大利的古冈佐拉干酪和英国的斯提耳顿干酪。硬质干酪的含水量约40%或少些，如切达干酪、丹麦的青纹干酪、罗圭福特干酪、瑞士的埃曼塔尔干酪和格鲁耶尔干酪等。

一、 酶法制造干酪的研究进展

凝乳酶是制造干酪过程中起凝乳作用的关键性酶，它的传统来源是从小牛皱胃液中提取。随着干酪工业的发展，据统计，全世界每年不得不屠杀5 000万头小牛。为缓和小牛凝乳酶供应的紧张状态，20世纪60年代末，Somkuti和Aunstrup分别从微小毛霉和米黑毛霉发现凝乳酶以来，在微生物中寻找合适的凝乳酶成了一个新课题。据报道，有近40余种微生物可生产凝乳酶，其中以米黑毛霉产生的凝乳酶为主，这类酶的使用量约占全部凝结剂的20%。目前，全世界微生物凝乳酶的用量已超过总用量的1/3，其干酪产量也占全世界一半以上。近来的一些结果显示，用*Bacillus cereus*产生的凝乳酶可制造出脱苦的切达干酪，由微小毛霉产生的凝乳酶适用于一些干酪的生产。有人用米黑毛霉凝乳酶生产的干酪与小牛凝乳酶生产的干酪相比，发现前者酸化作用快，总时间缩短，得率相同，综合评分较高。以上说明，随着对微生物凝乳酶的进一步深入研究，必将为凝乳酶代用品的应用创造一个新局面，微生物凝乳酶越来越有取代小牛凝乳酶的趋势。此外，采用基因工程技术把小牛胃中凝乳酶基因转移到宿主微生物中表达也有很大进展。

二、 干酪制造工艺

干酪制造可分为三个阶段：即牛乳的凝结、沥干乳清和干酪成熟（图11-17）。

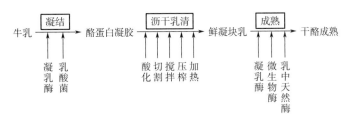

图11-17 干酪制造工艺流程示意图

　　牛乳的凝结采用由凝乳酶的作用、利用乳酸发酵作用以及在掺入凝乳酶之前进行部分乳酸发酵处理等。这些不同的凝结方式造成了酪蛋白凝胶在结构、硬度和粘附性上有很大差异。从干酪凝块中沥干乳清可采用酸化、切割、搅拌、加热或压榨处理，这些不同的处理工艺导致鲜凝块乳在湿度、酸度和盐分含量上也有较大差异。干酪的成熟过程涉及到酶的种类和用量以及是否有霉菌或细菌参与等。干酪的感官特性取决于干酪成熟过程中菌群的生长。为了提高干酪得率以及干酪的营养价值，现在又发展了超滤浓缩干酪的制造工艺（图 11 – 18）。牛乳经超滤浓缩后固形物含量达到 40%，其中蛋白质和脂肪含量接近 18%，经超滤后其组成已接近了干酪凝块的组成，这些超滤浓缩乳在模具中被凝乳酶作用而凝结。这个工艺与传统工艺相比，其优点在于超滤截留了乳中的蛋白质，尤其是乳清蛋白，而使蛋白质得率明显提高，并且乳清蛋白中含有比酪蛋白中更高的必需氨基酸如含硫氨基酸和赖氨酸，从而提高了干酪的营养价值。

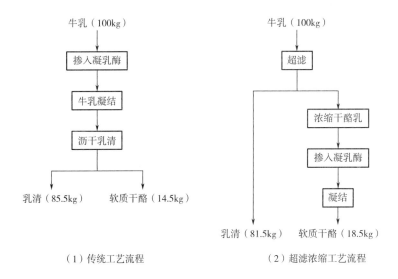

（1）传统工艺流程　　　　　　　　（2）超滤浓缩工艺流程

图 11 –18　干酪生产工艺流程示意图

三、　干酪生产的酶类及其作用

　　新鲜干酪凝块向成熟干酪转化的过程主要取决于酪蛋白的水解。此外，脂肪分解也起一定的作用。为了改善干酪风味和质地，凝块蛋白质（主要为酪蛋白）以协调的方式降解成小肽和氨基酸。因此，与干酪生产有关的酶包括凝乳酶、奶牛的天然蛋白酶以及由发酵剂菌种产生的水解酶（图 11 – 19）。

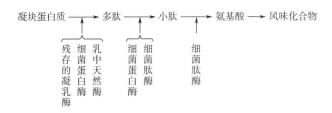

图 11 –19　参与干酪蛋白水解和风味形成的酶及其作用

（一）凝乳酶

牛凝乳酶属于天冬氨酰蛋白酶，在低 pH 范围内，酶活力最高。凝乳酶的主要功能是使牛乳凝结。这个作用是凝乳酶可以迅速而特异地把 κ – 酪蛋白（κ – CN）裂解成副 κ – 酪蛋白和巨糖肽（图 11 – 20）。当糖肽从酪蛋白胶粒中释放出来后，胶粒之间的排斥力下降，原来呈胶体分散状态的酪蛋白胶粒变得不稳定，在适当温度和 Ca^{2+} 存在下，胶粒内部的 α_{s1} – 酪蛋白（α_{s1} – CN）和 β – 酪蛋白（β – CN）失去胶体保护作用与 Ca^{2+} 接触，通过钙桥而形成凝块。在牛乳凝结过程中，有一部分凝乳酶在凝块中残存下来，这部分残存的凝乳酶通过对凝块蛋白质的缓慢水解作用而促成了干酪初期的成熟。

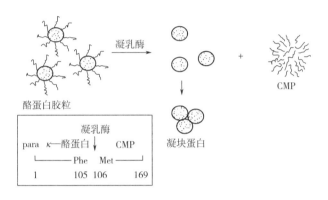

图 11 – 20　凝乳酶类的作用示意图

牛凝乳酶是干酪制造最关键性的酶，其主要的特性是可以特异地裂解 κ – CN 序列上的 $Phe_{105} \sim Met_{106}$ 的肽键，而对凝块蛋白质的水解速度很慢，这种作用方式避免了蛋白质不协调的降解而造成干酪风味和质地的缺陷。其他凝乳酶如胰蛋白酶、微生物蛋白酶同样作用于 κ – CN 序列上的 Phe_{105} 和 Met_{106} 之间的肽键。然而，这些凝乳酶的作用底物较广，这可能会改变干酪的成熟特性，从而使干酪失去特性或产生异味。

牛凝乳酶对 α_{s1} – CN 和 β – CN 的水解作用也得到广泛的研究。对于 α_{s1} – CN，牛凝乳酶作用的最敏感的肽键是 Phe_{23}—Phe_{24}，对于 β – CN，则为肽键 $Leut_{192}$—Tyr_{193}。牛凝乳酶作用于 β – CN 多肽链高疏水性的 C 端形成了一种极苦的苦味肽 β – $CNf_{193-209}$。这种苦味肽是切达干酪中主要的呈苦味物质。然而，对于 α_{s1} – CN，即使存在 5% NaCl，牛凝乳酶仍然可以对它起作用。因此，干酪中 α_{s1} – CN 被小牛凝乳酶水解的速度远大于 β – CN，而 α_{s2} – CN 和副 κ – CN 则很难被牛凝乳酶作用。

（二）牛乳中的天然蛋白酶

目前，牛乳中天然蛋白酶已被确认属于血纤维蛋白溶酶，一种丝氨酸蛋白酶。在牛乳自然 pH 下，该酶及其酶原主要与酪蛋白胶粒结合，另外有少部分与脂肪球膜结合。酶原的激活剂同样结合在酪蛋白胶粒上。因此，它与血纤维蛋白溶酶及酶原一起可在干酪凝块中残存下来。降低牛乳的 pH 或在牛乳中加 1mol NaCl 可导致此酶从酪蛋白胶粒中脱离出来。除了 pH 和盐浓度外，干酪成熟的温度和水分含量也决定了血纤维蛋白溶酶在干酪中的实际作用。

血纤维蛋白溶酶在干酪成熟过程中的直接作用是通过对 β – CN 的降解而形成 γ – 酪蛋白（γ – CN），这种现象可以在卡门培尔干酪成熟过程中发现。此酶优先水解 β – CN 序列上 C 末端的赖氨酸和精氨酸残基上的肽键，而对 $\kappa-CN$ 不起作用。从 $\kappa-CN$ 稳定酪蛋白胶粒，使它免受 Ca^{2+} 作用而沉淀这一现象来看，$\kappa-CN$ 对血纤维蛋白溶酶的抵制作用对保护乳中其他蛋白质是非常有益的。对于瑞士型干酪的制造，由于使用了较高的处理温度（ $>50℃$ ），大大地破坏了残存凝乳酶的活力。因此，对于这些干酪的成熟，热稳定性高的血纤维蛋白溶酶的作用显得更为重要。

除了血纤维蛋白溶酶外，乳中存在的其他天然蛋白酶也参与了干酪的成熟。Kamino-gawa 和 Yamauchi 首次分离获得另一种牛乳中的天然蛋白酶，这种酶也参与了 $\alpha_{s1}-CN$ 的降解。该酶具有小牛凝乳酶的活力，对热相当稳定，它在 pH4.0 附近显示了其最高的活力。与牛凝乳酶类似，该酶参与了 $\alpha_{s1}-CN$ 序列上 $Phe_{23}-Phe_{24}$ 肽键的降解。因此，在干酪中，$\alpha_{s1}-I$ 的形成是牛凝乳酶和乳中的天然酶共同作用的结果。

至于其他乳中的天然蛋白酶，如凝血酶，在干酪成熟中的作用还没有完全弄清楚，因此，牛乳中其他天然蛋白酶对干酪的成熟、苦味的形成和积累还有待于进一步研究。

（三）发酵剂产生的蛋白酶和肽酶

发酵剂菌种的酶系统包括胞内蛋白酶、胞外蛋白酶以及肽链内切酶和肽链端解酶。这些酶在菌体细胞内相对固定的位置上可被认为是"固定化酶"。在干酪的成熟过程中，由于介质的渗透压和细胞结构的稳定性，这些酶的"固定化"状态将维持相当长的时间。它们在细胞内的确定位置和对底物作用的专一性，可使干酪成熟过程中酪蛋白以一种有序的、可以被控制的、协调的方式被降解，形成合适的产物，为干酪风味的形成打好基础。因此，添加发酵剂比添加外源酶可以更有效地加速干酪的成熟。

干酪的质地主要取决于 pH 以及结构完整的酪蛋白与副干酪蛋白含量的比例。干酪成熟的第 1~2 周，由于一部分 $\alpha_{s1}-CN$ 被凝乳酶作用生成 $\alpha_{s1}-I$，从而削弱了酪蛋白凝胶的结构，此时干酪质地形成速度很快，这是干酪成熟的第一阶段。过了这个时期，干酪质地的形成减慢，其中蛋白质的水解起决定作用。

第四节　酶在调味品生产中的应用

一、酶在酱油生产中的应用

酱油酿造有数千年历史，是人类自古以来居家不可缺少的调味品。传统方法生产周期长，卫生条件差。每 100mL 酱油中含可溶性蛋白质、多肽、氨基酸达 7.5~10g，含糖分在 2g 以上。并含有较丰富的维生素、磷脂、有机酸以及钙、磷、铁等无机盐。

酱油传统酿制生产方法是以黄豆去尘后先压榨除油成豆饼，经添加麸皮进行蒸料，晾干后加米曲霉制曲，再经加盐发酵，淋油调兑灭菌而成。传统酱油的生产工艺如图 11-21 所示。

蛋白质的降解是酱油生产工艺技术的关键。近年来，随着酶技术的应用，在发酵过程中添加蛋白酶，对于补充或替代米曲霉的作用获得成功。蛋白质利用率可达 82% 左右，氨基酸生成率可达 57.5%。目前，有的酱油企业采用 A.S.1.398 中性蛋白酶补充或代替部分曲，已达到较好的效果。酱油中的鲜味主要来自氨基酸钠盐，因此在发酵过程中添加蛋白酶，有利于蛋白

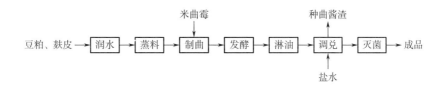

图 11 -21 酱油的传统生产工艺流程

酶的降解，这样既有利于提高原料的利用率，又有利于增进酱油的香味。传统酱油生产中蛋白质的利用率为65% ~75%，使用蛋白酶后的酱油生产中蛋白质的利用率可达82% ~85%。

酱油酿造周期长，历时 2~8 个月以上，酱油酿造前期为酶反应过程，曲酶分泌各种水解酶，中后期主要是由乳酸菌、酵母菌等作用形成风味物质。日本龟甲万酿造公司 1991 年开发出一种固定反应器方法，先将豆、麦等原料酶法水解物作为原料，通过谷酰柱，使谷氨酸脱胺生成谷氨酸，然后导入固定化酵母和乳酸菌反应，从而产生风味成分，生产周期仅需一个星期。

二、 酶在食醋生产中的应用

食醋的发酵生产历史悠久。我国的制醋工业是从传统的生产工艺技术基础上发展起来的。随着现代生物技术和酶技术的发展，开始采用纯种酵母、纯种醋酸菌及添加耐高温淀粉酶和糖化酶，进行"双酶法"液体发酵新工艺，减小了劳动强度及环境污染，缩短生产周期，降低了生产成本8%。其生产工艺流程举例如图 11 - 22 所示。

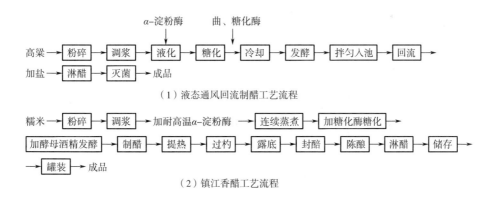

（1）液态通风回流制醋工艺流程

（2）镇江香醋工艺流程

图 11 -22 双酶法生产食醋工艺流程

三、 酶在腐乳生产中的应用

腐乳又称豆腐乳、霉豆腐、毛霉豆腐等，滋味鲜美、细腻柔滑、香味独特。腐乳在我国有着悠久的酿造史，开始生产于北宋时期，后在明清时期较为盛行。

腐乳有很高的营养价值，其中蛋白质含量为12% ~17%，除含有大量的水解蛋白外，还含有丰富的游离氨基酸，同时微生物发酵作用还产生维生素 B_{12}、维生素 B_2，维生素 B_2 的含量比豆腐高6~7 倍，钙、磷、铁、锌含量也比豆腐高，且不含胆固醇，是深受人们喜爱的佐食佳品。在欧美，腐乳被称为中国干酪。

传统腐乳的生产工艺季节性强，发酵周期长，而且老法制曲过程存在杂菌污染等问题，生产过程不易控制，含盐量高等，产品质量不稳定。工艺流程如图 11-23 所示。

图 11-23 传统腐乳生产的工艺流程

利用现代生物技术可有效地改善传统腐乳的加工方式，酶法生产腐乳的工艺可缩短发酵周期，减少污染，产品的质量相对容易控制。酶法生产腐乳工艺流程如图 11-24 所示。

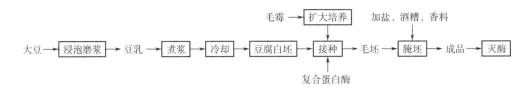

图 11-24 酶法生产腐乳的工艺流程

实践中发现，完全用蛋白酶保温发酵生产的腐乳，香味较为单一且水解产生的肽类多，如抗氧化肽、降血压活性肽等，其中也有苦味肽的产生，在发酵中加入一些辅料可在一定程度上提高香味、克服苦味。也有在传统制曲接种的基础上添加蛋白酶共同发酵生产的，香味好，品质也有保证，生产的周期也可缩短。酶制剂的添加量主要根据蛋白酶的活性单位来确定，一般固体蛋白酶添加豆坯 0.01% ~ 0.02%，如果工艺中仍然进行了接种毛霉发酵的可降低用量，反之可适当提高一点用量。复合蛋白酶的添加时间有的在煮浆冷却后加入，使其混合均匀凝固在豆坯中；有的在接种毛霉生长好后的毛坯中与酒糟等辅料一起加入。

酶法生产腐乳前发酵的最适条件：前发酵主要是让接种的微生物大量生长繁殖，产生酶类，故选择生长温度 15 ~ 25℃，18℃ 为最适生长温度。酶法生产腐乳后发酵的最适条件：使用复合蛋白酶的最适发酵温度 50 ~ 55℃；pH5.6 ~ 5.9；盐分 10%；酒精度 9%；发酵时间 15 ~ 20d。以酶法生产的腐乳，有柠檬汁的滋味、气味和芳香，适口性好，无异味，块型均匀整齐，无杂质。

四、 酶在水解蛋白生产中的应用

日本和美国利用酶水解蛋白制取的营养型调味剂和氨基酸复配调味品占调味剂市场很大的比重。其销售量已超过传统调味品的数倍。我国利用酶法生产新型调味剂起步较晚，江苏无锡三和水解蛋白有限公司，江苏锡城油脂化工有限公司和浙江群力营养源厂等已开始向市场推出动植物水解蛋白。1980 年，袁中一等将 ABSE 纤维素固定化 5-磷酸二酯酶用于 5′-核苷酸的中试生产，每天降解 2 000L 核酸液（10kg 纯核酸）。酶法利用效率比发酵法降解提高了 30 倍。2007 年，姚玉静、邱礼平等采用碱性蛋白酶和风味蛋白酶水解豆粕蛋白制备呈味基料。试验结果表明，碱性蛋白酶 1 000U/g 和风味蛋白酶 1 200U/g，55℃，水解 45h 后酶解液中总氮和氨基酸态氮分别达到 0.34g/100g，游离氨基酸占氮 50%，肽分子质量大多数小于 1 000u。

五、　酶在其他调味品生产中的应用

1974年，日本田边制药公司首先采用固定化富马酸酶的方法生产 L-苹果酸，随后又采用卡拉胶固定黄色短杆菌方法 1 000L 反应器中转化富马酸底物，L-苹果酸日产量达 10t 以上。1980年，杨廉婉等首先以聚丙烯酰胺包埋分褶丝酵母，以转化延胡索酸为 L-苹果酸，转化率达85%左右。连续工作稳定一个月，酶半衰期为95d。南京化工大学在80年代末也成功地开发了卡拉胶包埋黄色短杆菌连续生产 L-苹果酸技术，现在固定化细胞反应器生产苹果酸技术已在工业生产中广泛应用。采用酶法生产酒石酸可用大量廉价的无水马来酸为工业原料，工艺上具有操作简单，速率高等优点。目前世界上广泛采用该法生产酒石酸。

乳酸是食品工业中广泛使用的性能优良的酸味剂和防腐剂。国内外关于海藻酸钙包埋乳酸菌的报道较多。这种方法具有操作简单，无毒性，不漏细胞，细胞固定化后能较好地应用于乳酸等。

第五节　酶在焙烤食品生产中的应用

制造面包糕点时，面团中的酵母依靠面粉本身的淀粉酶和蛋白酶的作用所生成的麦芽糖和氨基酸来进行繁殖和发酵。如果酶活力不高或陈久面粉来制造面包时，由于发酵力差，烤制的面包体积小，色泽差，即使向面包中补加葡萄糖或蔗糖，效果也不理想。

一、　淀粉酶在焙烤食品中的应用

如果使用酶活力高的面粉制造面包，则气孔细而分布均匀，体积大、弹性好、色泽佳。因此欧美各国都把淀粉酶活力作为面粉质量指标之一。为了保证面团的质量，一般添加 α-淀粉酶来调节麦芽糖生成量，使二氧化碳产生和面团气体保持力相平衡。用 β-淀粉酶强化面粉可防止糕点老化。

焙烤食品中应用的 α-淀粉酶包括麦芽 α-淀粉酶、细菌 α-淀粉酶和真菌 α-淀粉酶。麦芽 α-淀粉酶不仅能改善焙烤制品的风味、组织结构和色泽，还能软化面筋，改良面团操作性能，但是不能延长其货架期；真菌 α-淀粉酶能提高面团的质量，延长焙烤食品的货架期，但是其热稳定性差，在焙烤过程中易失活；细菌 α-淀粉酶耐高温，在焙烤时会产生过多可溶性糊精，使最终制品发黏而不被消费者接受。Sahlstrom S. 等研究显示酶的加入会增大面包的体积，但对调粉和醒发时间无影响。Katina K. 研究表明酶的作用主要体现在增加面包体积和减少贮藏过程中的淀粉结晶。

二、　蛋白酶在焙烤食品中的应用

小麦面粉中含有蛋白酶、酯酶与脂氧化酶。内源的小麦蛋白酶对面筋蛋白无活性，因而对面团的性能影响不大。面团中加入蛋白酶，能分解其中的面筋蛋白，弱化面筋而使面团变软，从而改善面团的黏弹性、流动性、延伸性、缩短面团的混合时间。此外，蛋白酶会增加面团中多肽和氨基酸的含量，氨基酸是香味物质形成的中间产物，而多肽则是潜在的氧化剂、滋味增强剂、甜味剂或苦味剂，可以提高焙烤产品的风味，改善产品的香气。焙烤工业中，蛋白酶的作用机理主要应用于饼干和面包生产。

目前焙烤工业中使用的蛋白分解酶包括植物蛋白酶、霉菌蛋白酶和细菌蛋白酶。其中，霉菌蛋白酶的应用最为广泛，研究也最为深入。

蛋白酶的用量和添加方式因面粉的强度和工艺要求而不同，但加入量一定要适当，尽量选择专一性强的蛋白酶，因为酶的反应性较难控制，过量添加会使面团筋力过弱，而专一性不强则会使面筋的网络结构发生变化。

三、 脂肪酶在焙烤食品中的应用

脂肪酶能够催化甘油三酯水解生成甘油一酯或甘油二酯或脂肪酸和甘油。目前应用于焙烤食品的脂肪酶均来源于微生物，其最适作用条件为温度37℃、pH7.0，可被低浓度胆酸盐及钙离子激活。脂肪酶对面团有强筋作用，能调节面团活性，增加面团的体积，并对面包芯有二次增白作用。

Sirbu A. 等证明外源脂肪酶能增加面包体积和延长产品的保质期。Moayedallaie S. 的研究表明脂肪酶与双乙酰酒石酸单、双甘油酯（DATEM）对面包质量的大部分方面都有提升作用。短时发酵中，DATEM、脂肪酶（LipopanF - BG 和 LipopanXtra - BG）作用效果更明显；长时发酵中，除 LipopanXtra - BG 外，其他样品均能使面包体积显著增大。

四、 木聚糖酶和戊聚糖酶在焙烤食品中的应用

戊聚糖酶和木聚糖酶也称为半纤维素酶，常作为面粉调理剂。戊聚糖酶能够水解小麦粉中的戊聚糖，破坏面团的束水能力，从而释放出水分子，软化面团，提高其流变学特性，改善其机械性能和入炉急胀性，从而获得体积较大的焙烤食品。与传统戊聚糖酶相比，木聚糖酶的纯度更高且副作用更小，适用于馒头、面包甚至饼干的生产。目前，木聚糖酶在焙烤食品制作中的机理尚未完全清楚，有观点认为其改良作用类似于戊聚糖酶，即对不可溶戊聚糖的部分水解，有利于改善面团的机械性能和入炉急涨性，增大面团的体积，提高面团的弹性和稳定性，提高面包的屑粒结构。

五、 植酸酶在焙烤食品中的应用

植酸酶又称肌醇六磷酸酶，是催化植酸盐和植酸水解成磷酸（盐）和肌醇的一类酶的总称，能有效催化植酸盐分解释放出无机磷。植酸盐存在于小麦糊粉层中，能限制小麦粉中铁、锌等金属矿物质的活性，对面粉强筋剂有少量的阻碍作用，焙烤制品中加入植酸酶使产品具有较高的矿物活性，改善其质构。

Sanz Penella J. M. 发现植酸酶对面粉的吸水率和植酸分解有显著作用，但其作用效果受到麦麸质量浓度的限制，低质量浓度的麦麸有利于植酸酶作用。

六、 葡萄糖氧化酶在焙烤食品中的应用

葡萄糖氧化酶最早于1928年在灰绿青霉和黑曲霉中发现。由于其天然、无毒副作用，近几年葡萄糖氧化酶在食品工业中得到广泛应用，被视为溴酸钾的最佳替代品。该酶可以在有氧条件下，将面粉中的葡萄糖氧化成 $\delta - D -$ 葡萄糖酸内酯，同时产生 H_2O_2。生产的 H_2O_2 在过氧

化氢酶的作用下分解成 H_2O 和［O］，［O］可将面筋蛋白中的巯基氧化形成二硫键，增强面团的网络结构，明显改善面粉粉质特性和面团的拉伸特性和耐机械搅拌特性，提高焙烤制品的入炉急胀性和烘焙质量。

贾英民等进行了面粉中添加葡萄糖氧化酶后巯基变化的研究，结果表明面粉中巯基减少与葡萄糖氧化酶的浓度和活力相关，但该氧化过程是一个复杂的非正向变化过程。

七、　谷氨酰胺转氨酶在焙烤食品中的应用

谷氨酰胺转氨酶又称谷氨酰胺酶，是一种催化酰基转移反应转移酶，可以通过催化蛋白质分子间及分子内交联、蛋白质和氨基酸之间的连接以及蛋白质分子内谷氨酰胺基的水解，改善蛋白质的功能特性。

谷氨酰胺转胺酶在焙烤食品中的作用类似于氧化改良剂，可以通过改善面团形成过程中的流变学特性提高面团的稳定时间和断裂时间。谷氨酰胺转胺酶还可以代替乳化剂和氧化剂改善面团的稳定性，提高烘焙产品的质量。

Renzetti S. 等研究了用微生物谷氨酰胺转胺酶处理的，来源于不同无麸质面粉的面团和面包的微观结构、流变学特性和焙烤特性。结果显示谷氨酰胺转胺酶对荞麦和糙米面包的焙烤特性和外观有显著提高作用，对玉米面粉弹性有负面影响，但是可以提高其比容及降低其硬度和咀嚼度，表明谷氨酰胺转胺酶能够被应用到无麸质面粉，提升其网络形成，从而提高其焙烤质量。

八、　其他酶制剂在焙烤食品中的应用

应用到焙烤食品中的酶制剂还有过氧化物酶、漆酶、脂肪氧合酶和乳糖酶等。过氧化物酶能通过催化过氧化氢分解而氧化面筋的结构，使面筋筋力增强，使面团质构良好，使制作的面包容积更大，不易老化。

漆酶是一类含铜多酚氧化酶，能够通过氧化芳香族氨基酸而结合面筋蛋白。漆酶能够使面团中的成分发生氧化作用，从而增加面团体积，改善其结构，加速面筋形成，进而改善面团的加工性能。

脂肪氧合酶又称脂肪氧化酶，是一种氧化还原酶，能高度专一催化具有顺，顺 - 1，4 - 戊二烯基团的过不饱和脂肪酸反应。脂肪氧合酶能增加面团强度，提高面团的稳定性，增大焙烤食品的体积，改善焙烤产品的组织结构。

乳糖酶能够分解乳糖为半乳糖和葡萄糖。在烘烤含乳粉面包时，通过乳糖酶作用，可以将乳糖分解成葡萄糖供酵母发酵，而剩余半乳糖可参与着色反应。

九、　复合酶制剂在焙烤食品中的应用

酶制剂在焙烤食品中的应用不同于其他食品添加剂，每一种剂都有自身特定的使用效果和专一性，而不同面粉也有其不同的固有品质，各种酶制剂之间存在协同效应，如果能将这几种酶制剂复配使用，往往效果更佳。将各种酶制剂经科学配置和物理混合，其同时具备促进发酵、增筋、改善质构、漂白、保鲜等多种功能。

Stojceska V. 等研究了不同酶对富含啤酒糟的高纤维面包的影响，结果证明内 1，4 - 木聚糖酶和纤维素酶复合酶对于提高面包的质构、体积和保质期有显著作用。

第六节　酶在酿造食品生产中的应用

微生物是极为重要酶源。发酵、酿造食品实质上是内源酶或外源酶的作用。因而，各种各样的发酵酿造食品均与酶的应用紧密相关。

一、酶应用于啤酒发酵生产

啤酒生产是以大麦为主要原料，大米或谷物和酒花为辅料。大麦制成麦芽，然后经过糊化、糖化、主发酵和后发酵等工序酿制成啤酒产品。整个过程都离不开植物细胞酶和微生物酶的作用。但是，由于原料质量的差别和内源酶的活性有所差异，导致影响糖化力、发酵度和产品风味。因此，在啤酒生产中除了采用啤酒专用淀粉糖浆代替部分辅料外，还可采用添加酶制剂解决以下问题。

1. 提高辅料比例，改善啤酒口味

在啤酒生产中，一般添加大米、玉米、小麦等作为辅料，其辅料比例为30%左右，有的啤酒厂添加辅料高达40%~50%。提高辅料比例后，采用耐高温α-淀粉酶可降低粮耗，同时又可改善啤酒质量。其口感转向清爽型而受到顾客普遍欢迎。例如，美国啤酒辅料比例为40%~50%，制造出清爽型"百威啤酒"；丹麦用玉米渣为辅料，生产出世界有名的"嘉士伯啤酒"；我国北方大部分啤酒厂，辅料比例均在30%~45%，也同样可生产出优质啤酒。燕京啤酒提高辅料后，采用耐高温α-淀粉酶可以制造纯正、柔和、爽口驰名的啤酒。

2. 提高发酵度

发酵度是指原麦芽汁中的浸出物被酵母发酵所消耗的量与原浸出物总量的比值。这是啤酒酿造的重要参数之一，也是检查啤酒质量的一个重要因素。采用外加酶的方法，可以弥补麦芽中内源酶的不足，可增加发酵性糖，提高啤酒酿造的发酵度。在生产中采用黑曲糖化酶、真菌β-淀粉酶和脱支酶等。

糖化酶最适温度60℃，pH4.0~4.5，加入量控制为10^5U/mL，丹麦Novozyme公司生产的Fungamyl-8001真菌淀粉酶，最适温度50~60℃，pH6.0~7.0，加入量为20~30g/t麦芽汁。

脱支酶能切断淀粉分子中的α-1，6-糖苷键，异淀粉酶和普鲁兰酶均属于此类。但后者也能水解支链淀粉、糖原和其他β-极限糊精。丹麦Novozyme公司生产的Promozyme 200L能切支链的普鲁兰酶，可在糖化或发酵过程中提高其发酵度。

3. 固定化酶的应用

传统的啤酒酿造，后发酵需3周左右时间。采用固定化酵母技术，有利于工艺革新，可大大缩短啤酒后发酵时间（为数天）。同时，可由原来分批发酵法改为连续化生产。目前此法仍在试验阶段，采用的设备为固定床和流化床生物反应器。

4. 酶法降低双乙酰含量

双乙酰又名丁二酮（$CH_3COCOCH_3$），是啤酒酵母在发酵过程中形成的副产物。双乙酰会影响啤酒风味，是评价啤酒成熟与否的主要依据。双乙酰过量极大地影响啤酒风味，会使啤酒产生"馊饭味"。

一般成品啤酒的双乙酰含量不得超过 0.1mg/L。在啤酒酿造中需要控制双乙酰的极限值 0.1~0.15mg/L。双乙酰形成机理是由前体物质 α-乙酰乳酸和 α-乙酰羟基丁酸经非酶氧化脱羟而成。因此，加入 α-乙酰乳酸脱羟酶使其前体 α-乙酸乳酸转化为 3-羟基丙酮，从而有效地降低其双乙酰含量，可大大地加快啤酒的成熟和改善啤酒口感。Novozyme 公司生产的 α-乙酰乳酸脱羟酶 Matarex 能催化 α-乙酰乳酸直接形成羟基丁酮。其用量为 2mg/kg 左右。

5. 改善麦芽汁过滤

麦芽汁中存在的 β-葡聚糖是一种黏性多糖，它由 β-1，4 键连接而成高分子多糖。大麦发芽过程中，大部分的 β-葡聚糖被麦芽 β-葡聚糖酶所降解，少量仍存留在麦芽内溶入到糖化醪中，会使糖化醪黏度升高，麦芽汁难以过滤。因此，采用外加 β-葡聚糖酶是一个关键的工艺控制。一般添加 β-葡聚糖酶后，麦芽汁过滤速度可加快 33%，有效麦芽汁量也随之增加。

6. 提高啤酒稳定性

啤酒稳定性是指酿造的啤酒产品在保质期内无混浊、无杂味，保持口味纯正的能力。造成啤酒不稳定因素主要为生物混浊和非生物混浊。前者主要由微生物残留和污染引起的。因此，必须严格工艺操作和灭菌控制。而后者主要由蛋白质和多酚类物质引起的。同时，大麦中的 β-球蛋白与麦芽汁中的大麦表皮和酒花花色苷以氢键结合形成沉淀。根据多年来生产实践证明，解决非生物混浊的有效方法，是采用酸性蛋白酶降解溶液中的蛋白质，包括木瓜蛋白酶或菠萝蛋白酶，这些酶液称为"酶清"，以解决啤酒澄清问题。有的还添加硅胶、聚酰胺树脂、尼龙 66 或 PVPP（聚乙烯聚吡咯烷酮）等物质达到啤酒澄清目的。

我国国产木瓜蛋白酶活力一般为 10^5 U/mL，pH3~9，作用温度 60℃，在后发酵开始时添加，其添加量约为 10g/t 啤酒。此外，还有的采用葡萄糖氧化酶以除去啤酒中的溶解氧，以防止啤酒氧化变质，提高啤酒稳定性。

二、 酶法应用酒精和酒类生产

在酒精生产中，淀粉质原料的蒸煮是一个关键工序。采用连续高温蒸煮是我国的传统工艺，由于此法原料出酒率高，发酵容易控制，一直沿用至今。这一工艺必须采用耐高温 α-淀粉酶，此酶是一种内切淀粉酶，能随机水解淀粉 α-1，4 糖苷键变为可溶性糊精。在酿造生产中此酶适用于蒸煮前的调浆工序，其最适温度为 90~105℃，pH 为 5.5~7.0。但此法需要高温、高压，会造成淀粉分解成不发酵性糖，其淀粉损失为 1.2% 左右，同时，还会造成设备腐蚀。随着酶制剂工业的发展，采用酶法低温或中温蒸煮工艺代替传统的高温蒸煮工艺是一个重要的技术革新。

低温蒸煮工艺采用 α-淀粉酶经过液化喷射器，温度控制在 80~85℃，而中温蒸煮工艺则采用耐高温 α-淀粉酶，温度控制在 100℃，对淀粉质原料进行充分糊化和液化。上述方法均已在山东省莒县酒厂、苏州太企酒精厂和东北某酒精厂得到有效的应用。

酒精生产中常用的糖化剂有麦芽、曲、糖化酶。随着酶制剂工业的发展，糖化酶作为糖化剂现已普遍得到应用。我国生产的糖化酶有两种规格：固态粉末状，酶活力为 10^5 U/g；液态，酶活力为 10^5 U/mL。一般加酶量控制在 $80 \times 10^5 \sim 120 \times 10^5$ U/g。

酶法应用于白酒、黄酒、食醋和酱油的生产中，主要在加曲糖化过程中采用外加糖化酶，可加速糖化工序，便于缩短生产周期。白酒包括大曲酒和小米曲酒。前者以高粱为主料，采用大曲和窖泥为糖化发酵剂，用地窖发酵生产茅台酒、五粮液等浓香大曲酒；后者则以大米为原料，采用小曲为糖化发酵剂，生产米香型白酒，例如桂林三花酒和五华长乐烧为代表的白酒。

传统大曲酒生产工艺是采用老五甑混蒸混烧法，其出酒率不高，为了提高出酒率，缩短生产周期和改革生产工艺，现在，已有一些厂开始应用糖化酶或采用活性干酵母。糖化酶的添加必须满足每克原料有 $120 \sim 140 U/g$ 的糖化力。以 1t 原料计算，必须用 $5 \times 10^4 U/g$ 的固体糖化酶量。可按式（11-1）计算：

固体糖化酶用量（%）= 原料用量×糖化力单位 - 大曲用量×大曲糖化力/所用固体酶的糖化力

$$= （1\,000 \times 140 - 200 \times 500）/50\,000 = 0.72（kg） \tag{11-1}$$

因此，对原料而言，酶活力为 $5 \times 10^4 U/g$ 的固体糖化酶的使用量为 $0.72/1\,000 = 0.072\%$，即为 $0.07\% \sim 0.1\%$。

其生产工艺流程如图 11-25 所示。

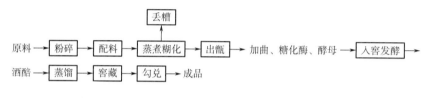

图 11-25　传统大曲酒生产工艺流程

传统小曲米酒以大米为原料经蒸煮后采用半固体发酵，边糖化边发酵。小曲为糖化发酵剂，出酒率不高，一般其出酒率在 65% 左右。为了提高其出酒率，采用添加糖化酶并与小曲中糖化酶协同作用，其生产工艺如图 11-26 所示。

图 11-26　传统小曲米酒生产工艺流程

黄酒是我国三大传统酒之一，主要在我国南方江、浙一带盛产此类营养保健酒。为了提高黄酒生产效率，也同样在传统工艺生产基础上，在大米落缸发酵工序要适当添加糖化酶，与酵母起协同作用，边糖化边发酵，以提高黄酒质量和出酒率。

糖化酶加入量按大米量加入 $5 \times 10^4 U/g$，与小曲一起混合均匀后加入饭缸进行糖化发酵。

第七节　酶在果蔬加工中的应用

随着果蔬种植业的日益发展以及人们对果蔬之于健康的重要性认识，果蔬加工业有了高速的发展。自 20 世纪 30 年代，果蔬加工企业把果胶酶、半纤维素酶等酶制剂用于苹果汁加工并收到极佳效果后，各类酶在果蔬加工中的应用日渐广泛，目前用于果蔬加工的酶主要有：果胶酶类、蛋白酶类、纤维素和半纤维素酶类、淀粉酶类、单宁酶和溶菌酶等，其中以果胶酶类的应用最为广泛；酶在果蔬加工中所起的功能作用多样化，主要有提高出汁率、防止沉淀、提高澄清度、改善产品的风味和口感、提高产品的防腐性能等。

一、 果蔬的果胶概述

果蔬组织的细胞壁主要由果胶质组成的初层以及由果胶质、纤维素、半纤维素组成的次层组成，其中胞间层主要为果胶成分。果蔬中的果胶物质含量比较高，一般为4%，为果蔬组织保持束缚水分的主要大分子物质。在果蔬成熟过程中，其组织中的原果胶逐步为内源性果胶酶所催化水解，生成果胶和果胶酸等，由感官上判断，果蔬成熟过程从硬转向软，就是内源性果胶酶把不溶性致密原果胶转化为水溶胀性果胶和果胶酸所致。

果胶在植物中作为一种细胞间隙物质而存在，它是由半乳糖醛酸以 $\alpha-1，4-$ 糖苷键连接而成的链状聚合物，为一种大分子阴性多糖，半乳糖醛酸分子单元上的羧基大部分被甲酯化（酯化度约75%）；经过脱甲酯化处理后，半乳糖醛酸的羧基被释放出来，此时不含甲酯的果胶则为果胶酸。根据果胶分子半乳糖醛酸单元羧基被甲酯化程度不同，可分为高甲氧基果胶（酯化度高于50%）和低甲氧基果胶（酯化度低于50%）。

在果蔬汁加工中，大分子果胶对水分具有很强的束缚作用，它的存在会导致果蔬汁的压榨与澄清带来问题：一方面会降低果蔬的出汁率和榨汁效能，另一方面导致果蔬汁难以澄清处理。为此，采用果胶酶处理破碎打浆后的果蔬物料，可以有效提高果蔬汁的出汁率和榨汁效能，并可提高果蔬汁过滤速度及其澄清度。

例如，1930年，美国的学者先把果胶酶应用于苹果的生产，每批生产能力可从每小时10t提高到12~16t。食品工业使用的果胶酶一般是由黑曲霉、文氏曲霉或根霉来生产的；利用果胶酶与半纤维素酶、纤维素酶复配处理破碎处理的胡萝卜肉，而后再进行榨汁，与不经酶处理的工艺相比，出汁率提高12%~18%，榨汁效能提高50%以上，而且所得胡萝卜汁易于过滤澄清和浓缩处理。

二、 果胶酶的分类及作用机制

果胶酶（Pectinase）是指催化水解果胶质的一组酶类。果胶质是由部分甲基化了的多聚半乳糖醛酸构成的高分子物质。在大分子链中，酶的作用位点包括内切、外切、甲基酯外切、聚半乳糖链中内切等6个不同的位点。果胶酶包括两大类：

1. 果胶聚半乳糖醛酸酶（pectin polygalacturonase，EC 3. 21. 1. 15，PG）

按照其作用机制和作用位点的不同，该酶可分为：

①内切聚半乳糖醛酸酶（endo PG，EC 3.2.1.5）：内切聚半乳糖醛酸酶可在果胶分子链的 $\alpha-1，4$ 糖苷键中任意位点进行切割，形成聚合度明显减少、相对分子质量显著下降的果胶和果胶酸，使其黏度迅速降低。

②外切聚半乳糖醛酸酶（exo PG，EC 3.2.1.67）：外切聚半乳糖醛酸酶作用于果胶分子链的非还原末端，形成聚半乳糖醛酸和半乳醛酸，黏度降低不大，后者具有还原性。

③聚甲基半乳糖醛酸酶（PMG）：主要水解甲酯化半乳糖醛酸单元邻近的 $\alpha-1，4-$ 糖苷键，降低果胶的聚合度，从而降低其黏度，聚甲基半乳糖醛酸酶也分为内切 PMG 和外切 PMG 两种。

④聚半乳糖酸裂解酶（polygalacturonate lyase，EC 4.2.2.2，PGL）：又称果胶酸裂解酶（pectalelyase，PL），聚半乳糖酸裂解酶通过反式催化水解果胶酸分子链的 $\alpha-1$，4 - 糖苷键，生成半乳糖醛酸酯。这种酶最适 pH6.8～9.5，需要 Ca^{2+} 参与而显著提高活力，可使果胶黏度迅速下降。

⑤聚甲基半乳糖醛酸裂解酶（polymethylgalacturon lyase，PMGL）：聚甲基半乳糖醛酸裂解酶通过反式催化水解高度甲基化的聚半乳糖醛酸中的 $\alpha-1$，4 糖苷键，生成半乳糖醛酸酯，也有内切和外切之分。

2. 果胶甲基酯酶（pectin methylecsterase，EC 3.1.1.11，PE）

果胶甲基酯酶是一类催化水解果胶质中的甲基酯键的酶，脱下甲基转化为甲醇，把果胶转化为果胶酸，提高其亲水性和负电性。它对果蔬汁加工中的降黏效果有一定作用，是首先用的酶，为了完全达到果胶酸的水解，必须与 PG 配合使用。然而，经过果胶甲酯酶催化水解后所得果胶酸，与 Ca^{2+} 具有很强作用，Ca^{2+} 在果胶酸中与两个羧基相互作用起架桥功能，形成水不溶性和热不可逆性的果胶酸钙凝胶，提高果酱的黏度和果肉的硬度。

果胶酶和果胶甲酯酶的生产菌种，大多采用黑曲霉、棕曲霉和梢壳霉等，尤以黑曲霉为主。之前以固体培养发酵法这一较为成熟技术进行生产，但随着技术水平的提高，目前基本是液体深层发酵这一高效技术方法进行制备生产。

三、 果胶酶在果蔬加工的作用

依据果胶酶在果蔬加工的应用效果与目的不同，主要分为两类：一是水解降黏，以提高果蔬汁的加工性能与效果；二是增强果蔬肉质的质地与硬度，或是果蔬酱的黏性与延展涂抹性，提高果蔬制品的可食性。

1. 果胶酶在果蔬汁加工中的作用

果蔬原料中有较高含量的果胶，因果胶的相对分子质量大、直链式结构且含有较多亲水性基团（例如：羟基、羧基等），使得果胶对果蔬肉组织中的水分具有很强的束缚作用，这增加果蔬原料榨汁的难度；同时，榨汁后水溶性果胶存在于汁液中，使得果蔬汁带有黏性，给果蔬汁后段加工带来诸多问题，例如过滤澄清困难、容易产生影响感官的沉淀物等。因此，在果蔬汁加工过程中使用果胶酶，对果蔬原料中的果胶质以及果蔬汁中果胶成分进行降解处理，以提高果蔬汁的出成率以及加工效能。

果胶酶和果胶甲酯酶在果蔬汁加工中所起的作用有所不同，前者主要是起解聚的作用，能显著地提高果蔬汁的出汁率和榨汁效能，并快速地降低果蔬汁的黏性；而后者则起解酯的作用，把果胶分解成果胶酸和甲醇，有一定降低果蔬汁黏度的作用。果蔬中含有丰富的内源性果胶酶和果胶甲酯酶，在果蔬尤其是水果成熟时期，它们活力比较高，其作用就是把原果胶催化转化为果胶，或者进而转化为果胶酸，这就是致使果蔬质构发生相应变化，由硬转软的根本原因。其中，起主导效果的是解聚作用，具有果胶解聚作用的有果胶裂解酶与聚半乳糖醛酸酶，前者通过反式消除机理水解半乳糖苷键，生成具有不同甲氧基的寡聚糖，后者降解果胶生成半乳糖醛酸以及寡聚糖。

浆果类、柑橘类、番茄等果蔬中的果胶含量高，果蔬肉中的水分以及各种营养成分被果胶束缚，果蔬汁难以被榨取，导致果蔬的出汁率偏低。然而，可通过往果蔬破碎打浆的肉浆中添加果胶酶，则可破坏果胶分子结构，大幅度降幅其束缚力，黏度下降，果汁易于榨取。例如，把这种技术方法应用于草莓加工中，不但可以提高出汁率、成品率并且降低黏度而利于过滤，而且可使果皮中的色素释放而赋予果汁均匀颜色。

柑橘类水果包含的果胶甲基化酯酶使浆液中的果胶脱酯而与钙形成絮状沉淀物，可加入聚半乳糖醛酸酶以降解果胶酸，使产品具有很好的稳定性并利于果汁浓缩。柑橘类水果中有两类苦味物质：类黄酮与柠檬苦素。柚苷在柑橘类水果汁中含量较多，使用真菌柚苷酶可将类黄酮脱苷而脱苦。Dekker 在 1988 年报道使用柠檬苦素脱氢酶去除柠檬苦素。

果胶酶是果蔬加工中有极其重要作用的酶类。特别结合华南地区果蔬资源情况，科学地应用果胶酶及其他酶，对大量种植的水果、蔬菜进行深度加工，具有重要实践意义。

据统计，我国柑橘种植面积 150 万 hm^2，约占世界的 20%，位居首位；年柑橘产量 1010 万 t，约占世界产量 11%，仅次于巴西和美国。虽然我国柑橘种植面积和产量较高，但实际加工率仅占 5% 左右，而世界上每年种植的柑橘中，有 30% 以上进行了深加工，包括加工成柑橘浓缩汁、果肉浆、柑橘皮油、籽油、芳香物质浓缩汁、饲料果胶制品及其他副产品。在国内，柑橘主要用来榨汁，而占 40% ~ 50% 的柑橘皮渣当垃圾处理，造成严重浪费。在苹果、金柚（沙田柚）和大豆等豆制品加工中均存在着大量皮渣尚需进一步加工处理，而这些皮渣实际仍含有许多营养物质和功能性成分。现代生物技术和酶工程技术应用于果蔬加工过程中便能有效地利用果渣和果皮，也可变废为宝。2002 年，杨洋、韦小英研究结果表明，柚皮含有黄酮类化合物，其抗氧化效果优于维生素 C；2001 年，贾冬英、姚开等也认为，柚皮同样是宝，它含有黄酮类化合物、类柠檬素、香精油和天然色素等。

果胶酶和半纤维素酶组成的复合果浆酶在果蔬加工中应用广泛。例如，加工胡萝卜、芹菜等蔬菜时，应用这种复合果浆酶，可以促使不溶性果胶和半纤维素水解成为可溶性果胶酸和糖类。在加工猕猴桃、草莓、樱桃、山楂等浆果时，采用这种复合酶制剂，也同样可提高果蔬汁的出汁率，还增加了色度、酸度和糖分等。

2. 果胶甲酯酶在果蔬肉及其酱品中的作用

前述果蔬汁加工中，果胶酶主要的作用目的就是破坏降解果胶，使得果蔬肉质变得更为软烂，以降低果蔬汁黏度、提高出汁率、利于过滤澄清。然而，有的果蔬加工反而需要增加果蔬肉质的硬度或者果蔬酱的粘性，以提高产品的口感和应用效果。例如，芒果果肉干的加工中，如果单纯将果肉切下通过干制而成，则果肉质感偏软烂，缺少咀嚼感，可通过 0.1% ~ 0.5% 的果胶甲酯酶水解处理，同时也添加 0.05% ~ 0.50% 乳酸钙，在 35 ~ 40℃ 条件下处理 20 ~ 120min，通过这种技术方法，可以有效提高果肉的硬度质感，通过质构仪分析，芒果肉的硬度可以提高 1.0 ~ 2.0 倍。

果胶甲酯酶对芒果肉硬化的作用机制：利用果胶甲酯酶的催化水解反应，将果胶中的甲酯基团水解下来，降低果胶的甲酯化程度，释放出更多的羧基，也就是果胶分子中半乳糖醛酸甲酯更多被转化为半乳糖醛酸，果胶转化为果胶酸，而后再与环境中的钙离子（Ca^{2+}）结合形成不可溶且热不可逆的果胶酸钙凝胶，这使得果肉的硬度得到显著的提高。其化学反应机制如图 11 - 27 所示。

可通过同样的作用机制，把果蔬酱的黏性大幅度提高，同时也可提高其加工应用性能。例如，在草莓酱加工中，添加 0.1% ~ 0.2% 的果胶甲酯酶和 0.05% ~ 0.08% 乳酸钙，在常温下处理 20 ~ 40min，然后再进行煮制，所得到的草莓酱的黏度有显著提高。

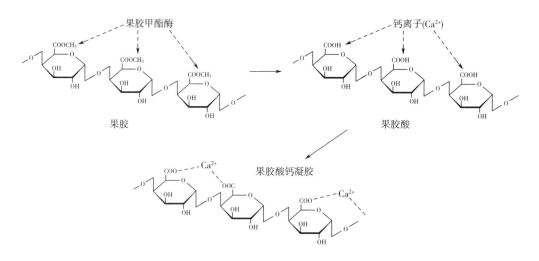

图 11-27　果胶甲酯酶硬化果肉的作用机制

四、果蔬加工中使用的其他酶

果蔬加工中除了使用果胶酶外，根据果蔬原料的结构与成分特征，还结合其他酶协同应用，以进一步提升其加工效能，这些主要有：纤维素酶、半纤维素酶、淀粉酶、单宁酶、蛋白酶、溶菌酶、柚苷酶等。这些酶在果蔬加工所起的作用，如表 11-19 所示。

表 11-19　　　　　　　　各种酶在果蔬加工中的作用

酶的名称	加工作用
半纤维素酶	提高榨汁率，降低果蔬汁黏度，提高澄清过滤效果
纤维素酶	提高榨汁率，降低果蔬汁黏度，提高澄清过滤效果
淀粉酶	提高榨汁率，减少沉淀，提高可溶性固形物含量
蛋白酶	减少沉淀，提高澄清过滤效果
单宁酶	改善风味，消除苦涩感，减少沉淀
溶菌酶	提高防腐效果
柚苷酶	减轻柑橘果汁的苦味

第八节　酶在海洋生物资源开发中的应用

海洋生物资源极为丰富，有 50 万种以上，可为人类转化 30 亿 t 的海产食品，开发潜力巨大，而目前仍处于起步阶段。海洋食品资源和药物资源主要包括贝类、虾、蟹类、海藻、海绵、海苔、海菜、海鱼类、海洋微生物及其他海洋动植物等。

1. 从海洋生物中提取 DHA 和 EPA

经过 10 多年来的应用基础研究证实，二十二碳六烯酸（decosahexaenoic acid，DHA）和二十碳五烯酸（Eicosapentaenoic acid，EPA）对防治心血管病、美容和改善智力发育等具有重要功能。这些物质主要存在于寒冷水域或深海栖息的鱼类（如沙丁鱼、鳕鱼、红鲑、鲐鱼、鲱鱼等）及一些浮游生物的油脂中。由于其鱼体中的鱼油与其蛋白质紧密地结合，为了提高其DHA、EPA 提取效率，其技术关键是采用复合蛋白酶酶解预处理，把其中蛋白质成分预先用蛋白酶催化水解成可溶性肽或氨基酸，然后再采用尿素包合法、硝酸银层析法、分子蒸馏、碱金属冷冻沉淀法和超临界 CO_2 萃取等方法。但由于 DHA 和 EPA 的理化性质比较相似，难以把它们分开。赵亚平等采用硝酸银络合与超临界萃取相结合方法进行分离研究，结果表明，其DHA 和 EPA 的分离纯度均可达到 90% 以上。

2. 从虾、蟹壳中提取壳聚糖

据估计，自然界中每年生物合成甲壳质总量约 100 亿 t，它是地球上仅次于纤维素的第二再生有机资源。壳聚糖是由甲壳素经脱乙酰基的产物。由于壳聚糖大分子上有游离氨基和羟基，其功能特性优越，被誉为人体必需的第七大要素。同时，壳聚糖具有良好的生物相容性和生物降解性，可应用于外科手术缝线材质或应用于制造止血海绵。我国是海岸线最长国家，每年出口消费大量虾、蟹肉，而大部分虾壳、蟹壳被废弃掉，如何变废为宝是一个有待于研究开发的课题。近十多年来，国内外以壳聚糖为主要原料已开发了几十种生物保健品，如"救多善""救护善""喜多安""鲜之宝"等保健品，其分子质量较大，一般在 $10^4 \sim 10^5$ u。但分子质量在 10^3 u 以下的低聚壳聚糖更具有医疗保健价值，它具有巨噬细胞的吞噬功能、抗肿瘤、降血脂、抗血栓及具有增殖双歧杆菌等功能。

低聚壳聚糖的制备方法主要有三种：酸解法、氧化降解法和酶法。酸解法作用条件强烈，产物多为单糖或三聚糖，而且会造成环境污染。氧化降解法较为优越，但采用多种试剂，操作比较麻烦。而酶法因其作用条件温和、专一，催化效率高，又无副产物产生，已受到广泛关注及开发利用。

2000 年 10 月，中科院大连物化所首次采用内切甲壳素酶，利用反应耦合技术和纳米滤膜浓缩制备低聚壳聚糖成功并通过了国家级技术鉴定。另外，溶菌酶对甲壳素及其衍生物的降解研究已取得了不少进展。Ryosuke M. 等研究了溶菌酶催化反应动力学；Morita T. 等研究了液-液双相体系中溶菌酶降解甲壳素。此外，壳聚糖作为生化制剂也已有研究成果。

3. 从海洋水产的杂鱼类中提取功能性活性肽

海洋鱼类资源丰富，不仅鱼类脂肪的不饱和脂肪酸具有特殊生理功能，而且鱼类蛋白质降解成肽类也具特殊功能。许多研究证实，功能性肽具有促进免疫调节，抗心脑血管疾病等功效，在保健食品和医药领域具有重要的应用前景。日本 Hiroyuki 等从鲣鱼蛋白质的酶解物中提取一种具有血管紧张素转化酶（ACE）抑制作用的多肽。法国 Rozenn 等从鳕鱼蛋白质的酶解物中提取出一种具有促进动物生长的肽类物质，而且其分子质量均小于 4 500u 的肽类。我国学者周涛等自鲐鱼蛋白酶催化水解制取低分子肽类，并制得无苦味的多肽水解液作为功能食品基料。

我国每年从海洋中捕捞大量低值杂鱼，仅广东沿海就超过 40 万 t，应用酶解可控技术及膜分离技术，便可从大宗海产资源中制取各种具有保健功能低分子肽类，或者由低值鱼采用酶法生产食品调味基料，也有利于人类的生活和健康。

4. 从海洋贝类中提取有效功能成分

我国沿海海域滩涂多，有利于发展养殖业，其中贝类的养殖已达数百万吨。牡蛎（Osyter）

肉质嫩白，味美可口，各种营养成分齐全且平衡，有"海洋牛乳"之称。而且还含有牛磺酸，日本等国已从牡蛎开发出几十种保健食品。其加工方法均采用蛋白酶水解法制取各种各样的保健食品。我国也采用酶解法从海产贝类开发了系列保健产品，如"金牡蛎""生命口服液"等产品，酶解蛋白质制取保健食品是一个重要方向。

5. 从海藻类中提取活性多糖

海藻类包括海带、海菜、紫菜和琼菜等。目前，我国沿海总产量约 100 万 t，海菜一般加工成卡拉胶琼胶、海藻胶等化工产品。海带、紫菜已有食品加工产品，但是深加工产品仍处于开发之中。经研究证实，海藻类有许多生理功能，如抗肿瘤、抗辐射、增强机体免疫能力等，目前，海藻多糖已逐渐引起关注和重视。

提取海藻多糖有多种方法，传统的方法是采用机械法和化学结合法，将海藻细胞壁破坏，这种方法会造成海藻多糖活性的损失。因此，采用果胶酶、纤维素酶联合催化作用，对海藻体细胞进行预处理，有利于进一步进行分离提纯。

海洋中微藻类、螺旋藻类也含有丰富的多糖，其中螺旋藻多糖的组成、结构与功能研究得比较深入。一般而言，多数多糖都能刺激单核原噬细胞系统，从而发挥其吞噬异物的能力，具有抗辐射和提高免疫能力。

第九节　酶在食品添加剂生产中的应用

酶本身作为食品添加剂的重要一员，而且在其他食品添加剂的加工生产中也得到广泛应用。

一、　应用于乳化剂生产

食品乳化剂是食品加工过程中使互不相溶的液体（如油和水）形成稳定乳浊液的添加剂。食品乳化剂能够改善乳化体系中构成相之间的表面张力，使之形成均匀、稳定的分散体系或乳化体系，从而改善食品的组织结构，使食品的口感和风味更加和谐。食品乳化剂在加工中的用途十分广泛，除乳化外还有稳定、起酥、防老化等作用。

近年来，酶在非水相中的催化技术的发展对整个研究起到了推动作用，尤其是脂肪酶在有机相中能够催化油脂分解、酶交换和配合反应，显示出它在乳化剂合成、改性及其他有机合成领域的巨大应用潜力。

脂肪酶即甘油三酯水解酶（lipase，EC 3.1.1.31），广泛存在于动物组织、植物种子和微生物中，能催化天然油脂底物水解，是生物体代谢不可缺少的水解酶。根据来源不同，工业制取的脂肪酶可分三类：动物性脂肪酶（猪的胰腺等）、微生物脂肪酶（真菌如曲霉、毛霉等，细菌如假单胞菌等）和植物性脂肪酶。由于脂肪酶的来源不同，结构也存在差异，所以底物特异性也不同。脂肪酶的底物特异性包括：①脂肪酸特异性；②位置特异性；③立体结构特异性。脂肪酶的最佳反应条件也与酶的来源有很大关系。一般来源于微生物的脂肪酶的最适条件为 pH7.0、37℃；动物性脂肪酶的最适条件为 pH9.0、37℃。在实际生产过程中，可以利用脂肪酶催化油脂选择性水解生产单甘酯、脂肪酸和甘油，或者催化油脂醇解生产单甘酯，另外，还可利用脂肪酶通过酯交换反应对大豆磷脂进行改性。整个工艺比化学方法催化效率高，副产物少，产物分离简单，可以酶柱反应器、膜反应器或者游离的形式进行生产。

1. 脂肪酸单甘油酯的酶法合成

生物转化法合成单甘酯是制备单甘酯的新方法，也是近年来酶工程的研究热点之一。以天然脂、合成三甘酯、脂肪酸和甘油为原料，脂肪酶为催化剂，通过多种反应途径在不同的反应体系中可以合成单甘酯。

由于脂肪酶催化合成单甘酯的底物脂肪酸（酯）与甘油互不溶解，造成接触困难，使反应难于发生。许多研究者研究了多种反应体系，包括微乳液体系、无溶剂体系、选择性吸附体系、表面活性剂包埋体系。很多反应体已在实验室规模上实现了间歇或连续生产。反应器类型包括间歇搅拌反应器、固定床反应器、隔膜反应器、连续微孔膜反应器等。

2. 蔗糖脂肪酸酯的酶法合成

蔗糖脂肪酸酯简称蔗糖酯（sucrose fatty acid esters，SE），是蔗糖与正羟酸反应生成的一大类有机化合物的总称，属多元醇酯型非离子表面活性剂，以其无毒、易生物降解及良好的表面性能，广泛应用于食品、医药、化妆品等行业，是联合国粮食及农业组织和世界卫生组织（WHO/FAO）推荐使用的食品添加剂。用根霉菌、肠杆菌、曲霉菌、假单胞菌、色杆菌、黏液菌和青霉菌属的脂肪酶催化蔗糖和硬脂酸、棕榈酸、油酸、亚油酸等反应，使蔗糖与脂肪上的碳链部分发生酯化反应，可生成蔗糖酯。在有机溶剂中，利用脂肪酶的催化作用，将脂肪酸或脂肪酸低级烷基酯（如甲基酯、乙基酯）与蔗糖进行直接酯化或酯交换反应，可以生产出不同酯化度的蔗糖酯。

3. 磷脂的酶法改性

从大豆油中提取的豆磷脂是多种磷脂的混合物，其主要成分是卵磷脂、脑磷脂及磷酸肌醇等。豆磷脂可用于生产各种专门的磷脂，广泛用于食品、涂料、皮革等工业，还可用于生产单一磷脂。单一磷脂用于医药、化妆品等。由于未经改性的大豆磷脂水分散性不好，近年来，人们致力于对大豆磷脂进行精制与改性，以获得具有特定功能和用途的磷脂。磷脂改性包括物理改性、化学改性和酶改性。其中生物酶改性应用最广，而且最具工业化生产潜力。由于磷脂分子上有许多功能基团，用酶法改性可以提供精确的定向选择及精确的控制改性程度。

对于甘油磷脂而言，用于磷脂改性研究的酶主要是包括磷脂酶 A_1、A_2、C、D 的磷脂酶（phospholipase）和包括 1，3 - 特异性脂肪酶和非特异性脂肪酶的脂肪酶类（EC 3.1.1.3）。另外，还有部分磷脂酶，如能同时水解两个酰基链的磷脂酶 B（phospholiase B，EC 3.1.1.5），能直接水解溶血磷脂的溶血磷脂酶（lysophospholipase，EC 3.1.1.5），有关这两种酶研究报道还较少。对于鞘磷脂而言，可用于改性研究的酶主要有鞘磷脂酶（sphin - gomyelinase，EC 3.1.4.12），它能催化鞘磷脂水解生成神经酰胺和胆碱磷酸（phosphocholine）。磷脂酶 C、D 和神经酰胺酶（ceramidase）也能作用于鞘磷脂。

二、 应用于食品鲜味剂生产

食品鲜味剂是指赋予食品鲜味的一类添加剂，被广泛应用以增强食品的风味。目前，我国批准许可使用的鲜味剂有氨基酸类鲜味剂，如 L - 谷氨酸钠（mono-sodiumglutamate，MSG）、天冬氨酸钠（sodium aspartate）、L - 丙氨酸（L - alanine）、甘氨酸（L - Glycine）、核糖核苷酸类鲜味剂 5′ - 鸟苷酸（5′ - guanylate，GMP）、5′ - 肌苷酸（5′ - inosinate，IMP）、琥珀酸

(succinic acid) 及其钠盐，以及植物水解蛋白、动物水解蛋白、酵母抽提物等。

呈味核苷酸是 5′-核苷酸，包括 5′-肌苷酸（5′-inosine monophosphate，IMP）和 5′-鸟苷酸（5′-guanosine monophosphate，GMP）等。在自然界，5′-肌苷酸广泛存在于多种动物特别是肉类和鱼类中；5′-鸟苷酸主要存在于蔬菜尤其是存在于以香菇为代表的食用菌类之中，在肉类中的含量甚微。鸟苷酸是组成核酸的核苷酸之一，肌苷酸则是腺嘌呤核苷酸（AMP）和鸟苷酸的生物合成的重要中间产物。工业上生产 5′-肌苷酸和 5′-鸟苷酸的方法主要有三种：①核糖核酸（ribonucleic acid，RNA）酶解法；②发酵法和化学法相结合的方法，即采用微生物发酵的方法，生产出核苷酸，然后再由化学法进行磷酸化；③直接发酵法。

核糖核酸酶解法采用核糖核酸 RNA 水解酶对酵母菌体分离出来的 RNA 进行水解，从而得到 5′-肌苷酸和 5′-鸟苷酸（图 11-28）。酵母菌中，RNA 含量为干菌体的 10%~15%。酵母菌体可以从糖质原料或亚硫酸制浆废液发酵培养制备。

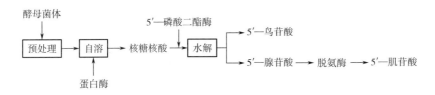

图 11-28　酶法水解 RNA 基本原理

酶法水解 RNA 所采用的 5′-磷酸二酯酶，过去来自牛的小肠黏膜和蛇毒等材料。后来发现，在橘青霉和金色链霉菌中也有这种酶。现在工业生产上以培养微生物作为酶源。采用橘青霉的 5′-磷酸二酯酶水解 RNA 时，得到的产物为 5′-腺苷酸、5′-鸟苷酸、5′-胞苷酸、5′-尿苷酸混合物，还需采用米曲霉产生的 5′-腺苷酸脱氨酶将混合物中的 5′-腺苷酸脱氨生成 5′-肌苷酸；在采用金色链霉菌时，其培养液中除含有 5′-磷酸二酯酶外，还含有 5′-腺苷酸脱氢酶，所以在其 RNA 酶法水解液中不含有 5′-腺苷酸。从 RNA 中提取出 5′-肌苷酸和 5′-鸟苷酸后，还有一半与呈味无关的嘧啶核苷酸，如 5′-胞苷酸和 5′-尿苷酸，对它们进一步的开发利用可以使酶法水解 RNA 成本有所降低。酶解的工艺条件可参考如下：10%~15% 的酵母悬浮液高压均质后，加入自溶促进剂和 6×10^4 U/mL 的木瓜蛋白酶，50~60℃下自溶 16h 后快速升温至 95℃灭酶（10min），冷却至 60~70℃，如有需要再进行二次酶解，酶解结束后再精心分离提纯。

第十节　酶在肉类和鱼类加工中的应用

禽畜屠宰中的天然蛋白质水解酶使肌肉蛋白质与结缔组织蛋白质水解，从而使肉嫩化的过程称为肉的成熟。使用外源蛋白酶可达到加速成熟的效果。常用的酶有木瓜酶、菠萝蛋白酶、无花果蛋白酶。微生物（枯草杆菌与米曲霉菌）蛋白酶制剂业已获准用于肉类处理。这些酶水解的温度较高，所以肉的嫩化是在烹调过程中发生的。为了解决肉中酶的均匀分布这一问题，有人建议使用预嫩化工艺：在屠宰前将嫩化酶浓缩液注入活动物的颈静脉而直接进入血流，通过循环系统而达到酶的均匀分布。此法可达到使动物尸体中甚至那些一般来说肉质坚硬的部位的肉都能嫩化的效果。预处理工艺不影响肉的品质、风味、外观。

蛋白酶制剂也可用于加工处理肉制品（如咸牛肉）、罐藏肉、骨去肉以及加工肉边角料。在骨去肉中，蛋白酶作用于骨膜结缔组织蛋白质，使之降解而利于肉的去除。这些肉可用于汤料和宠物食品中。脂酶（来自 *Rhizopus arrhizus*）可在热水中脱去骨中的脂以用于明胶的生产。

鱼类加工业中，蛋白酶可将不能食用的鱼及边角料加工生产鱼油、鱼肉及鱼溶解物。另外，酶也用于鱼类去膜、去皮（如虾）、去除内脏（如蛤）等中，在鱼露生产中酶可作为发酵的助剂。

近年来，将酶水解过程应用于含蛋白质的食品原料是食品工业中的重要课题。利用废弃蛋白如杂鱼、动物血、碎肉等用酶水解，抽提其中蛋白质以供食用或作饲料，是增加人类蛋白资源的有效措施，其中以杂鱼和鱼厂废弃物的利用最为引人注目。蛋白酶还可用于生产牛肉汁、鸡汁等以提高产品收率。此外，将酸性蛋白酶在中性 pH 时处理解冻鱼类，可以脱除鱼腥味。

第十一节　酶在保健食品功能成分制备中的应用

保健功能性营养强化剂主要包括氨基酸、维生素和微量元素等，此外，还包括一些膳食纤维、功能肽、功能性多糖、脂肪替代品和不饱和脂肪酸等。1973 年，L-天冬氨酸是最早用固定化细胞在工业上大规模生产的氨基酸。用于固定大肠杆菌细胞的方法有聚丙烯酰胺凝胶法、琼脂凝胶包埋法、明胶-戊二醛固定法和卡拉胶固定法等。1982 年，日本田边制药公司利用固定化细胞 L-天冬氨酸、β-脱羧酶催化合成 L-丙氨酸也投入了工业生产。使用卡拉胶作为固定化载体。1978 年孟广震等也开始了固定化酶法生产天冬氨酸的研究，该技术现已在国内应用于工业生产。目前，已经可以利用固定化细胞生产氨基酸还有 L-异亮氨酸、L-瓜氨酸、L-赖氨酸、L-精氨酸、L-苯丙氨酸等。L-肉碱或称维生素 BT 也是一种新型功能性食品添加剂，它的主要作用是作为载体，将长链脂肪酸从线粒体膜外输送到膜内促进脂肪酸的 β-氧化。目前，L-肉碱仅在瑞士、意大利、日本等少数国家能够生产，其制备方法有多种，其中酶法也有多种。1991 年，瑞士 Kullah 报道了其突变株 HK1349 在 400L 反应器中试规模下，采用细胞循环方法连续转化 γ-丁基甜菜碱底物制备 L-肉碱，产 L-肉碱达到 60g/L，转化率 95% 以上，可连续数周生产。此方法转化率高，产物分离容易，产品纯度又高。

李楠、张坤生等以番茄酱为原料，使用果胶酶和纤维素酶提取番茄红素，最佳工艺条件为 pH4.0，50℃，稀释倍数为 1∶10，果胶酶与纤维素酶比例为 1∶1，双酶添加量 1.2%，反应时间为 1h。

张强、阚国仕等以玉米为原料，采用 270g 碱性蛋白酶成功制备抗氧化肽，清除自由基 $O_2\cdot$ 和 $OH\cdot$ 分别为 54.42% 和 82.3%。

第十二节　酶在食品工厂综合利用方面的应用

按照现有的食品工业科技水平，除了从农副产品为原料生产出市场需要的食品产品外，尚有一部分食品工厂"下脚料"，仍未进一步加以利用。如果未能进一步深加工，便会成为废弃物，势必污染环境。因此，食品工厂的综合利用，"变废为宝"就显得特别重要。例如，我国属大豆生产和消费大国，近年来，年均消费量达到 8 000 万~9 000 万 t，大豆首先用于榨油和生产豆制品，榨油后的豆粕用于生产大豆蛋白产品（包括：大豆浓缩蛋白、大豆分离蛋白），以及作为饲料的重要蛋白来源。如何提高豆粕的利用率以及获得高品质的蛋白和多糖及其加工产品，仍是目前重点考虑的问题。酿酒厂的酒糟营养成分也十分丰富，除原料本身营养成分外，尚有微生物的营养成分。此外，我国海产品、水产品的下脚料丰富。其中我国罗非鱼年养殖总量为 70 多万 t，约占世界总产量 65%，而其鱼头、鱼骨、鱼皮、鱼肚等下脚料却占总产量的 30% 以上。

我国屠宰、食品加工中也有大量的畜禽骨骼下脚料均需进一步综合利用。从国内外科技发展来看，也致力于应用酶解技术，制备出具有营养保健功能的骨蛋白、骨奶、骨粉、骨素和骨泥等制品。

2001 年，卢晓黎、雷鸣等以纯骨泥为主要原料，加入脱脂乳粉、复合乳化剂、蔗糖脂肪酸酯等研制而成营养骨乳保健品等制品。

2003 年，白恩侠、张位柱以牛骨为原料，采用温和提取工艺和酶法水解方法，成功制备小肽。

第十三节　酶在食品安全检查中的应用

Kurube 等用单胺氧化酶膜和氧电极组成的酶传感器测定了猪肉新鲜度，反应时间为 4min，单胺测定线性范围为 $2 \times 10^{-5} \sim 5 \times 10^{-5}$ mol/L。

食品行业急需开发出一种快速、简便的仪器，以实现滋味和气味的现场控制和在线评价，保证食品质量。日本农林水产省研制出一种滋味传感器，可品尝肉汤风味，用于肉汤生产过程的质量控制。Fernando 采用电导型生物传感器检查食品中有机农药的污染。采用酶电极测定天冬酰苯丙氨酸甲酯，线性范围为 $2.0 \times 10^{-4} \sim 1.5 \times 10^{-3}$ mol/L。每个样品测定只需要 4min，重复性好。此方法已用于饮料、布丁、酱、茶、热巧克力中的天冬酰苯丙氨酸甲酯的测定。

生物传感器应用于食品分析、食品卫生检测和食品生产的在线检测方面已显示了良好的应用前景。现在，这方面的研究十分活跃，已向微型化、集成化、智能化方向发展。我国生物传感器研究开发与发达国家相比，仍有较大的差距。固定化酶、固定化细胞应用于生物传感器组件的开发前景广阔。

1998 年，赵国辉、郑震雄等制备出一种酚氧化酶试纸条，可在 37℃，6h 内完成酵母样真菌的酚氧化酶试验，可比常规试验方法缩短 18~24h。该试纸条在 4℃ 保存，有效期 6 个月。

第十四节　酶在饲料加工中的应用

　　禽兽及鱼虾类的养殖业为食品工业提供基本的加工原料。近十年来，随着酶制剂工业和酶工程技术的发展，国内外的饲料添加剂大部分均采用酶制剂或酶技术处理过的添加剂产品。国外饲料酶多为从生物细胞提取的酶，然后再将几种酶复配而成的产品。国内生产的饲料酶大部分为固体曲粉碎而成，酶组成较复杂。饲料用酶的生产一般应针对饲养动物品种、年龄和饲料组成而定。酶的种类也比较复杂，有的针对饲养品种消化较难则采用消化酶，有的使用抗营养因子的酶，而普遍采用动物促生长的酶类。其中植酸酶在消除抗营养因子植酸和减少磷对环境污染有着重要意义，因此，国内外对植酸酶在饲料加工中应用研究特别引起重视。

　　目前，我国生产配合饲料6万~7万t，其中约1/4已加入酶制剂。常用饲料酶包括农业部批准使用的蛋白酶、淀粉酶、果胶酶、脂肪酶、纤维素酶、麦芽糖酶、木聚糖酶、β - 葡聚糖酶，甘露聚糖酶、葡萄糖氧化酶、植酸酶11种。现在，饲料用酶尚有较大的发展空间。

第十五节　酶在其他与食品相关工业领域中的应用

　　酶的应用相当广泛，除食品、发酵或饮料制造中应用外，还用于制药、化工、造纸、制草和环保等领域。

　　酶在一些与食品相关工业领域中应用十分广泛，如表11 - 20所示。

表11 - 20　　　　　　　　　　酶在一些与食品相关工业领域中的应用

酶（普通名称）	主要来源	主要应用
丙氨酸脱氢酶和甲酸脱氢酶（al-anine and formate dehydrogenases）	枯草芽孢杆菌和博伊丁假丝酵母（Candida boidinii）	由丙酮酸生成丙氨酸
氨基酰化酶（aminoacylases）	大肠杆菌	拆分消旋氨基酸混合物
天冬氨酸酶（aspartase）	大肠杆菌	生产天冬氨酸
天冬氨酸脱羧酶（aspartate decarboxylase）	德阿昆哈假单胞菌（Pseudomonas dacunhae）	生产丙氨酸
细菌 α - 淀粉酶（α - 葡聚糖酶）（bacterial α - amyease）（α - glucanase）	枯草芽孢杆菌，地衣形芽孢杆菌，淀粉液化芽孢杆菌	葡萄糖浆生成过程中预稀化淀粉，酿啤酒及蒸馏前水解淀粉，造纸，纺织，清洗剂，制药及动物饲料加工
真菌 α - 淀粉酶（fungal α - amylase）	米曲霉和黑曲霉	淀粉液化，水果，蔬菜，酿啤酒，烘烤食品，糖果及造纸加工

续表

酶（普通名称）	主要来源	主要应用
细菌 β - 淀粉酶（bacterial α - amylase）	蜡状芽孢杆菌，环状芽孢杆菌，多黏芽孢杆菌以及链霉菌	把淀粉降解成麦芽糖和葡萄糖浆应用于食品及饮料产品，以及用于乙醇生产细菌
异淀粉酶（bacterialisoamylase）	蜡状芽孢杆菌	同上
植物 α - 淀粉酶和 β - 淀粉酶（plant α and β amylases）	大麦和大豆	应用于啤酒和面包的一系列含有葡萄糖和麦芽糖的麦芽提取物的生产
β - 淀粉酶（β - amylase）	黑曲霉，米曲霉和芽孢杆菌	同上
淀粉葡糖苷酶（amyloglucosidase）	黑曲霉、泡盛曲霉、米曲霉、雪白根霉、米根霉、德氏根霉、绿色木霉	用预稀化的淀粉生产葡萄糖浆，用于酿制啤酒，乙醇，烘烤食品，纺织，造纸，发酵，制药，软饮料，糖果
花色素酶（anthrocyanase）	黑曲霉	红葡萄脱色
过氧化氢酶（catalase）	黑曲霉、青霉、溶壁微球菌、牛肝	牛乳、干酪和蛋品加工中去除过氧化氢，也在灭菌，氧化，发泡和塑料，橡胶的生产中
纤维素酶（callulase）	里氏木霉（*Trichoderma reesei*）、黑曲霉、米曲霉、海枣曲霉、温特曲霉、米曲毛霉	果蔬加工
环糊精葡糖基转移酶（cyclodertrin glucosyl transferase）	浸麻芽孢杆菌、巨大芽孢杆菌	生成环状糊精
葡聚糖酶（dextranase）	产气克霉伯菌、绳状青霉、淡紫青霉、镰孢、黄杆菌	制糖和食品加工中水解多糖
双乙酰还原酶（diacetylreductase）	产气气杆菌	去掉啤酒中有异味的双乙酰
环氧琥珀酸水解酶（epoxysuccinute hydrolase）	酒石酸诺卡氏菌（*Nocardia tartaricus*）	生成酒石酸
延胡索酸酶（eumarase）	产氨短杆菌	生产苹果酸
α - 半乳糖苷酶（α - galactosidase）	黑曲霉、酿酒酵母	炼糖时水解寡糖、生产豆浆
β - 半乳糖苷酶（乳糖酶）β - galactosidase（lactase）	大肠杆菌、芽孢杆菌、黑曲霉、米曲霉、脆壁克雷伯菌、脆壁酵母、乳酸酵母（又称脆壁克鲁维酵母、乳酸克鲁维酵母）	水解乳中的乳糖，其他乳品加工中应用，特别是水解乳清中的乳糖，也用于制药

续表

酶（普通名称）	主要来源	主要应用
β-葡聚糖酶（βglucanase）	枯草芽孢杆菌、环状芽孢杆菌、黑曲霉、米曲霉、埃默森青霉（Penicillium emersonni）、酿酒酵母	制啤酒过程中水解多糖，从植物材料中提取果汁和其他产品，如调味品
葡糖异构酶（glucose isomerase）	密苏里游动放线菌、凝结芽孢杆菌、白色链霉菌、橄榄色链霉菌、橄榄色产色链霉菌、暗色产色链霉菌、节杆菌	把葡糖异构化成高果糖浆
葡糖氧化酶（glucose oxidase）	黑曲霉、灰绿青霉、特异青霉、产黄青霉	抗氧化剂，例如用于水果及蛋清的保存，控制葡萄酒的颜色，生成葡萄糖酸
组氨酸解氨酶（histidine ammonia lyase）	无色杆菌（Achrombacterliquidium）	生产尿苷酸
11α-羟化酶（11α-lydroxylase）	少根根霉及其他微生物来源	黄体酮11α羟化，合成可的松，氢化可的松，氢化强的松，强的松
菊粉酶（inulinase）	脆壁克鲁维酵母、曲霉和假丝酵母	生成甜味剂
蔗糖酶（转化酶）（invertase）	脆壁克鲁维酵母、卡尔斯伯酵母、酿酒酵母、假丝酵母	作为生产糖果及湿润剂的转化糖，制啤酒，制人造蜂蜜
异麦芽蔗糖合成酶（isomaltulose synthase）	大黄欧文菌、红色鱼精蛋白杆菌	合成异麦蔗芽糖（Isomaltulose）
脂肪酶/酯酶（lipase/esterase）	黑曲霉、米曲霉、爪哇毛霉、微小毛霉、米黑毛霉、雪白根霉、解脂假丝酵母、圆柱形假丝酵母、小牛、小山羊、小绵羊及猪的胰	皮革和羊毛加工，改良干酪和黄油的香味，油脂改良，废弃物处理
乳过氧化物酶（lactoperoxidase）		牛乳冷灭菌
脂肪氧合酶（lipoxygenase）	大豆粉	面包增白，氧化植物油
苹果酸脱羧酶	酒明串珠菌	饮料生产
柚苷酶（naraginase）	黑曲霉	柑橘类果汁脱苦味
乳酸链球菌肽酶（nisinase）	蜡状芽孢杆菌	从牛乳中去除乳酸链球菌肽（一种抗生素）

续表

酶（普通名称）	主要来源	主要应用
果胶酶/果胶酯酶（petinase/pectin esterase）	黑曲霉、米曲霉、赭曲霉、米根霉、里氏木霉、简青霉	提取及澄清用于软饮料，啤酒及葡萄酒的果汁，也用于香料和咖啡的提取
青霉素酶（penicillinase）	地衣形芽孢杆菌、蜡状芽孢杆菌	去除牛乳中的抗生素
青霉素酰胺酶（青霉素酰化酶）penicillin amidase（acylase）	巨大芽孢杆菌，大肠杆菌，担子菌，无色杆菌	生成半合成抗生素所需的6-氨基青霉烷酸
苯丙氨酸解氨酶（phenylalanine ammonia eyase）	酵母	生成苯丙氨酸
肌醇六磷酸酶（phytase）	无花果曲霉	去除谷物中的肌醇六磷酸
植物蛋白酶（木瓜蛋白酶，无花果蛋白酶，菠萝蛋白酶等）plant proleae（papain，ficin，bromelaietc）	木瓜，无花果，菠萝	酵母膏生产，防止啤酒冷变浊，烘烤食品，制革，纺织，制药以及包括肉嫩化在内的人和动物食品加工
动物蛋白酶（包括胰蛋白酶，胰凝乳蛋白酶等）（animal proteases including trypsin chymotrysinetc）	牛，绵羊，猪	制革和制药工业，食品加工，尤其是水解干酪乳清等蛋白质的蛋白水解，肽合成
微生物蛋白酶（microbial prcteases）	黑曲霉	干酪，肉，鱼，谷物，水果，饮料及烘烤食品工业
微生物蛋白酶（microbial prcteases）	黄曲霉	食品加工
微生物蛋白酶（酸性蛋白酶）（中性蛋白酶）（microbial proteases）	米曲霉	蛋白质水解，特别是肉和鱼的加工，啤酒酿造，烘烤食品
微生物蛋白酶（microbial proteases）	蜜蜂曲霉、栗疫菌、米黑毛霉、微小毛霉	干酪制造（凝乳）
微生物蛋白酶（碱性蛋白酶）（microbal proteases）	地衣形芽孢杆菌、枯草芽孢杆菌	洗涤剂及制革工业，肉，鱼及乳品加工
微生物蛋白酶（中性蛋白酶）（microbal proteases）	枯草杆菌	饮料生产和烘烤食品
微生物蛋白酶（microbal proteases）	蜡状芽孢杆菌	饮料及烘烤食品
苗霉多糖酶（支链淀粉酶）（pullulanases）	产气克雷伯菌、芽孢杆菌	葡萄糖浆生成过程中脱除淀粉支链，啤酒酿造
凝乳酶（chymosin）	未断奶的牛犊及绵羊羔的第4胃	干酪制作中凝乳

续表

酶（普通名称）	主要来源	主要应用
核糖核酸酶（ribonucleases）	桔青霉、米曲霉、灰色链霉菌	生成用作调味剂的核苷酸
巯基氧化酶（sulphydryl oxidase）	乳清	减少牛乳的煮熟样味道
鞣酸酶（tannase）	米曲霉、黑曲霉	饮料加工，例如茶和啤酒
嗜热菌蛋白酶（thermolysin）	解蛋白芽孢杆菌	生产高甜度的甜味剂天冬甜精（天冬氨酸－苯丙氨酸甲酯）
色氨酸酶（tryptophase）		色氨酸形成
木聚糖酶（xylanase）	链霉菌、黑曲霉、米曲霉	加工谷类、茶、咖啡、可可和巧克力
果胶酶、半纤维素酶和蛋白酶的复合酶（enzymes used as complex mixtures pectinase, hemicellulasesand proteases）	曲霉、根霉和木霉	水果加工（提取和澄清）
葡萄糖氧化酶和过氧化氢酶（glucase oxidase and catalase）	黑曲霉	应用于奶油、软饮料和葡萄糖酸生产中用于抗氧化剂
β－葡聚糖酶，蛋白酶和纤维素酶的复合酶（amylase, β－glucanaseprctase and cellulase）	枯草芽孢杆菌	啤酒酿造
由游动放线菌、无色杆菌和假单胞菌产生的复合酶（mixtures of enzyones from actinomyces, achromobacter and pseudomonas sps）		细胞裂解处理
蛋白酶、淀粉酶及一些脂肪酶（proteases, amylases and also lipases）	枯草芽孢杆菌	洗涤剂
酶和细菌的混合		废弃物处理（清洗剂）

附录　国内外微生物菌种保藏单位名称及地址

单位名称	英文缩写	地址
Academica Sinica 中国科学院微生物研究所菌种保藏委员会	A. S	北京市海淀区中关村
中国医学微生物菌种保藏管理中心		中国医学科学院皮肤病防治研究所
中国医学真菌菌种保藏管理中心	M. S	卫生部药品生物制品检定所
中国医学细菌菌种保藏管理中心		中国预防医学中心病毒学研究所
中国医学病毒菌种保藏管理中心		
中国科学院武汉病毒研究所	A. S – IV	武汉市
中国科学院上海植物生理研究所	A. S – SIPP	上海市
中国食品发酵研究院	IFFI	北京市
中国农业微生物菌种保藏中心	ACCC	北京市
中国农业科学院土壤肥料研究所	ISF	北京市
山东大学发酵工程重点实验室	SDU	济南市
上海工业微生物研究所	SIM	上海市
天津工业微生物研究所	TIIM	天津市
广东省工业微生物研究所	GIM	广州市
四川食品发酵研究所	SIFI	成都市
三明真菌研究所	SIM	三明市
食品工业发展研究所	FRDT	台湾省新竹市
台湾大学微生物与生化学研究所		台湾省台北市
Agricultural Resesrch Service 美国农业部北部研究所	ARS NRRL	Northern Utilization Research and Development Division, U. S, Department of Agriculture, Peoria, Illinos 61604 U. S. A.
美国典型菌种保管所	ATCC	12301 Parklawn Drive, Rockville, Maryland 20852, U. S. A.

续表

单位名称	英文缩写	地址
CentraalbureauVoor Schimmel Cultures	CBS	Oosterstraat 1, Baarn, the Netherlands Yeast Division
英联邦真菌研究所	CMI	The Netherlands Ferry Lane, kew, Surrey, England
Czechoslovak Colleetion of Microorganisms	CCM	J. E. Purkyne University, Trida, obrancumirulo, Brno, Czechoslovakia
Deutsche Sammlung Von Mikroorgakismen	DSM	Institut fur Mikrobiologie der Gesellschaft fur Strahlenforschung, Griese. Bachstr, 8, D – 34 Gottingen, West Germany
Institut Pasteur Lyon	IPL	25 Rue du Dr Roux paris 15, France
苏格兰国际工业细菌保藏馆	NCIB	Torry Research station, 135 Abbey Rod, Aberdeen, Scotland
National Collection of Marine Bacteria	NCMB	Torry Research station, 135 Abbey Rod, Aberdeen, Scotland
National Collection of Plant Pathogenic Bacteria	NCPPB	The plant pathology Laboratory, Ministry of Agriculture, Fisheries and Food, Hatching Green, Harpenden, Hertfordshire England
（英国）国立标准菌收藏馆	NCTC	Lentralpubic Health laburatory, Colindale Avenue, London NW95HT, England
NLABS Culture Collection of Fungi	QM	Department of Botany University of Massachusetts, Amberst, Massachusetts 01002 U. S. A.
All – union Collection of Microorganisms	USSR	Department of Type Cultures, Institule of Microbiology, Academy of Sciences of The USSR, Profsouznaya7, Moscow, B – 133, USSR
日本微生物保藏联合会	JFCC	东京都港区白金台
东京大学应用微生物研究所	JAM	东京都文京区弥生 1 – 1 – 1
东京大学医学微生物研究所	IID	东京都港区白金台 4 – 6 – 1
财团法人发酵研究所	IFO	大阪市淀川区十三本町 2 – 17 – 85
东京大学医学部细菌教研室	IMTU	东京都文京区本乡 7 – 3 – 1
国立卫生试验厅	NHL	东京都世田谷区上用贺 1 – 18 – 1
大阪大学工学院发酵工学科	OUT	吹田市字田上
国税厅酿造试验所	GIB	东京都区潼野川 2 – 6 – 30
大阪大学微生物病研究所	RIMD	吹田市字田上
千叶大学生物活性研究所	IFM	千叶市亥鼻 1 – 8 – 1
理化学研究所	IPCR	和光市广泽 2 – 1

参考文献

［1］段彬. 无花果沙雷氏菌壳聚糖酶的生化性质及产酶条件的研究［D］. 华南理工大学, 2003.

［2］彭志英, 岳振锋, 张学兵, 等. 固定化 α - 葡萄糖苷酶的性质研究［J］. 华南理工大学学报（自然科学版）, 2001（07）: 13 - 16.

［3］Walsh D. J, Bergquist P. L. Appl Environ Microbial, 1997, 63（8）: 3297 - 3300.

［4］甄东晓, 王树英, 等. 耐热果胶裂解酶基因 *pelgA* 的克隆和表达［J］. 食品与生物技术学报, 2006（03）: 112 - 115.

［5］彭志英. 食品酶学导论［M］. 北京: 中国轻工业出版社, 2001.

［6］杨洋, 韦小英. 柚皮黄酮类化合物提取方法和抗氧化性的研究［J］. 食品与发酵工业, 2002（06）: 9 - 12.

［7］贾冬英, 姚开, 谭敏, 张铭让. 柚果皮中生理活性成分研究进展［J］. 食品与发酵工业, 2001, 27（11）: 74 - 78.

［8］Takahata K. , et al. The benefits and risks of n - 3 plyunsaturated fatty acids［J］. Bioscience, Biotechnology and Biochemisty, 1998,（62）（11）: 2079 - 2085.

［9］唐核传, 徐建祥, 彭志英. 脂肪酸营养与功能的最新研究［J］. 中国油脂, 2000（06）20 - 23.

［10］Rozenn Ravallec - plé, et al. Influence of the hydrolysis process on the biological activities of protein hydrolysates form cod（*Gadus morhua*）muscle［J］. Journal of the Science of Food and Agriculture, 2000, 80（15）: 2176 - 2180.

［11］姚玉静, 邱礼平, 陈琼. 复合酶水解豆粕制备呈味基料的研究［J］. 广州: 现代食品科技, 2007, 23（06）: 8 - 10.

［12］李楠, 张坤生, 等. 酶法提取番茄红素的研究［J］. 中国食品学报, 2000（增刊）, 66 - 70.

［13］张强, 阚国仕, 等. 酶解玉米蛋白粉制备抗氧化肽［J］. 中国食品学报, 2005, 26（6）: 109 - 111.

［14］赵国辉, 郑震雄, 等. 酚氧化酶试纸条制备与应用［J］. 微生物学通报, 1998, 27, 135 - 136.

［15］Alan Wiseman. Handbook of Enzyme Biatechnclogy［M］. second edition Ellis Horwood Limited.

［16］魏莹. 浅谈酶在调味品中的应用［J］. 中国调味品，2014，39（3）：129 － 131.

［17］周海军，刘淑敏. 酶制剂在焙烤食品中的应用［J］. 食品工程，2014，（01）：4 － 9.

［18］刘传富，董海洲，侯汉学. 淀粉酶和蛋白酶及其在焙烤食中的作用［J］. 粮食与油脂，2002，（06）：38 － 39.

［19］陆晓滨，耿建华，李敬龙，等. 中性蛋白酶对抑制韧性饼干自然断裂的影响［J］. 食品工业科技，2003，24（03）：19 － 21.

［20］Moayedallaie S，Mirzaei M，Paterson J. Bread improvers：Comparison of a range of lipases with a traditional emulsifier［J］. Food Chemistry，2010，122（03）：495 － 499.

［21］周云，张守文. 面包生产中应用的新型酶制剂［J］. 哈尔滨商业大学学报，2002，18（02）：205 － 210.

［22］陆晓滨，李敬龙，董贝磊，等. 戊聚糖酶对大豆纤维饼干生产工艺的影响［J］. 食品工业，2002（06）：33 － 35.

［23］李慧静，田益玲，李宁，等. 戊聚糖酶对小麦粉品质的影响研究［J］. 中国粮油学报，2007，22（04）：28 － 32.

［24］陈海华，李国强. 木聚糖酶对面粉糊化特性和面包品质的影响［J］. 粮油食品科技，2010，18（01）：10 － 12.